Die mikroskopische Untersuchung der Seide

mit besonderer Berücksichtigung der Erzeugnisse
der Kunstseidenindustrie

von

Prof. Dr. Alois Herzog

Vorsteher der Biologischen Abteilung am Deutschen
Forschungsinstitut für Textilindustrie und Dozent an
der Sächs. Technischen Hochschule in Dresden

Mit 102 Abbildungen im Text
und auf 4 farbigen Tafeln

Herbert Rudolph

Berlin
Verlag von Julius Springer
1924

ISBN-13: 978-3-642-89842-6   e-ISBN-13: 978-3-642-91699-1
DOI: 10.1007/978-3-642-91699-1

Herrn Geheimen Hofrat
Prof. Dr.-Ing. e. h. Ernst Müller-Dresden
in besonderer Verehrung und treuer Freundschaft
zugeeignet

Vorwort.

Die Zeit, da die Beschäftigung mit mikroskopischen Untersuchungen technisch wichtiger Stoffe als unwissenschaftlich galt und demgemäß bewertet wurde, liegt noch nicht weit zurück. Dank dem in den letzten Jahrzehnten erfolgten großartigen Aufschwung der technischen Rohstofflehre und der Vervollkommnung des Mikroskops und seiner Hilfseinrichtungen ist seither ein gründlicher Wandel in dieser zum mindesten sehr einseitigen Auffassung eingetreten, obwohl auf der anderen Seite bedauernd festgestellt werden muß, daß von einer allgemeineren Verbreitung des Mikroskops in technischen Kreisen, die an der praktischen Benutzung dieses Instruments doch das allergrößte Interesse haben müßten, noch nicht viel zu bemerken ist. Nicht als ob man seitens der Techniker versuchte, die praktische Brauchbarkeit der in Vorschlag gebrachten mikroskopischen Untersuchungsverfahren in Abrede zu stellen, aber von ihrer Anwendung wollte und will man nicht viel wissen. Die künstliche Scheidewand, die einst die Wissenschaft zwischen sich und die Technik gezogen, wird heute von der Technik in durchaus unberechtigter Weise aufrechtzuerhalten gesucht, denn so wie es früher als eine die wissenschaftliche Laufbahn verderbende Spielerei galt, sich mit technisch wichtigen Dingen zu befassen, so läuft gegenwärtig der sich mit mikroskopischen Fragen beschäftigende Techniker Gefahr, als „Theoretiker" angesehen und dementsprechend für die Praxis eingeschätzt zu werden.

Forscht man den Ursachen dieses befremdenden und bedauerlichen Gegensatzes nach, so kommt man zu dem Ergebnis, daß sie zum überwiegenden Teil in der fast allgemein zu beobachtenden Unterschätzung der Schwierigkeiten der mikroskopischen Untersuchung überhaupt, und in der geringen praktischen Schulung bzw. im Mangel an entsprechenden wissenschaftlichen Vorkenntnissen des mit der Arbeit Betrauten zu suchen sind. Dies gilt nicht allein von dem Techniker mit Durchschnittsbildung, sondern auch von dem akademisch gebildeten Chemiker und Ingenieur. In der Mehrzahl der Fälle wird der Besitz eines Mikroskops mit tunlichst hohen Vergrößerungszahlen als ausreichend angesehen, um an der Hand eines gerade vorhandenen technologischen Handbuchs mit häufig recht fragwürdigen Abbildungen sofort an die Lösung eines eben vorliegenden praktischen Falles heranzugehen. Daß unter solchen Umständen Enttäuschungen und Mißerfolge unvermeidlich sind, liegt auf der Hand! Der Blick ins Mikroskop, der ohne weiteres über das Vorhandene Klarheit schafft, besteht eben leider nur

in der Vorstellung des Laien; der in mikroskopischen Dingen nur
einigermaßen Bewanderte kennt dagegen genau die Schwierigkeiten,
die sich der richtigen Herstellung und Deutung der Präparate entgegenstellen, und er weiß auch, daß die hierfür unbedingt nötigen Vorkenntnisse nicht so nebenbei und unmittelbar vor der Ausführung bestimmter
praktischer Prüfungen erworben werden können. Was würde wohl der
Chemiker dazu sagen, wollte man einem Laien auf chemischem Gebiete
zumuten, die Zusammensetzung eines Erzes auf Grund einer gedruckten
Anleitung festzustellen? Mit Recht würde er ein solches Ansinnen
als töricht bezeichnen. Weiß er doch aus eigener Erfahrung, daß zur
Bewältigung dieser Aufgabe eine systematische Schulung in der allgemeinen und analytischen Chemie unbedingt erforderlich ist. In
mikroskopischen Fragen verfällt er aber, wie ich häufig zu beobachten
Gelegenheit hatte, selbst in diesen Fehler, und vergißt, daß auch hier
ein umfangreiches geistiges Rüstzeug erforderlich ist, ohne das eine
erfolgreiche Arbeit ausgeschlossen ist.

Auf dem Gebiet der materiellen Prüfung der Seide im weiteren
Sinne des Wortes erweist sich das Mikroskop in mehr als einer Hinsicht
als nützlich und unentbehrlich. Seine Anwendung erstreckt sich nicht
allein auf die technische Unterscheidung der Fasern, sondern auch auf
die Prüfung des Feinheitsgrades der Einzelfäden und ihres Glanzes,
der Dicke und Drehung von Gespinsten, der Einstellung und Bindung
von Geweben usw. Wenngleich manche dieser Arbeiten auch mit Hilfe
von besonderen Prüfungseinrichtungen (z. B. Garnwagen, Drallprüfer
usw.) zu bewältigen sind, so möge auf der anderen Seite nicht un-
berücksichtigt bleiben, daß bei den unverhältnismäßig hohen Kosten.
die die Beschaffung solcher Spezialeinrichtungen heute verursacht,
das Bestreben vorherrschen muß, das etwa schon vorhandene Mikroskop
möglichst vielseitig auszunützen und es zum mindesten als Notbehelf
auch für solche Zwecke anzuwenden, für die es ursprünglich nicht bestimmt war.

Schon aus diesem Grunde erweist sich die Herausgabe einer besonderen Schrift über die mikroskopische Prüfung der natürlichen und
künstlichen Seide als gerechtfertigt und notwendig, ganz abgesehen
davon, daß die schon vorhandenen einschlägigen Werke heute ver-
altet sind und daher nur in beschränktem Maß, selbst für analytische
Zwecke, in Frage kommen.

Bei der Abfassung der vorliegenden Arbeit, die zum großen Teil
auf langjährigen eigenen Untersuchungen beruht, war ich weitgehend
bemüht, allgemein verständlich zu sein und das im Texte Behandelte
mit zahlreichen, besonders für diesen Zweck hergestellten Lichtbildern
und Zeichnungen zu belegen. Gute Abbildungen sind geradezu unentbehrlich, denn sie ersparen langatmige Beschreibungen und bieten
besonders dem Anfänger einen willkommenen Maßstab bei der Beurteilung der von ihm selbst hergestellten mikroskopischen Präparate.
Sie wirken aber auch anregend, und tun dar, daß das behandelte Prü-
fungsgebiet abwechslungsreicher ist, als man bei der Strukturlosigkeit
der Seiden von Haus aus erwarten sollte. In bestimmten Fällen wird

auch der Fachmann seine Zuflucht zu den Abbildungen nehmen, sei es, um sich rasch über die einschlägigen Verhältnisse mancher, ihm seltener zu Gesicht kommenden Seiden zu unterrichten, sei es, um einen Anhaltspunkt bei der Beurteilung der richtigen Ausführung neuer, bis dahin von ihm noch nicht angewandten Prüfungsverfahren zu erhalten. Dank dem außerordentlichen Entgegenkommen der rühmlichst bekannten Verlagsanstalt ist die Anzahl der zu diesem Zweck aufgenommenen Abbildungen sehr groß, wenngleich ich mir im Hinblick auf die zurzeit außergewöhnlich hohen Preise der Druckstöcke naturgemäß noch manche Wünsche versagen mußte.

Bei der Besprechung der allgemeinen Untersuchungsverfahren bin ich sehr weit, manchem vielleicht zu weit gegangen. Ich habe mich aber auch hier lediglich von praktischen Gesichtspunkten leiten lassen. Als langjähriger Leiter von mikroskopischen Kursen weiß ich aus Erfahrung, daß gerade die scheinbar einfachsten mikroskopischen Dinge, wie etwa die Eichung von Okularmikrometern, das Zeichnen mit einem mikroskopischen Zeichenapparat, die Prüfung der Deckglasdicke usw., dem Anfänger viel größere Schwierigkeiten bereiten, als die Bewältigung wirklich schwierigerer Arbeiten, z. B. auf dem Gebiet der Polarisations- und Ultramikroskopie. Gerade die Grundlagen sind aber für ein erfolgreiches Arbeiten unentbehrlich! Wer also über die nötigen Vorkenntnisse verfügt, möge die ersten Seiten dieses Buches überschlagen; dem Anfänger aber kann nicht dringend genug empfohlen werden, sie sorgfältig zu lesen und praktisch durchzuarbeiten. Erst allmählich, d. h. durch fortgesetzte systematische eigene Arbeit, wird es ihm dann klar werden, daß nur bei völliger Beherrschung der Grundlagen und gewissenhaftester Einhaltung der gegebenen Vorschriften Fortschritte zu erzielen sind. Auch lernt er hierbei auf zahlreiche, scheinbar geringfügige Nebenumstände achten (z. B. bei der Herstellung von Faserquerschnitten zum Zweck der Feinheitsbestimmung von Einzelfasern auf die Einbettung, Messerschärfe und -stellung usw.), die aber für das Endergebnis von ausschlaggebender Bedeutung sind.

Dem Herrn Verleger, der in bereitwilligster Weise allen Wünschen betreffs Ausstattung des Buches entgegenkam, sei hiermit aufrichtiger Dank gezollt.

Dresden-Bühlau, den 1. April 1924.

A. Herzog.

Inhaltsverzeichnis.

Seite

Einteilung und Allgemeines über die wissenschaftliche und technische
Prüfung der Seide 1

Mikroskopische Prüfungen.
A. Untersuchungsmethoden.

1. Messung der Breite und Dicke der Fasern 4
2. Zählung der Einzelfasern 11
3. Prüfung der Querschnittverhältnisse 19
4. Bestimmung des Titers von Kunstseide auf mikroskopischem Wege . . 31
5. Lineare und quadratische Quellung 43
6. Spezifisches Gewicht 49
7. Drehung von Gespinsten 51
8. Prüfung der Dicke, Einstellung und Bindung von Geweben 54
9. Lichtbrechungsvermögen 58
10. Untersuchungen im polarisierten Licht 61
11. Glanz der Seide 71
12. Ultramikroskopie 81
13. Mikroskopische Zeichnung 87
14. Mikrophotographie 88
15. Sammlung von mikroskopischen Präparaten 93
16. Verzeichnis der zu mikrochemischen Prüfungen nötigen Reagenzien . . 95

B. Spezielle Betrachtung der wichtigsten natürlichen und künstlichen Seiden.

17. Verfahren zur Unterscheidung von natürlicher und künstlicher Seide
(Gruppentrennung) 98
18. Die wichtigsten natürlichen und künstlichen Seiden.
   I. Naturseide:
     1. Echte Seide S. 105. — 2. Wilde Seide S. 122. — 3. Afrikanische
     oder Nesterseide (Anapheseide) S. 124. — 4. Spinnenseide S. 125. —
     5. Muschelseide S. 132. — 6. Pflanzenseide S. 133. — 7. Glasseide
     S. 135.
   II. Kunstseide.
     a) Feine Fäden: 8. Nitroseide S. 135. — 9. u. 10. Viskose- und Kupfer-
     seide S. 140. — 11. Azetatseide S. 149. — 12. Gelatineseide S. 159. — 13.
     Stapelfaser S. 160. —
     b) Grobe Fäden: 14. Azetatroßhaar S. 163. — Viszellingarn S. 177. —
     16. „Helios" S. 178. — 17. „Pan" S. 180. — 18. „Sirius" S. 180. —
     19. „Meteor" S. 181. — 20. Kunsthanf S. 181. — 21. Kunstbändchen
     S. 185.

Anhang.

Analytischer Bestimmungsschlüssel für Seide 190
Analytischer Bestimmungsschlüssel für Seide und andere glänzende Fasern . 191
Analytischer Bestimmungsschlüssel für künstliche Roßhaarersatzstoffe . . . 192
Verschiedene Formeln, die bei der mechanisch-technologischen Prüfung von
Fäden in Betracht kommen 192
Maße und Gewichte 193
Namenverzeichnis 195
Sachverzeichnis 196

Einteilung und Allgemeines über die wissenschaftliche und technische Prüfung der Seide.

Wie aus der am Schlusse dieses Abschnitts folgenden Übersicht hervorgeht, umfaßt der Begriff Seide zahlreiche natürliche und künstliche Faserrohstoffe, die in erster Linie durch einen schönen Glanz gekennzeichnet sind. Einige von ihnen, wie die echte Seide, haben infolge ihrer Kostbarkeit und ihrer hervorragenden technischen Eigenschaften schon frühzeitig eine bedeutende kulturhistorische Rolle gespielt, andere wiederum, wie die Kunstseide, sind Kinder unserer Zeit, und berufen, in der Zukunft noch mehr als heute einen wichtigen Platz in den Faserstoffgewerben einzunehmen.

Die materielle Prüfung der Seide hat die Aufgabe, die qualitative und quantitative Zusammensetzung einer vorliegenden Materialprobe zu bestimmen und ihre technischen Eigenschaften, wie Feinheit, Festigkeit, Elastizität, Glanz usw., tunlichst objektiv festzulegen. Sie fußt auf verschiedenen, im Verlaufe der Zeit in Vorschlag gebrachten chemischen und physikalischen Verfahren. Die folgenden Ausführungen beschränken sich ausschließlich auf solche Prüfungen, die auf mikroskopischem Wege vorgenommen werden können. Im besonderen betreffen sie:

1. Die Bestimmung der Breite und Dicke der Einzelfaser.
2. Die Zählung der im Querschnitt eines Gespinstes vorhandenen Einzelfasern.
3. Die Prüfung der Querschnittverhältnisse.
4. Die Ermittlung des Titers.
5. Die Bestimmung der Quellung der Einzelfaser in Wasser.
6. Die Feststellung der Drehung von Gespinsten.
7. Die Bestimmung der Dicke, Einstellung und Bindung von Geweben.
8. Die Prüfung der Lichtbrechung.
9. Das Verhalten im Polarisationsmikroskop.
10. Die Ermittlung der ultramikroskopischen Struktur.
11. Die Untersuchung des Glanzes.
12. Die Verfahren zur bildlichen Wiedergabe mikroskopischer Form- und Strukturverhältnisse.
13. Die mikrochemischen und -physikalischen Unterscheidungsmerkmale der wichtigsten natürlichen und künstlichen Seiden, einschließlich der Prüfung auf etwa vorhandene Erschwerungen, Verunreinigungen, Färbungen, Fehler usw.

Hinsichtlich des zu diesen Prüfungen nötigen Instrumentariums gibt die folgende Zusammenstellung Aufschluß, in welcher das unbedingt Erforderliche durch schrägen Druck hervorgehoben ist. Ausführlichere Angaben enthält der vom Verfasser herausgegebene „Mikrophotographische Atlas der technisch wichtigen Faserstoffe“, München 1908 (Verlag I. B. Obernetter). Auch die Preislisten unserer optischen Werkstätten mögen im Bedarfsfalle eingesehen werden.

1. *Mikroskopstativ* mit Abbeschem Beleuchtungsapparat und Polarisationseinrichtung.
2. *Achromatische Objektive.*

	Notwendige		Wünschenswerte	
	Objektive			
Zeiß-Jena	A (97)	F (900)	a* (10—22)	C (225)
Winkel-Göttingen . . .	2 (104)	8 (840)	G (12—40)	4 (250)
Leitz-Wetzlar.	3 (103)	9 (852)	1a (20—31)	5 (333)
Reichert-Wien	3 (95)	9 (800)	1b (24—30)	5 (310)

Die eingeklammerten Zahlen geben die Vergrößerung mit Huygensokular 4 an.

An Stelle der schwachen Objektive (entsprechend a* und A von Zeiß) kann bei beschränkten Mitteln das dreifach zerlegbare Objektiv ABC von Winkel treten.

3. *Huygenssche Okulare*; Nr. 4, wünschenswert auch ein Okular mit weitem Gesichtsfeld, z. B. 2* (Zeiß) und ein Okular mit starker Eigenvergrößerung, z. B. $f = 9$ mm (Zeiß).
4. *Gipsplatte Rot I.*
5. Bravaisokular Nr. 3.
6. Vergleichsaufsatz von Reichert (nur bei Vorhandensein von zwei Mikroskopen anwendbar).
7. *Stufenmikrometer nach Metz* in Okular II (Leitz).
8. *Objektmikrometer.*
9. Deniermeter nach A. Herzog für Okular II oder III passend.
10. Denier-Quadratteilung.
11. *Zeichenapparat.*
12. Maßstab auf Glasplatte zur Ablesung der wahren Größe mikroskopischer Zeichnungen.
13. Maltwoodfinder.
14. Planimeter.
15 Prisma nach A. Herzog zur seitlichen Betrachtung von Faserdurchschnitten.
16. Helldunkelfeldkondensor.
17. *Mikrotom mit Messer* (im Notfalle genügt auch ein Rasiermesser).
18. Mattierte Glasplatte mit Leiste zu Faserzählungen.
19. Geteilter Objektträger zu Faserzählungen.
20. Objektträger mit rillenförmigem Rande.
21. Nivelliergestell mit Glasplatte und Dosenlibelle.
22. Einfacher mikrophotographischer Apparat.
23. Lichtfilter.

Ferner sind noch erforderlich: Scheren, Pinzetten, Präpariernadeln, Pinsel, Objektträger (engl. Format), Deckgläschen (18 × 18 mm), Stiftfläschchen, Gas- oder Spiritusbrenner, Filterpapier usw.

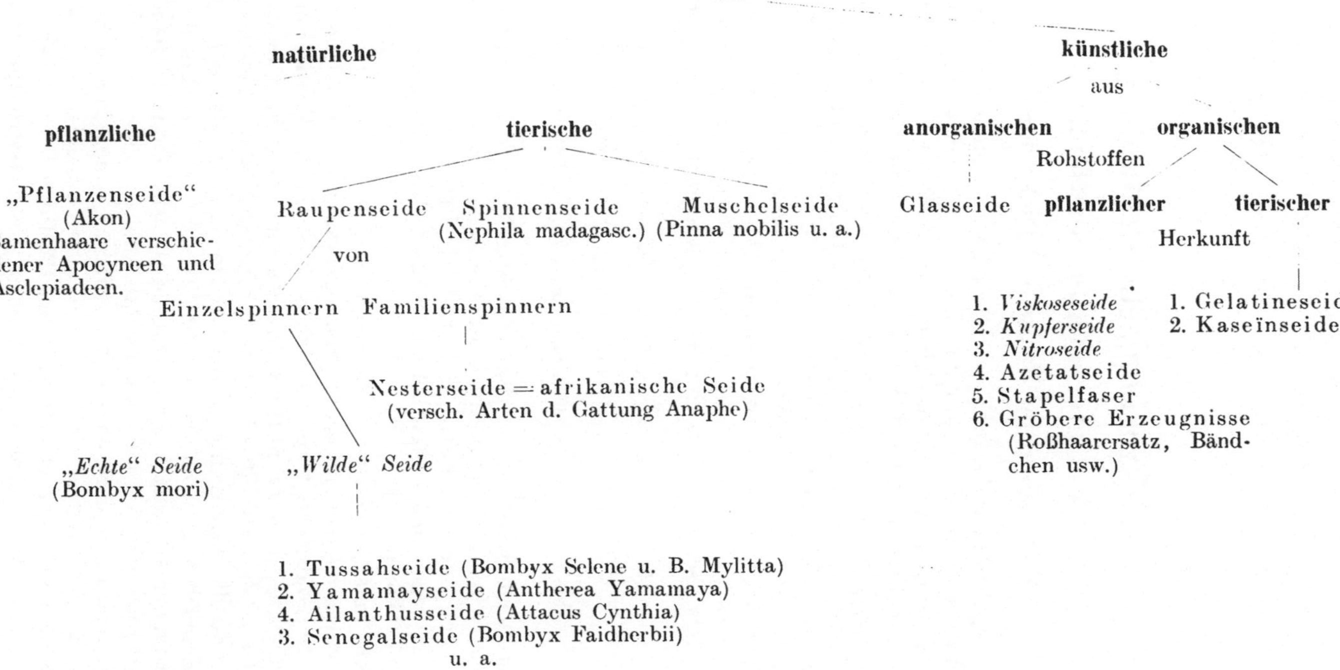
Seide
natürliche
künstliche
aus
pflanzliche
tierische
anorganischen
organischen
Rohstoffen
„Pflanzenseide"
(Akon)
Samenhaare verschiedener Apocyneen und Asclepiadeen.
Raupenseide
Spinnenseide
(Nephila madagasc.)
Muschelseide
(Pinna nobilis u. a.)
Glasseide
pflanzlicher
tierischer
Herkunft
1. Viskoseseide
2. Kupferseide
3. Nitroseide
4. Azetatseide
5. Stapelfaser
6. Gröbere Erzeugnisse
(Roßhaarersatz, Bändchen usw.)
1. Gelatineseide
2. Kaseïnseide
von
Einzelspinnern
Familienspinnern
Nesterseide = afrikanische Seide
(versch. Arten d. Gattung Anaphe)
„Echte" Seide
(Bombyx mori)
„Wilde" Seide
1. Tussahseide (Bombyx Selene u. B. Mylitta)
2. Yamamayseide (Antherea Yamamaya)
4. Ailanthusseide (Attacus Cynthia)
3. Senegalseide (Bombyx Faidherbii)
u. a.

Mikroskopische Prüfungen.

A. Untersuchungsmethoden.

1. Messung der Breite und Dicke der Fasern.

Angaben über die Breite von Seidefasern kommen in der einschlägigen Literatur ziemlich häufig vor. Sie beziehen sich der Hauptsache nach auf Messungen von in Flüssigkeiten (z. B. Wasser oder Glyzerin) eingebettete Fasern, ohne daß aber das Einschlußmittel immer genannt wäre. Sofern es sich um Fasern mit annähernd kreisrunder Querschnittform handelt, geben die in der Längsansicht gemessenen Breitenwerte auch einen gewissen Anhaltspunkt für den technischen Feinheitsgrad der Einzelfaser; in allen anderen Fällen aber sind sie zu diesem Zweck ganz unzureichend. Es ist ja ohne weitläufige Ausführungen klar, daß eine sehr breite, aber dünne Faser trotzdem leichter, d. h. feiner sein kann, als eine wesentlich schmälere Faser mit ungefähr

Abb. 1. Gewöhnliche Teilung des Okularmikrometers (Zeiß).

kreisrundem Querschnitt. Vgl. die Angaben der Zahlentafel 2. Aus diesem Grunde sind denn auch alle Versuche, aus der Breite der Faser den technischen Feinheitsgrad ableiten zu wollen, vollständig fehlgeschlagen und hoffentlich endgültig fallengelassen worden. Ebensowenig kommt die Breite als diagnostisches Merkmal in Betracht. Im allgemeinen ist zwar die Einzelfaser der Kunstseide beträchtlich breiter als jene der echten Seide (Bombyx mori), indessen bleibt zu beachten, daß zurzeit auch solche Kunstseiden im Handel vorkommen, die hinsichtlich ihrer mittleren Breite mit der echten Seide übereinstimmen. Vgl. Abb. 70—72. Auf der anderen Seite ist zu berücksichtigen, daß die sogenannte „wilde" Seide (z. B. Tussahseide) gleichfalls aus ziemlich breiten Fasern besteht (30—100 μ), deren Fibrillärstruktur nicht immer so in die Augen springend ist, wie man nach manchen bildlichen Darstellungen annehmen sollte, um als mikroskopisches Unterscheidungsmerkmal gegenüber der gröberen Kunstseide in Betracht zu kommen, ganz abgesehen davon, daß manche bandartig gestaltete Viskoseseiden an ihrer Oberfläche feine Riefungen aufweisen, die unter Umständen das Vorhandensein einer Fibrillärstruktur vortäuschen können. Abb. 53. Dazu kommt noch, daß die Messung selbst mit gewissen Unsicherheiten behaftet ist, die hauptsächlich in der jeweiligen

Querschnittform der Einzelfaser ihre Ursache haben. Besonders bei stark gelappten Formen ist es nämlich nicht immer möglich, die Fasern so zu lagern, daß sie gerade die für die Messung allein in Frage kommende Breitseite nach oben kehren. Trotzdem läßt sich die Messung in vielen Fällen nicht umgehen, so daß einige nähere Angaben hier am Platz sein dürften. Um die erwähnten Unsicherheiten möglichst zu umgehen, empfiehlt es sich, die Messung nicht in der Längsansicht der Faser, sondern auf dem Querschnitt vorzunehmen und als Einbettungsmittel ausschließlich Kanadabalsam zu verwenden. In letzterer Hinsicht ist zu bemerken, daß sich viele Angaben der Literatur über die Abmessungen der natürlichen und künstlichen Seidensorten stillschweigend auf in Wasser liegende Fasern beziehen. Abgesehen von diesem immerhin willkürlichen Vorgang, ist es aber auch unnatürlich und unzweck-

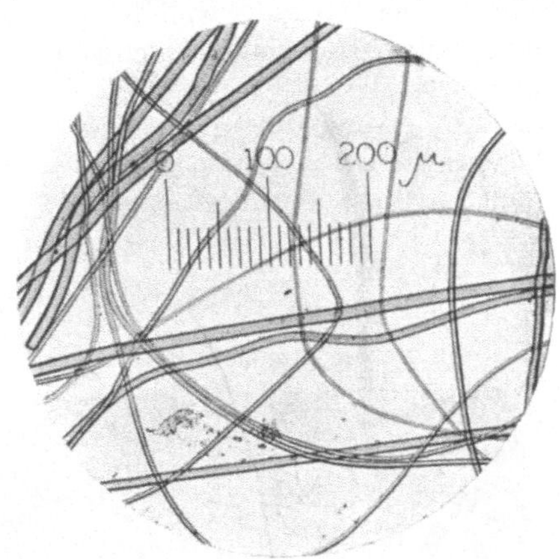

Abb. 2. Mikrometerteilung nach Plagge. Für jedes Objektiv muß eine besondere Teilung auf Glas angefertigt werden. Auch die Tubuslänge ist jedesmal sorgfältigst einzuhalten (bei Zeiß 160 mm). Die vorgeführte Teilung ist zur Messung gröberer Objekte unmittelbar brauchbar; bei feineren Objekten dient sie nur als Anhaltspunkt der Schätzung. So ist aus dem Bilde zu ersehen, daß die feineren Fäden der Spinnenseide (Nephila madagascariensis) einen kleineren Durchmesser als $10\,\mu$ haben. Falls keine Messungen mehr vorgenommen werden, läßt sich das die Teilung tragende Glasplättchen bequem zur Seite schieben. Vergr. 100.

mäßig, Wasser als Einbettungsmittel zu verwenden: das Quellungsvermögen der meisten Kunstseiden in Wasser ist ja sehr beträchtlich

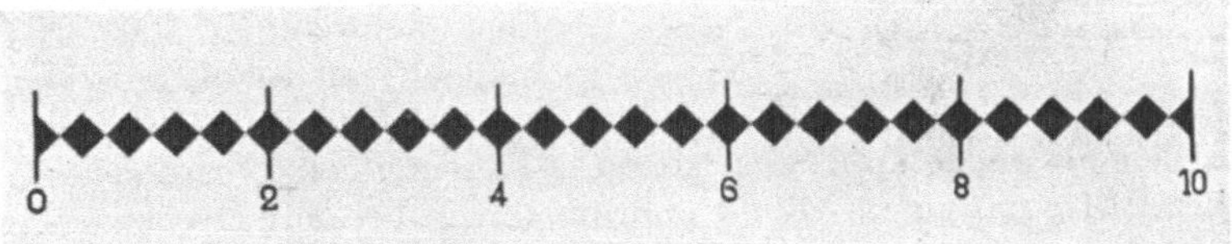

Abb. 3. Mikrometerteilung nach Gebhardt. Für gröbere Fasern, sowie bei Untersuchungen in auffallendem Licht, empfiehlt sich diese gut sichtbare Teilung, die aus mehreren kleinen, auf die Spitze gestellten Quadraten von schwarzer oder roter Färbung besteht. Die Diagonale des Quadrats muß vor der Ausführung von Messungen in üblicher Weise mit dem Objektmikrometer geeicht werden.

und bei verschiedenen Marken stark wechselnd; zudem findet die praktische Verwendung dieser Stoffe auch nicht im feuchten, sondern im trockenen Zustand statt. Es hat nun den Anschein, als ob es am richtigsten wäre, die Messung in Luft vorzunehmen. Bei genauerem Zusehen erweist sich aber dieser Weg als wenig zweckmäßig, hauptsächlich aus dem Grunde, weil die genaue Einstellung der Faser in Luft unter dem Mikroskop gewisse Schwierigkeiten bereitet, die das Meßergebnis ungünstig beeinflussen. Viel einfacher liegen jedoch die Dinge, wenn als Einbettungsflüssigkeit Kanadabalsam gewählt wird, der nach den bisherigen Erfahrungen keine nachweisbare Quellung und sonstige ungünstige Veränderung hervorruft. Da seine Lichtbrechung jedoch mit jener der Faser annähernd übereinstimmt, ist es angezeigt, die Messung erst nach vorheriger Anfärbung des Schnittes vorzunehmen. Eine solche ist übrigens auch für die noch später zu erörternden Prüfungen (insbesondere auf Feinheit) erforderlich, so daß es sich empfiehlt, die Fasern schon vor dem Querschneiden bzw. vor der Einbettung in Paraffin kräftig anzufärben, falls sie nicht schon gefärbt zur Untersuchung vorliegen sollten. Am einfachsten geschieht dies mit wässeriger Safraninlösung, die schon in der Kälte einwirkt. Natürlich müssen aber die Fasern vor dem Einschluß in Paraffin vollkommen trocken sein. In einzelnen Fällen, namentlich wenn flachovale Querschnittformen vorliegen, wird neben der Breite auch zweckmäßig die Dicke der Faser angegeben; bei stark gelappten Formen ist dies aber nicht immer ohne weiteres möglich, da es bis zu einem gewissen Grade Ansichtssache ist,

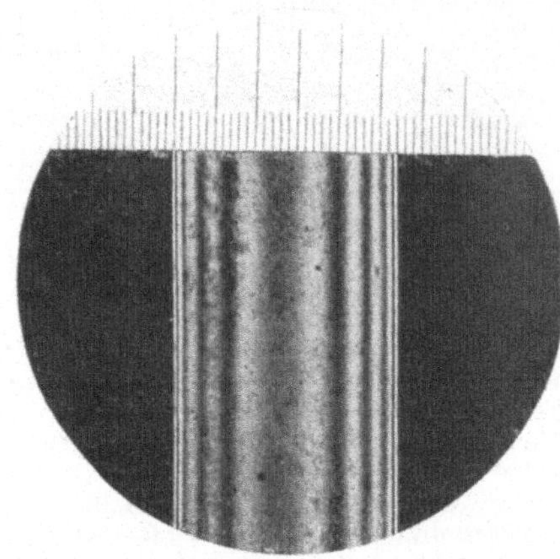

Abb. 4. Messung einer gröberen Faser unter Verwendung eines Vergleichsmikroskops und eines Objektmikrometers (nach A. Herzog). Im Bild oben ein Stück der Teilung des im linken Mikroskop eingestellten Objektmikrometers sichtbar (Teilwert 10 μ); unten das im rechten Mikroskop in derselben Vergrößerung erscheinende Objekt (Kunstroßhaar „Helios" zwischen gekreuzten Nicols). Auf die Breite des Haares entfallen 27 Teilstriche des Mikrometers, entsprechend einer wirklichen Breite von

27 mal 10 = 270 μ = 0,27 mm.

Vergr. 84.

was hier als Dicke zu gelten hat. Die Messung selbst geschieht in üblicher Weise mit einem Okularmikrometer, wobei man zweckmäßig eine starke Vergrößerung wählt. Vgl. Abb. 1—7.

Sehr zu empfehlen ist die von Metz[1]) vorgeschlagene Mikrometerteilung, weil deren Teilwert durch entsprechendes Ein- oder Ausziehen des Mikroskoptubus leicht auf eine ganze Zahl eingestellt werden kann, was naturgemäß die Berechnung der wahren Größe wesentlich vereinfacht. Auch solche Teilungen, die ohne weiteres die wahre Größe abzulesen gestatten, sind sehr vorteilhaft; sie müssen aber für jedes zu

---

[1]) Metz, C.: Das Stufenmikrometer mit vereinfachter Mikronteilung. Zeitschr. f. wiss. Mikr., **29**, 72.

verwendende Objektiv besonders angefertigt werden und liefern selbstverständlich nur bei einer bestimmten, stets genau einzuhaltenden Tubuslänge richtige Angaben. In gleicher Weise, wenn auch für gewöhnlich nicht so bequem, ist die von Plagge[1]) für Projektions- und mikrophotographische Zwecke angegebene Einrichtung zu gebrauchen, deren Skala in einem Projektionsokular untergebracht ist. Für Messungen gröberer Gebilde empfiehlt sich besonders die Gebhardtsche Mikrometerteilung[2]), die aus einer Reihe von auf die Spitze gestellten kleinen Quadraten besteht. Falls vorhanden, kann auch das Vergleichsmikroskop zu Meßzwecken herangezogen werden[3]). Feinere Meßeinrichtungen, z. B. Okularschrauben- und Objektschraubenmikrometer kommen bei Natur- und Kunstseideprüfungen kaum in Frage und können daher hier übergangen werden.

In allen Fällen ist vor der Ingebrauchnahme der gewählten Meßvorrichtung eine sorgfältige Eichung vorzunehmen und alle auf sie bezüglichen Angaben in einer besonders anzulegenden Zahlentafel an einer leicht zugänglichen Stelle zu vermerken. Vgl. die Zusammenstellung auf S. 10. Die von den optischen Werkstätten für gewöhnlich angegebenen Teil-

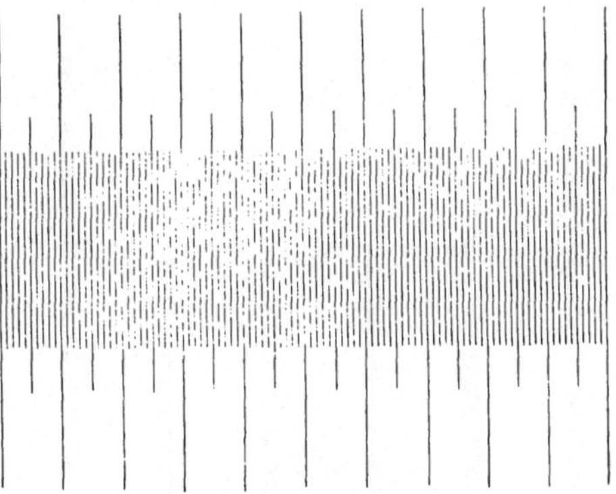

Abb. 5. Objektmikrometerteilung (Zeiß) 1 mm in 100 Teile geteilt (Teilwert: 10 μ). Vergr. 59.

werte sind nur als angenähert richtig zu betrachten und daher für den vorliegenden Zweck ungenügend.

Statt mit den angegebenen Mikrometern, kann auch eine sehr sorgfältig ausgeführte mikroskopische Zeichnung des Faserquerschnitts als Grundlage der Messung dienen. Die Vergrößerung ist in diesem Falle durch Zeichnung eines entsprechenden Stückes der Teilung eines Objektmikrometers sehr rasch festzustellen. Zur Vereinfachung der Berechnung der wahren Größe bedient man sich zweckmäßig eines auf einer mattierten oder gelatinierten Glasplatte angefertigten Maßstabs, der nach Auflage auf die auszumessende Strecke unmittelbar deren wahre Größe abzulesen gestattet. Abb. 8.

Die Herstellung geschieht am einfachsten in folgender Weise[4]): Auf einer mit feinstem Schmirgel mattierten Glasplatte (etwa 9 × 12 cm)

[1]) Plagge: Das Projektionsmikrometerokular. Veröff. a. d. Geb. d. Militär-Sanitätswesens, H. 12.

[2]) Gebhardt, W.: Über neue leicht sichtbare Mikrometerteilungen. Zeitschr. f. wiss. Mikr., **24**, 366.

[3]) Herzog, A.: Über die Verwendbarkeit des Reichertschen Vergleichsaufsatzes zu Meßzwecken. Mikrokosmos, **9** u. **10**, 1918/19.

[4]) Herzog, A.: Hilfsmaßstäbe für mikroskopische Zwecke. Mikrokosmos, **2**, 1911/12.

wird die gewünschte Teilung unter Benutzung von Zirkel, Lineal und Bleistift (möglichst hart, z. B. Koh-I-Noor 8H) aufgetragen und die Unterabteilungen des Maßstabs, ihrer wirklichen mikroskopischen Vergrößerung entsprechend, beziffert. Ebenso werden alle auf die Vergrößerung, die benutzten Okulare und Objektive usw. bezüglichen Angaben auf der Glasplatte vermerkt. Diese Notizen führt man am besten in Spiegelschrift aus. Sodann übergießt man die mattierte, also die beschriebene Seite des Glases mit einem in photographischen Handlungen erhältlichen Negativlack und läßt den Lacküberzug vollständig trocknen, was in der Regel schon nach wenigen Minuten der Fall ist. Der Lack-

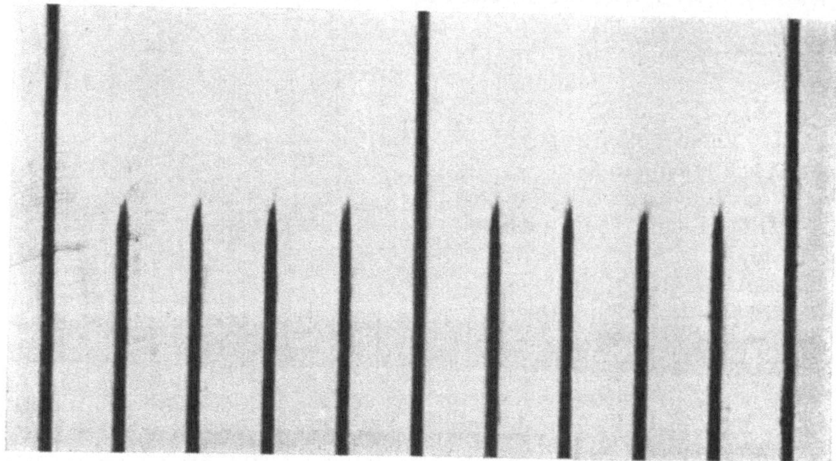

Abb. 6. Objektmikrometerteilung in starker Vergrößerung. Die Teilstriche erscheinen stark vergröbert; bei Eichungen von Okularmikrometern wird deshalb zweckmäßig entweder auf den rechten oder auf den linken Rand der Teilstriche eingestellt. Vergr. 980.

überzug, der außerordentlich fest an der Glasplatte haftet, hat einerseits den Zweck, die Bleistiftzeichnung vor dem Verschmiertwerden zu schützen, andererseits soll er den mattierten Untergrund durchsichtig oder zum mindesten sehr durchscheinend machen. Beim Gebrauch wird der Maßstab mit seiner lackierten Seite nach unten der auszumessenden Zeichnung aufgelegt, so daß die Ablesung ohne jede Parallaxe erfolgt. Schmutzteile, die sich im Verlauf der Zeit an der Oberfläche des Glases ansammeln, lassen sich sehr leicht durch Überwischen mit einem feuchten Lappen entfernen. Eine vorzügliche Unterlage zur Herstellung solcher Maßstäbe bietet auch die Schichtseite der gewöhnlichen photographischen Platte. Die Zeichnung wird am besten auf der völlig ausfixierten und wieder getrockneten Platte mit einer feinen Nadel eingekratzt und nach dem Einreiben mit einem weichen Grafitstift wie oben mit Negativlack übergossen und trocknen gelassen. In gleicher Weise werden die noch später zu beschreibenden Quadratteilungen zur Bestimmung des Feinheitsgrades der Einzelfaser auf Glas ausgeführt. Selbstverständlich sind auch Holzmaßstäbe verwendbar, namentlich solche mit abgeschrägten Kanten.

Recht bequem ist besonders die von Landmessern häufig benutzte Form der Reduktionsmaßstäbe, die sechs verschiedene Teilungen aufzunehmen gestattet. Aus Bequemlichkeitsgründen wird man eine Teilung in Millimetern ausführen lassen, um den Maßstab auch zu gewöhnlichen Messungen verwenden zu können. Derartige Maßstäbe sind zwar sehr bequem, müssen aber von einer Spezialfirma (z. B. R. Reiß in Liebenwerda) nach Angabe ausgeführt werden und sind daher ziemlich kostspielig.

Anschließend daran sei auch auf die Nützlichkeit des in technischen Kreisen so vielfach benutzten logarithmischen Rechenschiebers oder einer Logarithmentafel hingewiesen, um die bei mikroskopischen Arbeiten nötigen Berechnungen möglichst zu vereinfachen.

Aus den nach der einen oder anderen Art ausgeführten Einzelmessungen (etwa 50) wird der Mittelwert und der Ungleichmäßigkeitsgrad berechnet. Letzterer spielt, wie schon A. Herzog[1]) hervorhebt, bei Kunstseide oft eine größere Rolle als der Durchschnittswert der Faserbreite.

Die größten Abweichungen zeigen erfahrungsgemäß

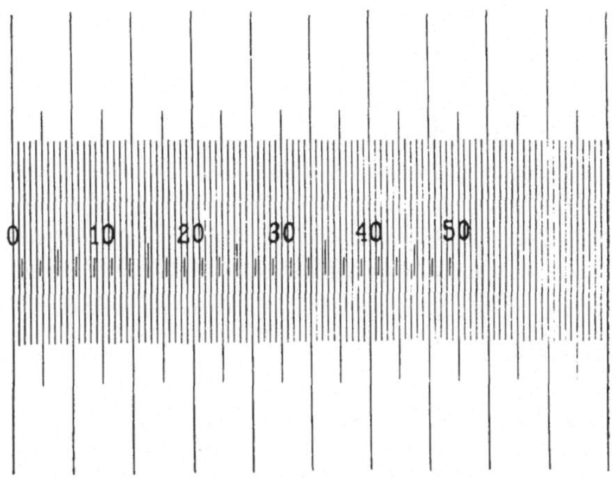

Abb. 7. Eichung des Okularmikrometers (beziffert) mit dem Objektmikrometer (unbeziffert). 50 Teilstriche des Okularmaßstabs decken genau 75 Teilstriche des Objektmaßstabs; mithin beträgt der Teilwert des Okularmikrometers $750 : 50 = 15\,\mu$. Diese Zahl ist allen späteren Messungen zugrunde zu legen; sie ist selbstverständlich für jedes Objektiv gesondert zu bestimmen. Auf die Einhaltung der bei der Eichung gewählten Tubuslänge ist bei allen späteren Messungen genau zu achten. Vergr. 72.

solche Seiden, die durch auffallend unregelmäßige Querschnittformen gekennzeichnet sind, wie das bei den Nitroseiden und den in stark salzhaltigem Fällungsbade gesponnenen Viskosekunstseiden der Fall ist. Am geringsten sind sie bei nahezu stielrund gebauten Fasern (Kupferseide, Gelatineseide, sauer gesponnene Viskosekunstseide, manche Azetatseiden). Wenngleich Ungleichmäßigkeiten dieser Art diagnostisch kaum in Betracht kommen und auch auf die meisten technologischen Eigenschaften der Faser ohne wesentlichen Einfluß sind, so spielen sie doch in manchen Fällen, namentlich bei der Beurteilung des Glanzes, eine gewisse Rolle. So können schon geringe lokale Abplattungen, wie sie beim Haspeln an den Kreuzungsstellen des noch weichen Fadens

---

[1]) Herzog, A.: Die Unterscheidung der natürlichen und künstlichen Seiden. S. 33. Dresden 1910.

Zusammenstellung der Meßwerte.

Methode	Okular: Art und Nummer	Okular: Einlage	Objektiv	Tubusauszug in mm	Teilwert in μ	Quadratfläche in qmm	Zeichnung[1]: Vergrößerung (linear)	Zeichnung[1]: Tisch n. Bernhard einzustell. auf d. Höhenwinkel (°)	Teilwert der Quadrateinteilung in Deniers
Zählung	Zählokular 3 (Leitz)	Netzteilung nach Hayem	G (Winkel) (E = 0,8)[2]	170,0	—	25 (Seite 5 mm)	—	—	—
	Zählokular 2 (Leitz)		AA (Zeiß)	163,1	—	1 (Seite 1 mm)	—	—	—
Längenmessung	Goniometerokular 2 (Zeiß)	Teilung nach Gebhard	G (Winkel) (E = 5,5)[2]	158,0	200	—	—	—	—
			aa (Zeiß)	177,0	100	—	—	—	—
			AA ,,	172,9	60	—	—	—	—
			4a (Winkel)	171,9	30	—	—	—	—
	Meßokular 2 (Leitz)	Stufenteilung nach Metz	G (Winkel) (E = 1,6)[2]	170,0	50	—	—	—	—
			AA (Zeiß)	172,7	10	—	—	—	—
			4a (Winkel)	171,2	5	—	—	—	—
			F (Zeiß)	174,4	1	—	—	—	—
Zeichnung	Komplanatisches Okular 4 (Winkel)		aa (Zeiß)	167,9	—	—	100 (1 qmm $\div$ 100 qμ)	90	—
			3a (Winkel)	175,1	—	—	250 (1 qmm $\div$ 16 qμ)	90	—
		—	5a ,,	160,4	—	—	500 (1 qmm $\div$ 4 qμ)	90	—
	Kompl. Ok. 3 (Winkel)		F (Zeiß)	158,0	—	—	1000 (1 qmm $\div$ 1 qμ)	66	—
	Kompl. Ok. 4 (Winkel)		F ,,	158,0	—	—	1500 (1 qmm $\div$ 0,4 qμ)	83	—
Feinheitsbestimmung	Zählokular 2 (Leitz)	Deniermeter nach A. Herzog	F (Zeiß)	166,2	—	—	—	—	0,1

Vorstehende Angaben gelten nur für das im Besitz des Verfassers befindliche Instrumentarium (mikrophotographisches Stativ von Zeiß, Nr. 71097, nebst optischer Ausrüstung); sie haben lediglich den Zweck, dem Anfänger zu zeigen, wie die Zusammenstellung der Eichergebnisse zu erfolgen hat.

[1]) Zeichenapparat nach Abbe. [2]) E . . . . Einstellung des Objektivringes.

manchmal entstehen, starke Störungen im Glanze hervorrufen, die namentlich bei greller Beleuchtung in Form unangenehm glitzernder Pünktchen (Finken) in die Erscheinung treten.

Die beste und zugleich einfachste Art der mikroskopischen Prüfung auf vorhandene Abweichungen in der Querschnittform ist die mit dem **Polarisationsapparat**. Wie noch später ausgeführt werden soll, sind die zwischen gekreuzten Nicols an einer in der Diagonalstellung befindlichen Faser auftretenden Interferenzfarben sowohl von der spezifischen Doppelbrechung der Fasersubstanz, als auch von deren optischer Dicke abhängig.

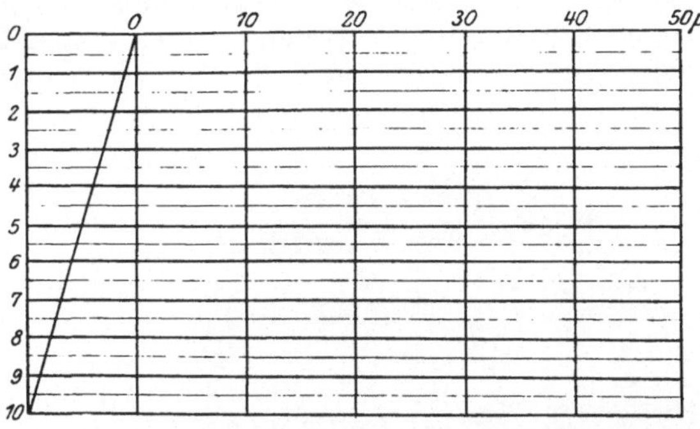

Abb. 8. Transversalmaßstab zur direkten Ablesung der wahren Größe gezeichneter Objekte. Der Maßstab wird auf einer gelatinierten Glasplatte durch Ritzen mit einer feinen Nadel und nachherigem Einreiben der Teilstriche mit feinem Graphitpulver hergestellt. Zum Schutze gegen äußere Verletzungen empfiehlt es sich, die Gelatineschicht vorher in Formaldehyd zu härten; nach Fertigstellung des Maßstabs wird mit Negativlack übergossen. Für jedes Objektiv ist ein besonderer Maßstab unter genauer Berücksichtigung der Vergrößerung anzufertigen. Bei der Messung wird der Maßstab mit der gelatinierten Seite nach unten der Zeichnung aufgelegt, um parallaktische Fehler zu vermeiden. Vergr. 1120.

Bei der verhältnismäßig starken spezifischen Doppelbrechung der heute praktisch in Frage kommenden Kunstseiden (Nitro-, Viskose-, Kupferseide) machen sich schon geringe Abweichungen in der optischen Dicke durch ein Steigen oder Fallen der jeweiligen Interferenzfarbe bemerkbar. Besonders gut ist dieses Verhalten bei Fasern mit stark gelappten Querschnitten zu verfolgen. Da hier, entsprechend der stark wechselnden optischen Dicke unmittelbar nebeneinander liegender Faserteile, die Interferenzfarben in zur Faserlängsrichtung parallelen, mehr oder weniger scharf abgesetzten bunten Streifen auftreten, macht sich jede Änderung in der Querschnittform teils in einem Wechsel der Farben, teils in einer Störung des Parallelismus der Farbenstreifen sofort bemerkbar.

2. Zählung der Einzelfasern.

Die Kenntnis der Anzahl der im Querschnitt eines Seidengespinstes vorhandenen Einzelfasern erweist sich in zweifacher Hinsicht von praktischem Interesse:

1. Trotz gleichem Ausgangsmaterial und gleicher Fadenstärke (Feinheit in Deniers) zeigen Gespinste, die aus einer verschiedenen Anzahl von Einzelfasern zusammengesetzt sind, große Unterschiede in ihren technischen Eigenschaften, namentlich was den Glanz und die Weichheit bzw. die Geschmeidigkeit anbetrifft. Vergleicht man

z. B. eine Kupferseide von 120 den., die im Querschnitt 24 Einzelfasern enthält, mit einer nach dem Streckspinnverfahren hergestellten Kupferseide (z. B. der „Adlerseide" von Bemberg) derselben Denierzahl, aber mit 90 Einzelfasern, so treten auf den ersten Blick auffallende Unterschiede im Charakter und in der Intensität des Glanzes in die Erscheinung: Der Faden mit feineren Einzelfasern zeigt einen der Naturseide nahekommenden, gleichmäßig ruhigen und milden Glanz, während dem aus gröberen Einzelfasern zusammengesetzten Gespinst ein wesentlich stärkerer, für manche Verwendungszwecke unerwünschter „glasiger" Glanz zukommt. Da in beiden Fällen die Einzelfasern vollkommen durchsichtig sind und auch in der Querschnittform miteinander übereinstimmen, können die Unterschiede im Glanz nur auf die verschieden starke Zurückwerfung und Zerstreuung des auffallenden Lichtes an der Faseroberfläche zurückgeführt werden. Auch in der Weichheit sind insofern Unterschiede vorhanden, als die feinere Einzelfaser ein weicheres, an Naturseide erinnerndes Gespinst ergibt.

Abb. 9. Altchinesisches Seidengewebe (8. bis 10. Jahrh. n. Chr.), in Kette und Schuß aus vollständig entbasteter, mit Satflor intensiv rotgefärbter Seide von Bombyx mori bestehend (Tempelgrotte der „1000 Buddhas" bei Tun-huang, westliches Grenzland des inneren Chinas, Stein-Collection, II. Serie, 2, Ch. 1, 12, Brit. Museum London). Das in Kanadabalsam eingeschlossene Gewebestück läßt in Kette und Schuß den ausgesprochenen Parallelismus der Einzelfasern deutlich hervortreten. Vergr. 23.

2. Naturgemäß beeinflussen die Anzahl und die Feinheit der Einzelfasern unmittelbar auch die Feinheit des Gespinstes. 90 Einzelfasern von je 1,3 den. Feinheit ergeben einen Faden von etwa $90 \times 1,3 = 117$ Deniers, sofern von der durch das Zusammendrehen bedingten Verkürzung abgesehen wird; das gleiche Ergebnis wird annähernd erreicht, wenn 24 Einzelfasern von je 5 den. lose miteinander vereinigt werden. Ist demnach die der Einzelfaser zukommende Feinheit bekannt, so läßt sich aus der durch mikroskopische Auszählung leicht festzustellenden Anzahl der im Querschnitt des Fadens vorhandenen Einzelfasern die Gespinstfeinheit mit einer für viele praktischen Zwecke ausreichenden Genauigkeit berechnen. Über die Bestimmung des „Titers" von Einzelfasern auf mikroskopischem Wege enthält der Abschnitt 4 nähere Angaben. Der Titer der echten Seide (auch der entbasteten oder beschwerten) wird immer nach dem Gewicht der rohen, also nicht entbasteten Seide angegeben[1]). Annähernd gelten erfahrungsgemäß folgende Beziehungen:

[1]) Ullrich, C.: Die Kunstseide in der Weberei. Textilber. 7, S. 143, 1921.

Für asiatische Seide . . . . . . Titer = Anzahl d. Einzelfasern $\times\ 1^{1}/_{4}$
„ italienische „ . . . . . . „ „ „ „ $\times\ 1^{1}/_{3}$

Infolge der nur schwachen Drehung der meisten Seidengespinste sind deren Einzelfasern mehr oder weniger parallel zueinander gelagert, so daß sie in der Regel schon ohne besondere Vorbereitung der mikroskopischen Auszählung zugänglich sind. Vgl. Abb. 9 u. 10. Bei Kunstseide ist auch die Anzahl der im Faden vorhandenen Einzelfasern meistens so gering, daß ihre Bestimmung selbst von Ungeübten jederzeit leicht ausgeführt werden kann. Eine Ausnahme hiervon macht nur die nach dem Streckspinnverfahren hergestellte Kunstseide (z. B. die von Bemberg oder von Hölken). Indessen sind auch

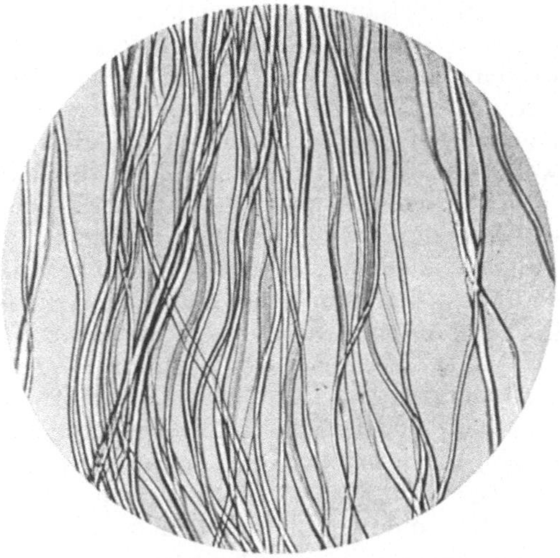

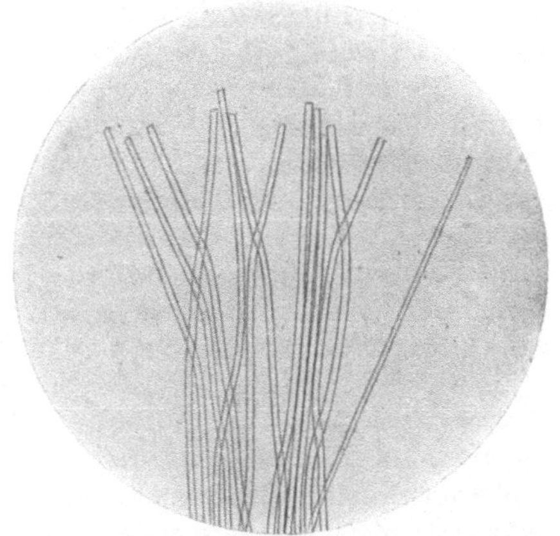

Abb. 10. Faden aus italienischer Seide zu Zählzwecken vorsichtig gelockert und in Glyzerin eingeschlossen. Insgesamt sind 33 Einzelfasern vorhanden. Vergr. 75.

hier bei weitem nicht solche Schwierigkeiten zu überwinden wie etwa bei einem Baumwollgespinst, wo zahlreiche neben- und übereinander liegende Einzelfasern von zum Teil starker Kräuselung vorliegen, deren sichere Auszählung die Anwendung besonderer Präparationsverfahren zur notwendigen Voraussetzung hat. Schon beim Einlegen in Wasser weichen die Einzelfäserchen der natürlichen und künstlichen Seide genügend weit auseinander, um mühelos gezählt werden zu können. Im besonderen sei über die bequemste Arbeitsweise noch angeführt: Von dem zu prüfenden Faden wird ein etwa 3 cm langes Stück abgeschnitten und das eine Schnittende in einen auf einem Okjektträger befindlichen Tropfen Wasser oder Kalilauge getaucht.

Abb. 11. Schnittende eines Viskoseseidenfadens in Kalilauge. Die Auszählung ergibt 13 Einzelfasern. Vergr. 38.

Schon nach wenigen Sekunden geht das Fadenende infolge der beträchtlichen Quellung der Einzelfasern pinselartig auseinander, so daß nach dem Aufsetzen eines Deckglases gleich mit der Auszählung begonnen werden kann. Durch entsprechendes Verschieben des Deckglases hat man es jederzeit in der Hand, etwa noch zu dicht beisammen liegende Fasern genügend weit voneinander zu trennen (Abb. 11). Als Objektträger werden zweckmäßig solche aus dickem Glase mit rillenförmiger Umrandung benutzt, um einer Beschmutzung des Objekttisches mit Flüssigkeit tunlichst vorzubeugen. Auch die Deckgläschen seien aus dickem Glase (etwa 0,3—0,5 mm), weil solche weniger zerbrechlich sind, als die sonst bei mikroskopischen Arbeiten benutzten (0,15—0,20 mm). Die Auszählung selbst wird, wie die Abbildung zeigt, bei sehr schwacher mikroskopischer Vergrößerung vorgenommen, um genügend Überblick über alle zu zählenden Fasern zu haben. In den meisten Fällen wird die Auszählung von 5—10 Fadenstücken, die natürlich verschiedenen Stellen der Probe entnommen sein müssen, vollkommen genügen, um einen brauchbaren Durchschnittswert zu erhalten, In manchen Fällen erweist es sich bei der Auszählung von zahlreichen Einzelfasern als nützlich, ein Zeigerokular oder die im folgenden beschriebene einfache Zeigervorrichtung zu benutzen.

Der Abbesche Beleuchtungsapparat, der in seinem Bau im allgemeinen mit den gewöhnlichen Mikroskopobjektiven übereinstimmt, liefert bekanntlich bei Verwendung des Planspiegels ein verkleinertes oder vergrößertes mikroskopisches Bild der vor ihm befindlichen Gegenstände. So z. B. sind jedem Mikroskopiker die recht störenden Abbildungen von Fensterkreuzen, Bäumen und anderen vor dem Instrument befindlichen Gegenständen sattsam bekannt. Schon frühzeitig hat man aus dieser Not eine Tugend gemacht und auf Glasplatten befindliche Skalen und sonstige Teilungen zu Meß- und Zählzwecken ins Mikroskop projiziert. In neuerer Zeit hat Studnicka[1]) auf die sehr beachtenswerte Möglichkeit hingewiesen, den Abbeschen Beleuchtungsapparat als Ersatz des gewöhnlichen Präpariermikroskops verwenden zu können. Auch die auf demselben Prinzip beruhende, schon in den vierziger Jahren des vorigen Jahrhunderts unter dem Namen „pankratisches Mikroskop" verwendete Einrichtung, die hauptsächlich zu Dissektionszwecken früher vielfach angewandt wurde, gehört hierher. Studnicka[2]) hat später unter derselben Bezeichnung die Verwendung von Mikroskopobjektiven als Kondensoren zur mikroskopischen Betrachtung und Zeichnung von Präparaten in schwachen Vergrößerungen empfohlen, worauf besonders hingewiesen sein möge.

In gleicher Weise läßt sich natürlich auch die Spitze einer vor dem Mikroskop befindlichen Nadel mit Hilfe des Abbeschen Beleuchtungsapparats ins Mikroskop projizieren und dazu benutzen, eine bestimmte Stelle im Gesichtsfeld zu bezeichnen, ebenso wie dies sonst mit Hilfe der bekannten Zeigerokulare möglich ist (Abb. 12[3]). Ganz abgesehen davon,

---

[1]) Studnicka: Ueber die Anwendung des Abbeschen Kondensors als eines Objektivs. Zeitschr. f. wiss. Mikr., 4, 1922.

[2]) Studnicka: Das pankratische Mikroskop. Zeitschr. f. wiss. Mikr., 4, 1922.

[3]) Herzog, A.: Über eine Anwendung des Abbeschen Kondensors zu Demonstrations- und Zählzwecken. Mikrokosmos, 5, 1922/23.

daß eine solche Einrichtung keine Kosten verursacht, hat sie auch noch den Vorteil, daß der Mikroskopiker hinsichtlich der Wahl der Okulare vollkommen unabhängig ist. Die mangelnde sphärische und chromatische Korrektion des gewöhnlichen Abbeschen Kondensors läßt allerdings kein absolut scharfes Bild der Nadelspitze zu, indessen ist dies für praktische Zwecke vollkommen belanglos. Schärfere Bilder werden erhalten, wenn achromatische und aplanatische Kondensoren, z. B. die von Zeiß-Jena, Leitz-Wetzlar, Reichert-Wien u. a. Werkstätten für mikrophotographische und andere Zwecke hergestellten Beleuchtungsvorrichtungen oder in eine Schiebehülse eingesetzte Mikroskopobjektive zur Anwendung gelangen. Da aber solche Einrichtungen dem Einzelnen nur selten zu Gebot stehen, dürfte der Hinweis auf ihre vorzügliche Brauchbarkeit zu dem angegebenen Zweck vollauf genügen. Hinsichtlich der bequemen Führung der Nadel sei hier folgendes bemerkt: Am besten befestigt man die durch ein kleines Korkstück gesteckte Nadel mit Hilfe eines kleinen aus Blech geschnittenen und entsprechend gebogenen Streifens an einer vertikal stehenden Glasplatte bzw. einem etwa gerade benutzten Gelatinetrockenfilter.

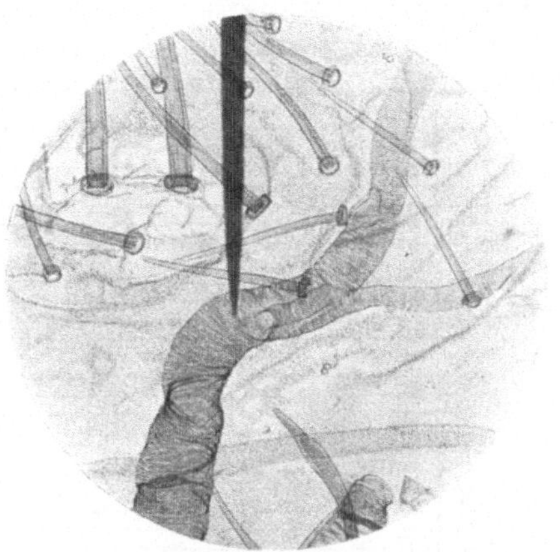

Abb. 12.. Nadelspitze mit Hilfe des Abbeschen Beleuchtungsapparats in das mikroskopische Gesichtsfeld projiziert (Präparat: Oberhaut- und Tracheenstücke der Raupe von Bombyx mori). Dieses Verfahren bietet einen wohlfeilen Ersatz für die zu Demonstrations- und Zählzwecken vielfach benutzten Zeigerokulare. Vergr. 60.

Die Glasplatte befindet sich in einem einfachen Holzgestell, das etwa 10—20 cm vor dem Planspiegel aufgestellt, freihändig von rechts nach links verschoben wird. Verschiebungen der Nadel von oben nach unten werden entweder mit dieser selbst oder mit dem Nadelhalter bewirkt. Zweckmäßig wird die Nadelspitze berußt, um etwaige Glanzlichter zu vermeiden. Die Scharfeinstellung der Nadelspitze erfolgt durch mäßiges Heben oder Senken des Beleuchtungsapparats, natürlich nach beendeter Einstellung des Präparats. Wenngleich diese Einrichtung nur für schwache und mittlere Vergrößerungen in Frage kommt, da sonst das Bild der Nadelspitze zu grob und unscharf ausfällt, so leistet sie doch in zahlreichen Fällen, namentlich bei Auszählungen von Fasern, sehr gute Dienste.

Kommen in einem Faden zahlreiche Einzelfasern vor, die sich auf dem angegebenen Wege nicht ohne weiteres bestimmen lassen (z. B. bei Abfallseidegespinsten), empfiehlt sich die Anwendung des folgenden, vom Verfasser[1] stammenden Verfahrens:

---

[1] Herzog, A.: Über ein neues mikroskopisches Zählverfahren. Textile Forsch., **2**, 1922.

Von dem zu prüfenden Faden werden an zahlreichen Stellen (etwa
25—50) mit einer kleinen scharfen Schere kurze Stücke von nicht über
1 mm Länge abgeschnitten und in ein bereitgehaltenes, vorher genau
tariertes Wagegläschen fallen gelassen. Sodann wird etwas Wasser
hinzugefügt (etwa 1—2 ccm) und die Fasern durch kräftiges Schütteln
gut verteilt. Nach Zusatz von einigen Kubikzentimetern warmer
10%iger Gelatinelösung wird vorsichtig gemischt (Schaumbildung
ist unter allen Umständen zu vermeiden) und nach dem Erkalten das
Gewicht des Gläschens mit der in ihm befindlichen Fasergelatine bestimmt. Nach Verflüssigung der Gelatine auf dem Wasserbade wird
neuerlich gemischt und sodann der größte Teil des Inhalts des Gläschens
auf einen vorgewärmten, annähernd nivellierten großen Okjektträger

Abb. 13. Objektträger mit Linienteilung für die von A. Herzog vorgeschlagenen
Zählverfahren. Nat. Größe.

(Format etwa 50 × 100 mm) ausgegossen. Mit einem kleinen Glasstabe, der an seinem unteren Ende nahezu rechtwinkelig gebogen ist,
und in dem Gläschen untergebracht werden kann, wird nunmehr die Gelatinelösung rasch über die Oberfläche des Objektträgers ausgebreitet
und erstarren gelassen. Unmittelbar nach der Entnahme der Gelatine
wird das Wägeglas geschlossen und nach dem Erkalten zurückgewogen
bzw. die in Verwendung genommene Anzahl der Fadenabschnitte ermittelt. Die Verwendung von Gelatinelösung gewährt einen dreifachen
Vorteil: 1. Schweben die aufgeschwemmten Faserteilchen sehr lange in
der Flüssigkeit, so daß eine Entmischung bzw. teilweise Sedimentation
der Fasern beim Ausgießen auf die Glasplatte nicht zn befürchten ist.
2. Sind die zum Auszählen bestimmten Faserstückchen in der erstarrten
Gelatine vollkommen fixiert; eine Verschiebung ihrer gegenseitigen Lage
bei der darauffolgenden systematischen Auszählung ist demnach gänzlich unmöglich und 3. gestattet die unveränderliche Lage der Fasern
auch die Benutzung des Mikroskops in schräger Lage, was mit Rücksicht
auf die Bequemlichkeit der Zählarbeit immerhin ins Gewicht fällt.
Der als Träger der Gelatine benutzte Objektträger ist mit einer
einfachen Linienteilung versehen, wie Verf. eine solche schon früher

zum systematischen Absuchen bzw. Zählen von in mikroskopischen
Präparaten zerstreut angeordneten Teilchen angegeben hat. Sie besteht, wie die Abb. 13 zeigt, aus etwa 1—2 mm voneinander abstehenden, unter sich und zur Längsrichtung des Objektträgers parallelen, mit
Diamant eingeritzten Linien, die am rechten und linken Rande durch
je eine senkrechte Linie begrenzt sind. Auf genaue Weite des Abstandes
und des Parallelismus der Linien kommt es aber durchaus nicht an, nur
ist darauf zu achten, daß immer ein Teil von je zwei benachbarten
Linien gleichzeitig im mikroskopischen Gesichtsfeld übersehen werden
kann. Vor dem Gebrauch des Objektträgers werden die feinen Ritz-
linien zweckmäßig noch
mit einem weichen Grafit-
stift eingerieben, um sie
später deutlich hervortreten
zu lassen. Die von den
Horizontallinien gebildeten
Reihen werden an den seitlichen Enden fortlaufend
mit einem Schreibdiaman-
ten numeriert. Beim Aus-
breiten der Gelatinelösung
auf dem Objektträger ist
noch darauf zu achten, daß
die Lösung nicht über die
beiden seitlichen Begren-
zungsstriche ausgebreitet
wird, da diese Teile der
Platte bei der Zählung
nicht in Frage kommen.
Die Auszählung der Einzelfasern geht nun sehr rasch
vonstatten. Man fängt z. B.

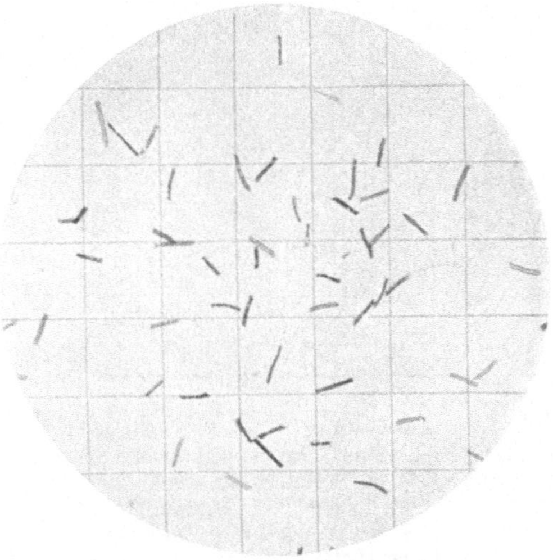

Abb. 14. Mikroskopische Auszählung kurzer
Fadenabschnitte mit einem ins Okular eingelegten Netzmikrometer. Vergr. 55.

mit der oberen Reihe links an und schreitet durch Verschiebung des
Objektträgers bis zu dem rechts befindlichen vertikalen Begrenzungs-
strich vor, verschiebt um eine Streifenbreite nach unten, und setzt
die Zählung nach dem linken Ende des Objektträgers fort, bis man
schließlich zum rechten Ende des untersten Streifens angelangt ist.
Dabei wird man sich natürlich für ein bestimmtes System der Zählung
vorher entscheiden müssen, d. h. solche Fasern, die eine der eingeritzten
Linien schneiden, erst dann zählen, wenn sie die untere Linie des auszu-
zählenden Streifens schneiden (Abb. 15). Ein besonderer beweglicher
Objekttisch ist nicht unbedingt erforderlich, aber immerhin erwünscht.
Die gewöhnlichen mechanisch beweglichen Objekttische sind aber für
die vorliegende Arbeit nicht brauchbar, da sie keinen genügend großen
Spielraum in der Verschiebbarkeit des großen Objektträgers zulassen.
Auf der anderen Seite stehen Spezialeinrichtungen, wie solche u. a.
die Mediziner vielfach verwenden (z. B. das vorzügliche bewegliche
Mikroskop nach Nebeltau), nur in den seltensten Fällen zur Verfügung.

Um trotzdem eine die Arbeit wesentlich erleichternde Führung des großen Objektträgers zu ermöglichen, bediene ich mich einer sehr einfachen Einrichtung, die im wesentlichen der schon von Schorr[1]) beschriebenen nachgebildet ist. Sie besteht aus einer einseitig mattierten Glasplatte im Format 9 × 12 cm (gangbarstes Format der photographischen Platte), die in unmittelbarer Nähe des einen Längsrandes eine mit Kanadabalsam aufgekittete Holz- oder Glasleiste trägt. Die Platte wird mit der mattierten Seite nach unten auf dem Objekttisch des Mikroskops mit etwas Wasser oder Glyzerin befestigt; sie haftet in diesem Falle genügend fest, um unerwünschte Bewegungen auszuschließen, gestattet aber doch, Verschiebungen mit der Hand in aller Ruhe und mit größter Sicherheit auszuführen. Die horizontale Leiste dient als Anschlag für den aufgelegten Objektträger und zu dessen Verschiebung von rechts nach links und umgekehrt. Die Verschiebung erfolgt mit dem Zeigefinger der rechten bzw. linken Hand. Ist ein Horizontalstreifen hinsichtlich der in ihm enthaltenen Faserstücke ausgezählt, wird die mattierte Glasplatte und mit ihr der aufgelegte Objektträger vorsichtig um eine Streifenbreite verschoben und nunmehr wieder in horizontaler Reihe weitergezählt, bis schließlich alle Streifen das Gesichtsfeld passiert haben. Da es sich bei solchen Zählungen immerhin um eine ziemlich große Anzahl von Faserstücken handelt, benutzt

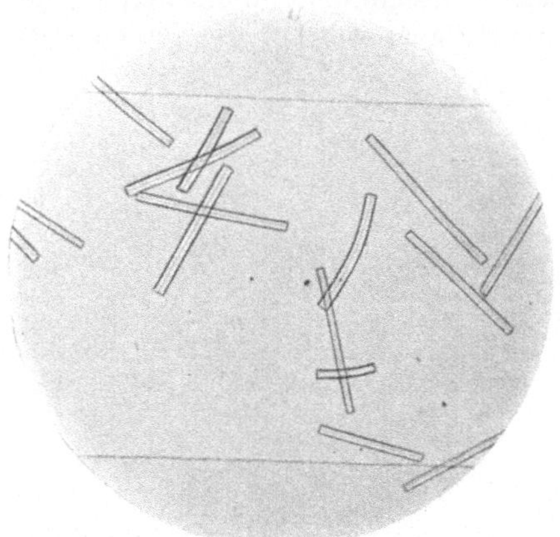

Abb. 15. Auszählung kurzer Fadenabschnitte nach dem Gelatineverfahren von A. Herzog. Im Gesichtsfeld sind zwei, auf dem Objektträger mit Diamant eingerissene feine Horizontallinien und mehrere Einzelfaserstücke sichtbar. Die unten rechts befindliche Faser, welche die untere Begrenzungslinie des Zählstreifens schneidet, wird erst beim nächstfolgenden Streifen mitgezählt; dagegen ist die links oben sichtbare Faser, die ebenfalls zwei Streifen angehört, bei der Auszählung des gerade eingestellten Zählstreifens zu berücksichtigen. Vergr. 40.

man zur Vermeidung von Irrungen Tonkugeln von mittlerer Größe, von denen während der Zählung einige in der geschlossenen Hand gehalten werden. Nach Bedarf, z. B. nach je 20 Fasern, wird eine derselben, ohne vom Mikroskop aufzusehen, in eine neben diesem aufgestellte Schale fallen gelassen. Etwa während der Zählung aus der Luft auf die Gelatineplatte fallende Fäserchen sind ohne weiteres als Fremdkörper kenntlich und daher in keiner Weise störend. Naturgemäß kommen bei Auszählungen nach diesem Verfahren nur ganz schwache Vergrößerungen, z. B. 50, in Frage. Der Vollständigkeit wegen sei noch bemerkt, daß bei nicht zu zahlreichen Fasern im Querschnitt des Fadens die mi-

[1]) Schorr, G.: Ein neues Modell eines einfachen beweglichen Objekttisches. Zeitschr. f. wiss. Mikr., 4, S. 425, 1906.

kroskopische Zählung kurzer Faserstücke auch direkt, d. h. ohne Verwendung von Gelatine vorgenommen werden kann. In diesem Falle hat man sich aber bei jeder Zählung nur auf die Fasern eines Fadenabschnittes zu beschränken. Um brauchbare Durchschnittswerte zu erhalten, müssen mehrere Abschnitte hintereinander ausgezählt werden, was naturgemäß die Arbeit wieder kompliziert. Ein im Okular befindliches Netzmikrometer erleichtert das Auszählen ganz wesentlich (Abb. 14).

3. Prüfung der Querschnittverhältnisse.

Eine besondere Bedeutung hat die Prüfung der Querschnittverhältnisse in erster Linie deshalb erlangt, weil nach den bisherigen Erfahrungen die vorkommenden Querschnittformen der Kunstseidefasern bis zu einem gewissen Grade für jedes Fabrikat kennzeichnend sind. So gelingt es, wie noch im speziellen Teil auseinandergesetzt werden soll, in der Regel auf den ersten Blick, die in der mikroskopischen Längsansicht außerordentlich ähnlichen Viskosekunstseiden von Elberfeld, Pirna usw. aus der Form ihrer Querschnitte zu unterscheiden. Aber auch die Faltung von Kunstbändchen, die Ursache der verschiedenen Glanzwirkung von Kunstfasern aller Art, die Formverhältnisse der künstlichen Roßhaarersatzstoffe u. a. m. können kaum anders als durch sorgfältiges Studium der Querschnitte dieser Gebilde mit Sicherheit festgestellt werden. Daß auch die technische Feinheit der Seide aus der absoluten Querschnittfläche mit einer für viele praktischen Zwecke hinreichenden Genauigkeit bestimmt werden kann, soll im folgenden noch gezeigt werden.

Wenngleich für eingehende wissenschaftliche und technische Prüfungen der Querschnittverhältnisse von Naturseide und Kunstfäden aller Art nur richtig ausgeführte Dünnschnitte in Frage kommen, erweist sich in manchen Fällen, namentlich wenn es auf die rasche Feststellung der Querschnittform allein ankommt, die von A. Herzog[1]) angegebene Schnellmethode als sehr nützlich. Da bei ihr die Fasern ohne jede besondere Einbettung zum Schneiden gelangen und ein eigentliches Dünnschneiden überhaupt nicht in Frage kommt, dürfte diese von der gewöhnlichen Art der Querschnittherstellung abweichende Technik auch dem geübten Analytiker bei der Vorprüfung von Seidenprodukten willkommen sein und ihm in vielen Fällen sogar jede weitere Prüfung ersparen. Als Hilfsvorrichtung dient ein kleiner, auf den Mikroskoptisch aufzusetzender Apparat, der im wesentlichen aus einem als Spiegel wirkenden totalreflektierenden dreiseitigen Glasprima besteht, welches die seitliche Betrachtung des vor ihm liegenden, mit einer scharfen Schnittfläche versehenen Fasermaterials im Mikroskop ermöglicht. Der besseren Reflexion wegen ist die als Spiegel wirkende Hypothenusenfläche des Prismas versilbert. Das Schneiden erfolgt auf einer harten aber glatten Unterlage (Glas) mit Hilfe eines scharfen Rasiermessers. Scheren sind zu diesem Zweck ganz unbrauchbar, da sie stets

---

[1]) Herzog, A.: Über ein neues Verfahren zur Prüfung der Querschnittverhältnisse von Kunstfasern. Textile Forsch., 1, 13, 1921.

Quetschungen und andere Deformationen der Schnittflächen verursachen. Das zu schneidende Faserbündel kann etwas dicker gewählt werden, als es sonst zum Einbetten nötig ist. Um das Auseinanderstreben und Verschieben der geschnittenen Fasern zu verhindern, wird das Bündel vorher mit einem Tropfen Kollodium (4%) betupft. Die Schnittfläche einer der beiden Bündelhälften wird nun möglichst nahe an die vordere Vertikalfläche des totalreflektierenden Prismas gebracht, dieses zum Objektiv annähernd zentriert und in gewöhnlicher Weise mikroskopisch eingestellt. Die Fasern sind hierbei zweckmäßig nach der Lichtquelle gerichtet, da dies die beste Beleuchtung gewährleistet; sie heben sich sehr deutlich vom hellen Untergrund des Gesichtsfeldes ab. Vgl. Abb. 16. Durch kleine Verschiebungen des Objektträgers können natürlich alle beliebigen Stellen des Bündelquerschnitts ins Gesichtsfeld gebracht werden, so daß die Möglichkeit gegeben ist, zahlreiche Fasern hinsichtlich der Form und Gleichmäßigkeit ihrer Querschnitte zu prüfen. Gleichzeitig treten bei dieser Art der Untersuchung die geringsten Unterschiede in der natürlichen Färbung der Fasern sehr deutlich in die Erscheinung. Naturgemäß sind wegen der Einschaltung des prismatischen Körpers zwischen Präparat und Objektiv nur solche Mikroskopobjektive brauchbar, die einen großen Fokalabstand

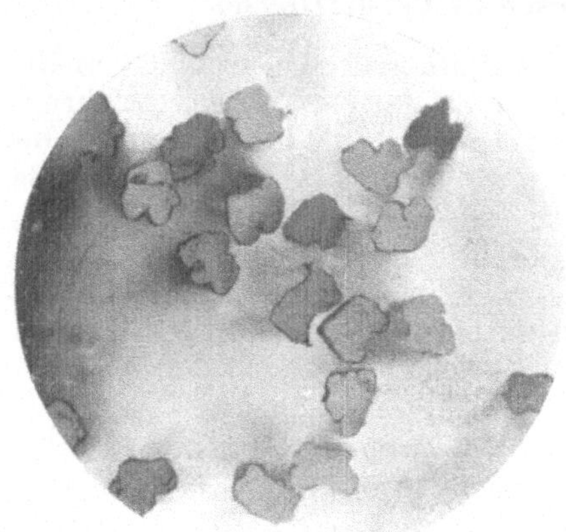

Abb. 16. Querschnitte von Viskoseseide nach der Schnellmethode von A. Herzog hergestellt (seitliche Betrachtung eines querdurchschnittenen Faserbündels mit Hilfe eines kleinen Reflexionsprismas). Optische Ausrüstung: Objektiv A (Zeiß), orthoskopisches Okular f = 9 mm (Zeiß), Betrachtungsprisma nach A. Herzog. Vergr. 150.

haben, z. B. aa und A von Zeiß; indessen steht nichts im Wege, die Vergrößerung durch starke Okulare zu steigern, falls eine solche in einzelnen Fällen erwünscht sein sollte. Besonders sind zu diesem Zweck die von Zeiß gelieferten orthoskopischen Okulare f = 9 und 20 mm geeignet. Ein anderes Auskunftsmittel, das gleichzeitig auch die Benutzung starker Objektive zuläßt, besteht darin, daß die Schnittfläche des Bündels unmittelbar unter dem Mikroskop im auffallenden Licht geprüft wird. Zu diesem Zweck muß natürlich das Bündel auf dem Objektträger vertikal gestellt und in dieser Lage erhalten werden, etwa so, daß es durch ein kleines Loch einer auf den Objektträger aufgestellten Blechkappe gesteckt bzw. mit Wachs befestigt wird. Das Bündel kann auch zwischen zwei, auf einem Objektträger befindlichen Stabilitklötzchen, von denen eines eine schmale vertikale Rinne hat, stehend eingeschoben werden. Diese etwas unbequeme Arbeit ist natürlich auch dann nötig, wenn die oben angegebene Hilfseinrichtung nicht zur Verfügung steht.

Auch das von P. Krais[1]) angegebene Verfahren kann bei der Vorprüfung der Kunstseide empfohlen werden. Nach ihm werden die Fasern in Paraffin eingebettet und dann Schnitte mit einem Rasiermesser (am besten mit der dünnen Klinge eines Sicherheitsrasiermessers, die man ohne weiteres in der Hand hält), so hergestellt, daß etwa 2 mm dicke Schnittscheiben entstehen. Natürlich ist es vorteilhaft, die Fasern vorher dunkel zu färben, damit sich die Querschnitte von dem umgebenden Paraffin deutlich abheben. Stellt man eine größere Anzahl solcher Scheibchen her, so kann man sie mit einem Tropfen Kanadabalsam reihenweise auf einem Objektträger befestigen.

Für genauere Untersuchungen, bei denen neben der Form auch die Breite und Dicke der Faser, die Querschnittfläche bzw. Feinheit in Deniers, der Völligkeitsgrad, die Ungleichmäßigkeit in der Querschnittfläche, die quadratische Quellung u. a. Berücksichtigung finden sollen, kommen, wie schon erwähnt, nur mikroskopische Dünnschnitte in Frage[2]). Hierbei sind vorwiegend folgende Umstände zu beachten:

1. Die Art der Einbettung bzw. Umhüllung (Paraffin, Zelloidin, Glyzeringummi, Glyzeringelatine usw.).
2. Die Schärfe des Messers.
3. Die Sorgfalt bei der etwaigen Entfernung des zur Einbettung benutzten Stoffes.
4. Die Natur und der etwaige gegenseitige Verband der Fasern.

Zu 1. Erfahrungsgemäß führt die vom Verfasser angegebene abgekürzte Paraffinmethode am raschesten zum Ziel. Ihre Ausführung erfolgt in der Weise, daß eine tunlichst kleine, vorher parallel gestreckte Faserprobe in nicht wesentlich über den Schmelzpunkt erhitztes Paraffin (Schmelzp. etwa 60° C) eingetaucht, aus diesem rasch herausgezogen und durch Ausdrücken in der Längsrichtung etwas flachgepreßt wird. Hierauf wird wieder in das Paraffin eingetaucht, jedoch nur einen Augenblick, damit die erste Schicht nicht abschmilzt, und das Eintauchen und Herausnehmen so oft wiederholt, bis sich eine entsprechend dicke Paraffinschicht um das Faserbündelchen gebildet hat. Um das so erhaltene Paraffinstäbchen, aus dem an dem einen Ende die losen Fasern hervorragen, möglichst rasch schneidefähig zu machen, empfiehlt es sich, es kurze Zeit unter den Strahl der Wasserleitung zu halten. Sodann wird das Stäbchen der Quere nach zerschnitten und von einer der so gebildeten Schnittflächen mittels eines scharfen Rasiermessers Querschnitte in tunlichster Feinheit abgetragen. Wird zum Dünnschneiden ein Mikrotom benutzt, so ist es noch erforderlich, das Stäbchen auf eine entsprechende Unterlage (Holz- oder Stabilitklötzchen) mit Paraffin aufzukitten. Die Zelloidineinbettung kommt praktisch kaum in Frage, da sie zu umständlich und zeitraubend ist und nur bei genauester Einhaltung der ziemlich verwickelten Arbeitsvorschriften brauchbare Ergebnisse liefert.

---

[1]) Krais, P.: Unterscheidung von Viskose- und Kupferseide. Textile Forsch., 2, 64. 1920.

[2]) Herzog, A.: Zur Herstellung mikrosk. Faserquerschnitte. Neue Faserstoffe, 1919.

Abkürzungen sind kaum anwendbar, wenn man hinsichtlich der Schnitte nicht von Zufällen abhängig sein will. Daß sich mit Hilfe des Zelloidinverfahrens auch bei Faserstoffen gute Ergebnisse erzielen lassen, soll damit natürlich nicht bestritten werden; in schwierigeren Fällen, so etwa bei der Herstellung von Baumwollgarnquerschnitten, die aus zahlreichen Einzelteilen bestehen, deren gegenseitige Lage im mikroskopischen Präparat unverändert erhalten bleiben soll, ist sie sogar kaum zu umgehen. Allerdings muß in diesem Falle eine größere Schnittdicke als unwillkommene Beigabe mit in den Kauf genommen werden. Einbettungen in Glyzeringummi oder Glyzeringelatine liefern wohl auch brauchbare Ergebnisse, sind aber sehr umständlich und, wenigstens für Kunstseide, vollständig entbehrlich. Dagegen kommen sie für Naturseide, die sich infolge ihrer zähen Beschaffenheit in Paraffin in der Regel

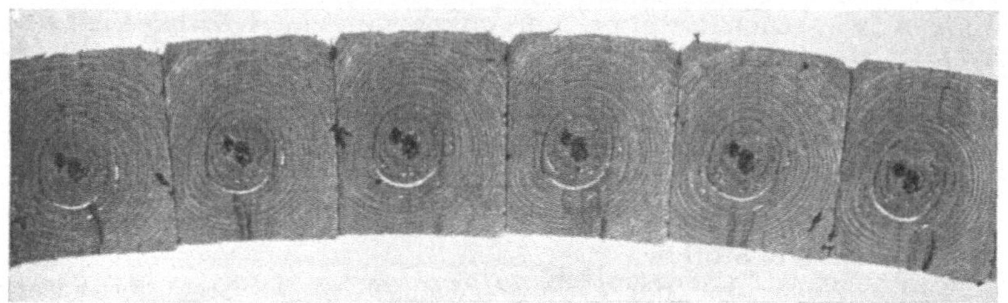

Abb. 17. An den zusammenstoßenden Kanten beim „Bandschneiden" selbsttätig verklebte Paraffinschnitte. In der Mitte jedes Schnittes zwei dunkle Flecken (Fasern) sichtbar die von konzentrischen Paraffinschichten umgeben sind. Schnittdicke 10 μ. Vergr. 7.

schlecht schneidet, in Betracht, insbesondere, wenn es auf tadellose Schnitte ankommt. Auch die von Kränzlin[1]) für Pflanzenfasern empfohlene Einbettung in Knochenleim mit nachfolgender Härtung der Schnitte in Formalin kann bei Naturseide vorteilhaft angewandt werden.

Zu 2. Es ist eigentlich selbstverständlich, daß das zum Schneiden benutzte Messer eine tadellos scharfe Schneide besitzen muß, wenn brauchbare Querschnitte erhalten werden sollen. Die Hervorhebung dieses Umstands scheint mir aber doch wichtig zu sein, weil namentlich bei der Herstellung von Freihandschnitten sehr häufig Messer benutzt werden, die kaum den bescheidensten Anforderungen genügen. Leider ist auch die Kenntnis des richtigen Abziehens und Schleifens von Rasier- und Mikrotommessern noch sehr wenig verbreitet, was um so mehr ins Gewicht fällt, als die Wiederinstandsetzung von Mikrotommessern nur von wenig Spezialfirmen (z. B. Walb in Heidelberg) wirklich sachgemäß ausgeführt wird. Empfehlenswert ist die Verwendung einer besonderen Schneidevorrichtung (Mikrotom) mit quergestelltem Messer, um lange Schnittbänder herstellen zu können. In diesem Fall wird das Paraffinstäbchen rechteckig oder quadratisch beschnitten und das Messer senkrecht zu einer Blockkante hindurchgeführt. Auf diese Weise haften nämlich die aufeinander folgenden

---

[1]) Kränzlin: Knochenleim als Einbettungsmittel. Faserforsch., 1, 85. 1922.

Schnitte an ihren Stoßkanten aneinander, so daß ein zusammenhängendes Schnittband entsteht (Abb. 17). Man stellt sich auf diese Art ein Band von etwa 30 Schnitten her und verwendet etwa 5 davon zur Herstellung eines mikroskopischen Präparats. Selbstverständlich ist auch bei Benutzung eines Mikrotoms auf die Erhaltung der Messerschärfe sorgfältig zu achten, da sonst unter keinen Umständen brauchbare Schnitte zu erzielen sind. Als Mikrotom reicht die von der Firma F. Zimmermann-Leipzig nach den Angaben Wolffs gebaute einfache Vorrichtung aus, die alle Vorzüge des Minotschen Konstruktionstyps in sich vereinigt, ohne deshalb unhandlich und kostspielig zu sein.

Wo vorhanden, können natürlich auch Schlittenmikrotome sehr gut zu dem angegebenen Zweck Verwendung finden. Verfasser arbeitet z. B. seit vielen Jahren mit einem von der Firma Reichert-Wien gelieferten Albrechtschen Schlittenmikrotom, das sich auch in den schwierigsten Fällen als vorzüglich brauchbar erwiesen hat.

Zu 3. Je weniger die Paraffinschnitte nachbehandelt werden, um so besser! Für technische Zwecke ist es ausreichend, die trockenen Schnitte ohne weiteres in einen Tropfen Kanadabalsam einzulegen

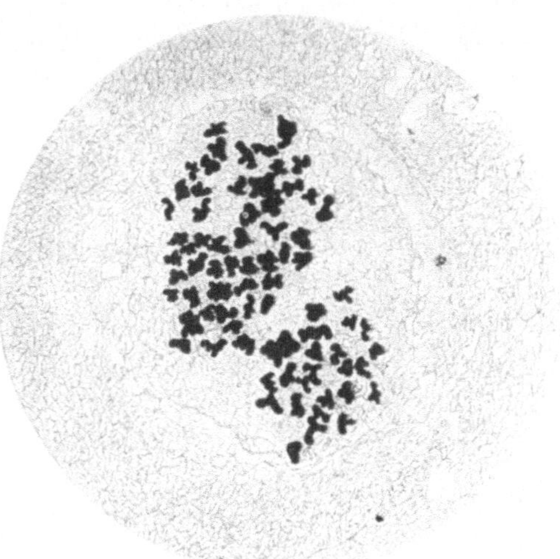

Abb. 18. Ein einzelner Paraffinschnitt nach Einbettung in Kanadabalsam unter dem Mikroskop. Die in Abb. 17 sichtbaren dunklen Flecken lösen sich unter dem Mikroskop optisch in zahlreiche Einzelfaserquerschnitte auf (Nitroseide von Tubize). Das vorhandene Paraffin, dessen konzentrische Schichtung noch andeutungsweise zu erkennen ist, stört die Betrachtung der Formverhältnisse der vor dem Einbetten mit Safranin kräftig angefärbten Fasern in keiner Weise. Vergr. 100.

und mit einem Deckglase zu bedecken (Abb. 18). Das noch vorhandene Paraffin stört die spätere mikroskopische Betrachtung des Präparats in keiner Weise; ebenso sind unvermeidliche Luftblasen, die hierbei miteingeschlossen werden, praktisch bedeutungslos. Die Schnitte ungefärbter Fasern heben sich allerdings im Kanadabalsam wegen der geringen Unterschiede in der Lichtbrechung nur wenig ab, so daß sie im Mikroskop etwas schwierig aufzufinden sind; Anfängern ist daher vor der Einbettung in Paraffin eine Anfärbung der Fasern, etwa mit wässeriger Safraninlösung, sehr zu empfehlen. Der Geübtere wird aber auch ohne dieses Hilfsmittel zum Ziel kommen, besonders wenn er bei der Besichtigung der Bilder eine tunlichst hohe Einstellung wählt, um die Begrenzung der Faserschnitte deutlicher sichtbar zu

machen, denn bei der immerhin stärkeren Lichtbrechung der Fasermasse gegenüber dem umgebenden Kanadabalsam tritt die „Beckesche
Linie" bei hoher Einstellung des Präparats deutlich hell nach dem
Faserinnern zu hervor. Kommt es auf die Herstellung von Schau-
präparaten an, dann empfiehlt sich folgende Arbeitsweise: Auf einem
durch direkte Erhitzung in der Bunsenflamme vollkommen fettfrei
gemachten Objektträger werden die passend ausgewählten Paraffinschnitte in einem großen Tropfen wässeriger Safraninlösung verteilt,
und durch vorsichtige Erwärmung der Lösung vollkommen gestreckt. Nach Abziehen der Safraninlösung mit Filterpapier und
raschem Auswaschen werden die Schnitte auf einer Wärmebank

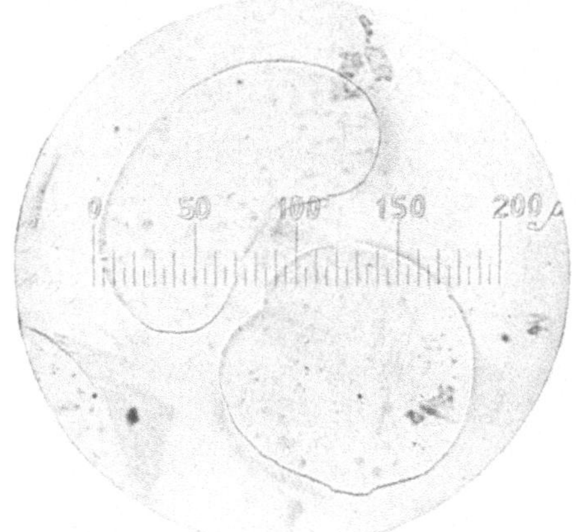

Abb. 19. Azetatroßhaar, Querschnitte. Vergr. 208.

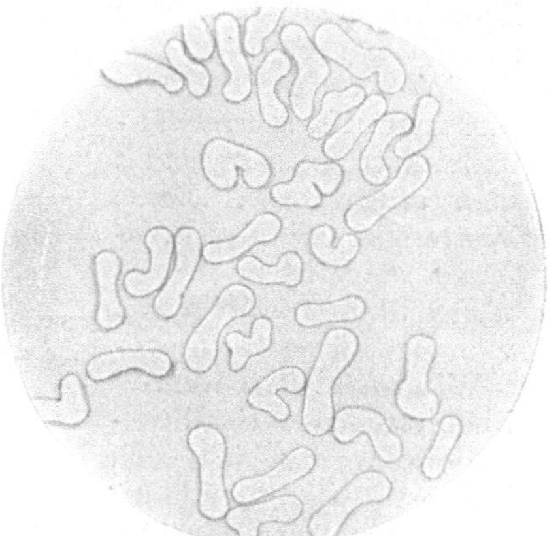

Abb. 20. Nitroseide, Querschnitte.
Vergr. 173.

bei etwa 40⁰ C vollkommen ausgetrocknet, sodann das Paraffin mit
Xylol aus den Schnitten herausgelöst und ein Tropfen Kanadabalsam aufgesetzt. Nach Bedecken mit einem Deckgläschen ist das
Präparat fertig. In schwierigeren Fällen hat sich auch das folgende
Verfahren gut bewährt[1]). Die von der Wärmebank kommenden
Schnitte werden mit einer sehr verdünnten alkoholischen Schellack-
lösung (auch Weigertscher Negativlack ist brauchbar) übergossen
und nach dem Verdunsten des Alkohols mit Xylol behandelt. Dieser
löst das Paraffin des unterhalb der außerordentlich dünnen Schellack-
schicht befindlichen Faserschnitte, ohne diese selbst in Unordnung
zu bringen. Der endgültige Einschluß in Kanadabalsam geschieht in
der gleichen Weise wie oben angegeben. Die Faserschnitte treten in
beiden Fällen leuchtend rot hervor. Wenn es lediglich auf Präparate
zu Demonstrationszwecken ankommt, kann als Einschlußmittel auch
vorteilhaft Glyzeringelatine gewählt werden, weil diese die Be-

---

[1]) Herzog, A.: Zur Technik d. mikr. Untersuchung von Kunstbändern.
Kunststoffe 9, 1916.

grenzung der Schnitte wesentlich deutlicher hervortreten läßt, namentlich wenn die Fasern ungefärbt vorliegen; in allen anderen Fällen aber, besonders wenn die Schnitte zu irgendwelchen Messungen Verwendung finden sollen, ist Kanadabalsam oder ein sonstiges Harz als Einschlußmittel nicht zu umgehen.

Zu 4: Hinsichtlich ihrer Schneidefähigkeit lassen sich die natürlichen und künstlichen Seiden wie folgt einteilen:

1. Verschiedene Kunstseiden (ausgenommen Azetatseide und Stapelfasern, die infolge ihrer spröderen Beschaffenheit etwas schwieriger zu schneiden sind).

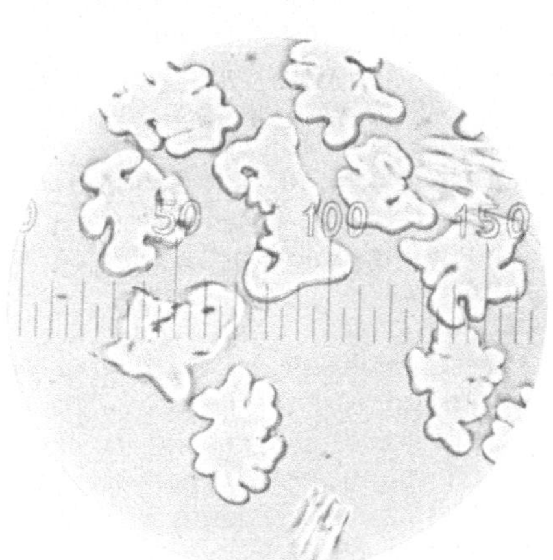

<table>
<tr><td>Abb. 21. Nitroseide, Querschnitte.
Vergr. 315.</td><td>Abb. 22. Viskoseseide, Querschnitte.
Vergr. 335.</td></tr>
</table>

2. Azetatseide, Stapelfaser, verschiedene künstliche Roßhaarersatzstoffe (Meteor, Sirius, Helios, Pan usw.).

3. Echte und wilde Seide, Pflanzenseide.

Diese Einteilung ist so zu verstehen, daß die Fasern jeder Gruppe schwieriger zu schneiden sind als die der vorangehenden. So z. B. gelingt es verhältnismäßig leicht, Querschnitte von Nitro- oder Viskosekunstseide herzustellen, während dies bei echter Seide oder bei Pflanzenseide selbst nach jahrelanger Schulung in wirklich befriedigender Weise nicht immer sicher gelingt. Zweifellos hängt dieses verschiedene Verhalten mit der von Haus aus verschiedenen Zähigkeit der zu schneidenden Fasern zusammen.

Bei größerer Schnittdicke tritt naturgemäß bei vereinzelt stehenden feinen Fasern sehr leicht ein Umfallen der Schnitte ein; es gilt daher die Regel, die Schnittdicke nach Tunlichkeit zu beschränken (auf etwa 10—15 μ), was durch Wahl geeigneten Paraffins und Benutzung eines tadellos gehaltenen Mikrotoms ohne besondere Schwierigkeit gelingt. Wenngleich die vorangehende Zusammenstellung der Seidenfasern nach ihrer Schneidefähigkeit selbstverständlich keinen Anspruch auf absolute Verläßlichkeit hat, so gibt sie immerhin einen praktischen Anhaltspunkt für die einschlägigen Verhältnisse.

Zur genaueren wissenschaftlichen Kennzeichnung der Seiden sind auch nähere Angaben über die absolute Größe des Einzelfaserquerschnitts erforderlich. Dies ist namentlich bei der Beurteilung der Festigkeitseigentümlichkeiten einer Faser der Fall, da natürlich nur die von der eigentlichen Fasersubstanz gedeckten Flächenanteile als tragender Querschnitt in Frage kommen. Aus der experimentell bestimmten Wandfläche bzw. Querschnittfläche läßt sich nun auch in einfacher Weise die metrische Nummer der Einzelfaser ableiten und so ein ungleich anschaulicheres und in den meisten Fällen auch richtigeres Bild für die Feinheit gewinnen als es sonst aus den in der Literatur zu diesem Zweck fast ausschließlich berücksichtigten Breiten-

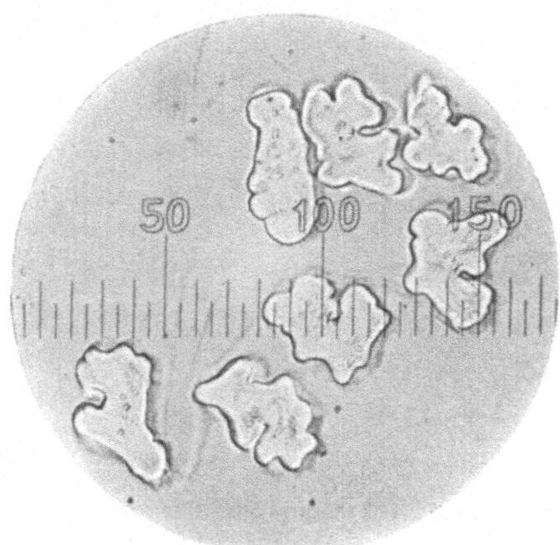

Abb. 23. Viskoseseide, Querschnitte. Vergr. 315.

und Dickenwerten der Fasern möglich ist. Man vergleiche zu diesem Zweck die auf Grund der von A. Herzog ausgeführten Untersuchungen entworfene Zahlentafel 1. Daß die Kenntnis der absoluten Querschnittfläche der Fasern auch bei der quantitativen mikroskopischen Analyse von Fasergemengen wertvolle Anhaltspunkte für die rasche Schätzung bietet, kann hier als bekannt vorausgesetzt werden. Auch in solchen Fällen, wo die Nummer eines Gespinstes aus irgendwelchen Gründen nicht durch Abwage einer bestimmten Fadenlänge ermittelt werden kann, läßt sich, wie in dem folgenden Kapitel dargetan ist, der „Titer" auf mikroskopischem Wege hinreichend genau ermitteln. Auch die mittlere Breite und Dicke der Faser und der aus beiden Werten abgeleitete mittlere Faserdurchmesser sind nach den früher gemachten Ausführungen durch direkte Ausmessung von in starker Vergrößerung mikroskopisch eingestellten oder mittels eines Zeichenapparates abgezeichneten Querschnitten der Fasern viel genauer zu bestimmen als durch Messung in der Längsansicht.

Bei allen Messungen ist darauf zu sehen, daß 1. nur feine, entsprechend vorgefärbte Mikrotomschnitte zur Prüfung gelangen, 2. die Zeichnung mit einem genauen mikroskopischen Zeichenapparat (etwa dem vorzüglichen Abbeschen in der Zeißschen Ausführung), jedoch unter alleiniger Berücksichtigung der mittleren Gesichtsfeldanteile ausgeführt werde, 3. beim Zeichnen sehr starke Vergrößerungen benutzt werden (etwa Objektiv F oder homog. Immersion 1/12″ von Zeiß) und 4. als Einbettungsflüssigkeit ein die Faser durch Quellung nicht meßbar beeinflussendes Mittel gewählt werde (z. B. Kanadabalsam).

Zahlentafel 1.

Querschnittfläche und metrische Nummer der Einzelfaser.

$Metr.\ Nr. = \dfrac{1\,000\,000}{F \cdot s}$; $F\ldots$ Querschnittfläche der Einzelfaser in qμ, $s\ldots$ spezifisches Gewicht in g.

	Fläche in qμ	Spezifisches Gew. in g	Metrische Nummer
Pflanzenseide			
Asclepias Cornuti	96[1])	1,50	6944
Calotropis procera	111[1])	1,50	6006
Tierische Seide			
Echte Seide a	118	1,37	7788
„ „ b	103	1,37	7087
Spinnenseide, weiß	37	1,28	21115
„ gelb	104	1,28	7512
Kunstseide			
Gelatineseide	1336	1,37	546
Kupferseide (Bemberg) a	99	1,53	6602
„ „ b	111	1,55	5812
„ „ c	96	1,50	6944
„ „ d	89	1,53	7344
„ (Elberfeld) a	627	1,53	1043
„ „ b	520	1,54	1249
„ (Courtauld & Co.) . .	660	1,52	997
Viskose (Küttner) a	366	1,52	1798
„ „ b	409	1,52	1609
„ „ c	593	1,52	1109
„ „ d	600	1,51	1104
„ (Elberfeld) a	519	1,52	1268
„ „ b	467	1,53	1400
„ „ c	504	1,52	1305
„ „ d	501	1,52	1344
„ (Arques la Bataille) . . .	512	1,53	1277
Nitroseide S. K. Z.	225	1,50	2963
„ (Tubize) a	570	1,53	1147
„ „ b	598	1,53	1093
„ „ c	418	1,52	1574
„ „ d	430	1,54	1510
„ „ e	728	1,56	881
Azetatseide a	1440	1,25	556
„ b	447	1,27	1762
Gröbere Kunstfäden			
Azetatroßhaar	62 500	1,28	12,5
Roßhaarersatz „Helios“ a	32 000	1,51	20,7
„ „ b	25 700	1,52	25,6
„ „Pan“	33 700	1,52	19,5
„ „Sirius“ a	26 000	1,53	25,1
„ „ b	27 900	1,53	23,4
„ „Meteor“	17 700	1,52	37,2

[1]) Bezieht sich lediglich auf die von der Zellwand gedeckte Fläche; die Gesamtquerschnittfläche betrug bei

Asclepias Cornuti . . . . . 162 qμ

Calotropis procera . . . . . 445 qμ

Der geringe Abstand der Frontlinie eines stark vergrößernden Objektivs vom Präparat läßt es ratsam erscheinen, eine Hilfseinrichtung bei der Einstellung zu verwenden. Vorzüglich brauchbar ist der von den optischen Werken C. Reichert-Wien nach den Angaben von Bien hergestellte „Objektivschützer". Er kann an jedem beliebigen Objektiv zwischen Objektiv und Tubus bzw. Revolver eingesetzt werden und wirkt derartig, daß bei unbeabsichtigtem Senken des Tubus unter die Einstellungsebene ein einstellbarer Stift mit seiner Ebonitspitze auf den Objektträger anstößt und ein weiteres Senken des Tubus verhindert, ehe eine Berührung von Frontlinse und Präparat eintreten kann. Er schützt also Objektiv und Präparat in gleicher Weise. Diese sehr einfache Vorrichtung ist auch dem Geüb-

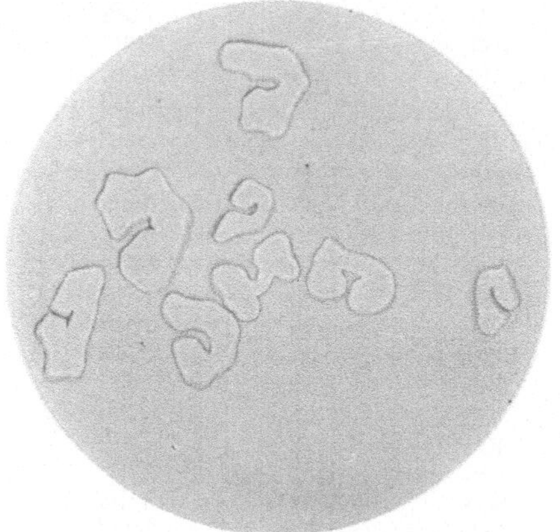

Abb. 24.   Azetatseide, Querschnitte.
Vergr. 173.

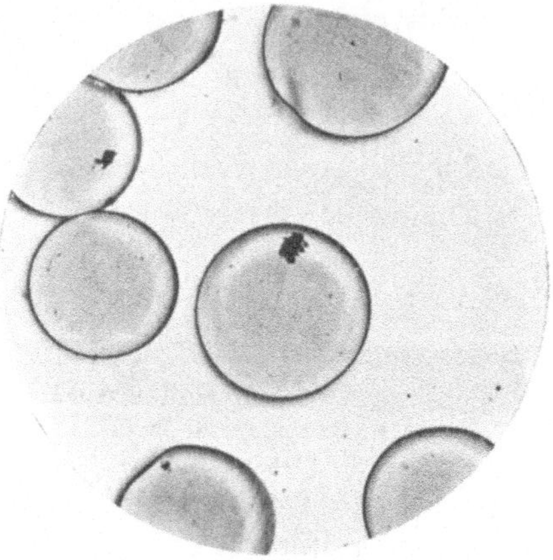

Abb. 25. Gelatineseide, Querschnitte.
Vergr. 173.

teren sehr zu empfehlen, weil sie ihm so manche lästige Bewegung bei der Einstellung eines Präparates in starker Vergrößerung ersparen wird.

Zur Ausmessung der Querschnittfläche kommen folgende Verfahren in Frage:

1. Das von A. Herzog zur direkten Ausmessung der Schnitte angegebene Deniermeter (s. folgenden Abschnitt), Abb. 29.
2. Die gezeichneten Schnitte werden planimetriert.
3. Die gezeichneten Schnitte werden mit der Schere ausgeschnitten und auf einer empfindlichen Wage ausgewogen. Aus dem vorher bestimmten Einheitsgewicht des benutzten Zeichenpapiers (Quadratmetergewicht) und dem Gewicht des Schnittes leitet sich ohne weiteres die dem Schnitt zukommende Fläche ab (Verfahren nach Ambronn).
4. Die gezeichneten Schnitte werden mit Hilfe einer aufgelegten Quadratmillimeterteilung ausgezählt. Auch Quadratnetzteilungen auf Glas oder Zellhorn, die ohne weiteres die Feinheit der Einzelfaser in Deniers angeben, können nach dem Vorschlage von A. Herzog zweckmäßig Verwendung finden (Abb. 30).

Selbstverständlich ist die Vergrößerung, in der die Zeichnung angefertigt wird, durch genaues Abzeichnen eines Objektmikrometermaßstabes sorgfältigst zu ermitteln. Bei der Berechnung der wirklichen Querschnittfläche ist natürlich nur die quadratische Vergrößerung zu berücksichtigen.

Völligkeit des Querschnitts.

Ein wertvoller Anhaltspunkt bei der raschen Beurteilung der allgemeinen Formverhältnisse wird erhalten, wenn man die Breite der Einzelfaser mit der Querschnittfläche in Beziehung bringt. Aus der Fläche des dem Faserquerschnitt umschriebenen Kreises (Durchmesser $=$ Faserbreite $= B$) und der Faserquerschnittfläche F in $q\mu$ berechnet sich der „Völligkeitsgrad" V in Prozenten wie folgt[1]):

$$\frac{B^2\,\pi}{4} : F = 100 : V.$$

Daraus ergibt sich

$$V = \frac{400 \cdot F}{\pi \cdot B^2} = 127{,}32 \cdot \frac{F}{B^2}.$$

Ist der Titer der Einzelfaser in Deniers (legaler Titer) bekannt, so läßt sich, da $F = \dfrac{\text{Legaler Titer}}{0{,}01368}$ (für Kunstseide vom spezifischen Gewicht 1,52 g) ist, der Völligkeitswert auch wie folgt ableiten:

$$V = \frac{127{,}32 \cdot \text{Legaler Titer}}{0{,}01368 \cdot B^2} = 9307 \cdot \frac{\text{Legaler Titer}}{B^2}$$

In dem Maße, als der Völligkeitsgrad einer Faser abnimmt, wird diese immer flacher, d. h. bandartiger, und umgekehrt.

So geht aus der beigefügten Abb. 26 deutlich hervor, daß die mit 1 bezeichnete Faser, deren Völligkeitsgrad 16,3 % beträgt, mikroskopisch ein breites Band darstellt, während bei der Faser 11 mit einem Völligkeitsgrad von 97,9 % ein nahezu kreiszylindrisches Gebilde vorliegt. Bis zu einem gewissen Grade gibt zwar auch das Verhältnis der Breite und Dicke einer Faser einen Maßstab für ihre Völligkeit; indessen kommen, namentlich bei stark gelappten Querschnittformen, nicht selten Fälle vor, wo dieses Verhältnis zur Kennzeichnung der Völligkeit bei weitem nicht ausreicht. So ist aus der Abbildung 17 und der Zahlentafel 2 zu ersehen, daß die mit 3 und 7 bezeichneten Kunstseiden annähernd dasselbe Verhältnis von Breite und Dicke zeigen (1,31 bzw. 1,30), obwohl die tatsächlichen Völligkeitswerte wesentlich voneinander abweichen (39,2 bzw. 60,5 %). Dabei ist ganz abgesehen davon, daß

---

[1]) Herzog, A.: Der Völligkeitsgrad der Kunstseide. Textile Forsch.. **3**, 99. 1922.

es häufig Ansichtssache ist, was bei einer stark gelappten Faser als
Dicke zu gelten hat.

    Ohne Zweifel gibt der Völligkeitsgrad einen bequemen ziffer-
mäßigen Anhaltspunkt bei der allgemeinen Beurteilung der
Formverhältnisse einer Kunstseide; er ist in dieser Hinsicht den

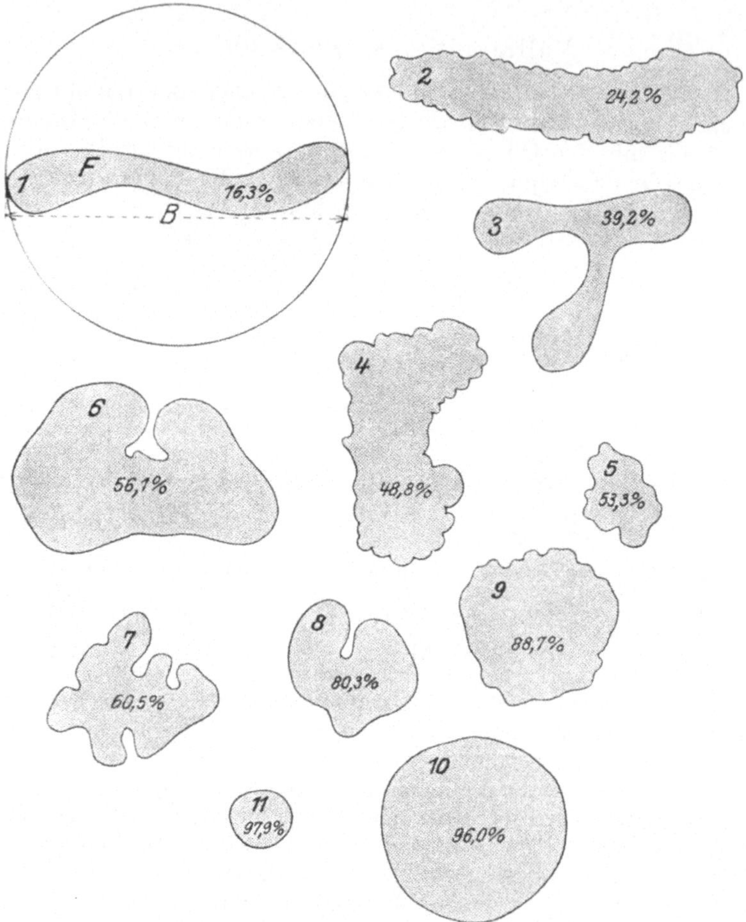

Abb. 26. „Völligkeit" der Kunstseide. Schematische Darstellung.

zumeist beliebten Angaben über die vorkommenden Querschnittformen (flach, rundlich usw.) weit überlegen. Daß auch andere technische Eigenschaften (Feinheit, Geschmeidigkeit, Biegsamkeit, Licht-
undurchlässigkeit, Glanz, scheinbares spezifisches Gewicht von Gespinsten u. a. m.) mit der Völligkeit der Einzelfaser in Zusammenhang
stehen, braucht keiner besonderen Begründung, wenngleich die Beziehungen nicht immer gesetzmäßig zu formulieren sind.

Zahlentafel 2.

Nr.	Fläche in qμ	Feinheit in Deniers	Breite der Faser in μ	Dicke der Faser in μ	Völligkeit in %	$\dfrac{Breite}{Dicke}$
1	431	5,9	58	7	16,3	8,29
2	707	9,7	61	15	24,2	4,07
3	444	6,1	38	29	39,2	1,31
4	708	9,7	43	18	48,8	2,39
5	151	2,1	19	12	53,3	1,58
6	972	13,5	47	29	56,1	1,62
7	427	5,8	30	23	60,5	1,30
8	363	5,0	24	20	80,3	1,20
9	546	7,5	28	27	88,7	1,04
10	821	11,0	33	33	96,1	1,00
11	93	1,3	11	11	97,9	1,00

4. Die Bestimmung des Titers von Kunstseide auf mikroskopischem Wege[1]).

Die Feinheit der Kunstseide wird in der Regel durch die Zahl der Deniers ausgedrückt, die einer Fadenlänge von 450 m entsprechen (Legaler Titer). Das zur experimentellen Bestimmung der Feinheit von Kunstseidefäden gegenwärtig allgemein übliche Verfahren mittels Weife und Wage (Titrage) genügt zweifellos in den meisten Fällen, wenngleich es naturgemäß über die Abweichungen in der Feinheit der den Gespinstfaden zusammensetzenden Einzelfasern keinen Aufschluß ergibt. Es ist jedoch nicht anwendbar, wenn es sich um relativ kurze, noch nicht zusammengedrehte Kunstfäden handelt, wie sie z. B. in der rohen „Stapelfaser" vorliegen. Leider erfüllen auch die für solche und ähnliche Zwecke in Anwendung stehenden mikrometrischen Garnwagen, wie Verfasser aus eigener Erfahrung weiß, ihren Zweck nur unvollkommen, so daß es gewiß berechtigt ist, die Lösung dieser Aufgabe auf anderem Wege zu versuchen.

Daß in der Tat große Schwankungen in der Feinheit der Einzelfasern eines Kunstseidegespinstes vorkommen können, beweist u. a. die nachfolgende Zusammenstellung der Meßwerte von 15 Einzelfasern, die im Querschnitt eines zu Versuchszwecken besonders hergestellten Viskoseseidefadens enthalten waren (Zahlentafel 3). Wie ersichtlich, bewegte sich die Feinheit der Einzelfaser zwischen 2,2 und 26,1 Deniers! Auch die von E. Bronnert seiner Arbeit „Über die Fortschritte in der Kunstseideindustrie" (Journ. Soc. Dyers & Col. **6**, 153, 1922) beigefügten Abbildungen 4 und 5 (Querschnitte von Chardonnetseide) liefern eine Bestätigung des Gesagten.

Bedeuten F die wirkliche Querschnittfläche der Einzelfaser in qμ (1 qμ = 0,000001 qmm) und s das spezifische Gewicht der Fasersubstanz in g, so berechnet sich nach der obigen Definition die Feinheit

---

[1]) Herzog, A.: Die Bestimmung des Titers der Kunstseide auf mikroskopischem Wege. Textile Forsch., **1**, 7. 1922.

der Einzelfaser in Deniers zu: $0{,}009 \cdot F \cdot s$. Da das spezifische Gewicht der wichtigsten zurzeit verwendeten Kunstseiden (Nitro-, Kupfer-

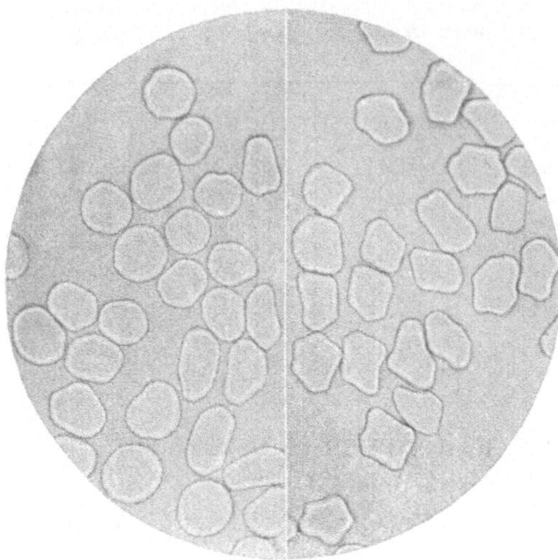

und Viskoseseide) durchschnittlich 1,52 g beträgt (Schwankungen zwischen 1,5 und 1,6 g), so lautet die Formel auch: Feinheit in Deniers $= 0{,}01368 \cdot F$. Zur Bestimmung des Feinheitsgrades der Einzelfaser genügt es demnach, die Querschnittfläche experimentell zu bestimmen und den so ermittelten Wert mit dem Faktor 0,01368 zu multiplizieren. Erfahrungsgemäß ist der so gefundene Titer noch mit dem Korrektionsfaktor 0,93 zu multiplizieren, um den wahren Titer zu erhalten. Nähere Angaben hierüber folgen weiter unten. Bei einiger Übung gelingt es natürlich auch durch unmittelbaren mikroskopischen Vergleich der in

Abb. 27. Vergleichsmikroskopie zur Schätzung der Feinheit von Kunstseidefasern. Links Querschnitte von Kupferseide (5 den), rechts Viskoseseide, deren Querschnitte schätzungsweise ebenso groß sind. Der technische Feinheitsgrad ist demnach in beiden Fällen annähernd gleich (5 den). Vergr. 173.

Frage kommenden Faserquerschnitte mit Faserschnitten von bekannter Denierzahl die Feinheit annähernd, d. h. durch bloße Schätzung der gegenseitigen Flächen festzustellen, namentlich wenn ein Vergleichs-

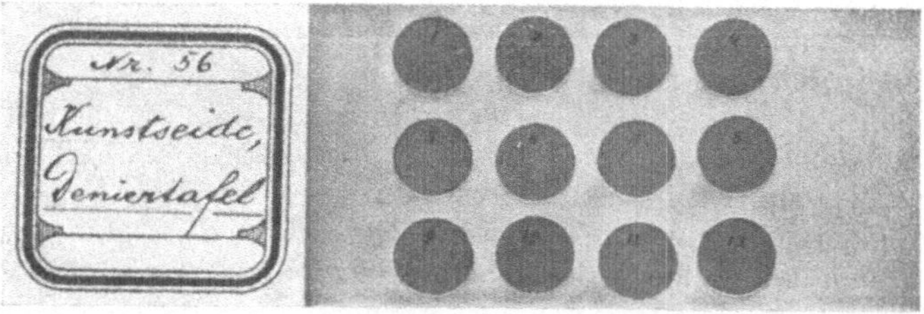

Abb. 28. Deniertafel zur vergleichsweisen Schätzung des Feinheitsgrades von Kunstseide auf mikroskopischem Wege. Auf einem feinstmattierten Objektträger sind Querschnitte von zwölf, nach Feinheitsgraden abgestuften Kunstseiden unter je einem Deckgläschen in Kanadabalsam eingebettet. Der Feinheitsgrad ist bei jedem Präparat auf dem Objektträger (unter dem Deckglas) mit einem sehr harten Bleistift (z. B. Koh-I-Noor 8 H) vermerkt. Der Balsam macht das Mattglas vollständig durchsichtig, so daß jedes einzelne Präparat in gewöhnlicher Weise mikroskopisch geprüft werden kann. Auch die Bezeichnung des Feinheitsgrades ist in jedem Falle deutlich sichtbar; sie bietet in dieser Form den sichersten Schutz gegen Verwechslungen, die sonst (z. B. bei leicht abspringenden Papieretiketten) leicht vorkommen können. Schwach vergrößert.

Zahlentafel 3.

Nr.	Querschnitt-fläche in qμ	Breite	Dicke	Metr. Nr.	Feinheit in Deniers
		in μ			
1	821	32,7	32,7		
2	980	36,7	34,7		
3	827	34,0	31,3		
4	947	38,7	33,3		
5	216	18,8	14,7		
6	916	35,3	33,3		
7	*1904*	*52,0*	*49,3*	*346*	*26,1*
8	425	23,3	20,7		
9	691	30,7	27,3		
10	428	24,7	22,7		
11	*159*	*15,3*	*13,3*	*1138*	*2,2*
12	939	36,0	33,3		
13	788	32,0	31,3		
14	799	34,0	30,0		
15	901	33,3	31,3		
Mittel	*782,7*	*31,83*	*29,28*	*840,6*	*10,71*

```
Mittlerer Faserdurchmesser in μ . . . . . . . 30,6
Breite : Dicke . . . . . . . . . . . . . . . . 1,087
Völligkeit des Querschnitts in %  . . . . . . 98,2
Ungleichmäßigkeit des Querschnitts in %  . . 50,9
        „         der Breite in %  . . . . . 29,1
        „         der Dicke in %  . . . . . . 32,6
Spezifisches Gewicht in g . . . . . . . . . . 1,52
Wassergehalt¹) in %  . . . . . . . . . . . . . 9,31
```
Form des Querschnitts: rund, wenig abgeplattet, ohne Einkerbungen.

Zahlentafel 4.

Deniers	Wirkliche Querschnitt-fläche in qμ	Aus der w. Quer-schnittfläche be-rechneter Durch-messer in 1500f. Vergr. in mm	Differenz der Durchmesser in mm
1	73,1	14,46	
2	146,2	20,46	6,00
3	219,3	25,06	4,60
4	292,4	28,94	3,88
5	365,5	32,38	3,44
6	438,6	35,46	3,08
7	511,7	38,32	2,86
8	584,8	40,96	2,64
9	657,9	43,38	2,42
10	731,0	45,76	2,38
11	804,1	48,00	2,24
12	877,2	50,14	2,14
13	950,3	52,18	2,04
14	1023,4	54,16	1,98
15	1096,5	56,04	1,88

¹) Zur Zeit der Bestimmung des spezifischen Gewichts.

mikroskop oder der Reichertsche Vergleichsaufsatz zur Verfügung
steht (Abb. 27). Verfasser bedient sich hierbei einer besonders zu diesem
Zweck hergestellten „Deniertafel" (Abb. 28): Auf einem feinstmattierten Objektträger sind Querschnitte von 12, nach Feinheitsgraden abgestuften Kunstseiden unter je einem Deckgläschen in Kanadabalsam eingebettet. Der Feinheitsgrad ist bei jedem Präparat auf dem
Objektträger (unter dem Deckglas) mit einem sehr harten Bleistift (z. B.
Koh-I-Noor 8 H) vermerkt. Der Balsam macht das Mattglas vollständig
durchsichtig, so daß jedes einzelne Präparat in gewöhnlicher Weise
mikroskopisch geprüft werden kann. Auch die Bezeichnung der Feinheitsgrade ist deutlich sichtbar; sie bietet in dieser Form den sichersten
Schutz gegen Verwechslungen, die sonst, z. B. bei leicht abspringenden Papierschildern, immerhin vorkommen können. Die Schätzung
gelingt aber in befriedigendem Maße nur für die niedrigeren Denierzahlen
(bis etwa 5 den); mit zunehmender Querschnittfläche wird nämlich der
Unterschied in den Durchmessern immer geringer, so daß es dann
kaum gelingt, eine brauchbare Schätzung der Flächen vorzunehmen
(die Flächen verhalten sich wie die Quadrate der Durchmesser). Vgl.
die Zahlentafel 4. Dazu kommt noch, daß bei unregelmäßig gestalteten
Querschnittformen, wie sie der Nitroseide und manchen Viskose-
und Azetatseiden eigen sind, die Schätzung auch schon bei niedrigeren Denierangaben mit Schwierigkeiten verbunden ist.

Zusammenstellung der zur Berechnung der Querschnittfläche, der
Feinheit, der Völligkeit und der Quellung nötigen Zahlenangaben.

Zahlentafel 5.

1. Querschnittfläche der Einzelfaser (F) in qμ:

Tafel zur Berechnung der wirklichen Querschnittfläche von
Fasern (F in qμ) aus der mittels des Zeichenapparates hergestellten und
planimetrisch ausgemessenen Querschnittzeichnung (Q in qmm).

qmm auf der Zeichnung (Q)	Wahre Fläche (F) in qμ[1] bei einer linearen Vergrößerung von				
	100	250	500	1000	1500
100	10 000	1 600	400	100	44,44
200	20 000	3 200	800	200	88,89
300	30 000	4 800	1 200	300	133,33
400	40 000	6 400	1 600	400	177,78
500	50 000	8 000	2 000	500	222,22
600	60 000	9 600	2 400	600	266,67
700	70 000	11 200	2 800	700	311,11
800	80 000	12 800	3 200	800	355,55
900	90 000	14 400	3 600	900	400,00
1000	100 000	16 000	4 000	1 000	444,44

Beispiel: Ein in 1500facher Vergrößerung gezeichneter Faserquerschnitt
ergab beim Planimetrieren eine Fläche (Q) von 897 qmm. Die wirkliche Fläche
(F in qμ) berechnet sich mit Hilfe der obigen Tafel wie folgt:

[1] 1 qμ = 0,000001 qmm.

$$
\begin{array}{rll}
800 \text{ qmm entsprechen} & 355{,}55 & \text{q}\mu \\
90 \;,, & ,, & 40{,}000 \;,, \\
7 \;,, & ,, & 3{,}1111 \;,,
\end{array}
$$

$$
\overline{897 \text{ qmm entsprechen} \quad 398{,}6611 = 399 \text{ q}\mu}
$$

2. Feinheit der Einzelfaser:

A. Legaler Titer in Deniers:

Titer $= 0{,}009 \cdot F \cdot s \cdot c$.

$F =$ wirkliche Querschnittfläche in qμ; $s =$ spezifisches Gewicht der Fasermasse in g; $c =$ Korrektionsfaktor (für Kunstseide $= 0{,}93$).

Für Kunstseide ($s = 1{,}52$ g; $c = 0{,}93$):

Legaler Titer $= 0{,}0127224 \cdot F$ oder

$\qquad$,, $\qquad = 0{,}0056488 \cdot Q$

$F =$ wie oben; $Q =$ Fläche der in 1500facher Vergrößerung hergestellten Querschnittzeichnung in qmm.

Log. 0,009 $\quad = 0{,}954243 \quad - 3$
Log. 0,0127224 $= 0{,}104569 \quad - 2$
Log. 0,0056488 $= 0{,}751957 \quad - 3$.

Tafel zur Berechnung des legalen Titers der Einzelfaser (Kunstseide) aus der gefundenen wirklichen Querschnittfläche (F in qμ)[1].

$$
\begin{array}{rllll}
100 \text{ q}\mu \text{ entsprechen} & 1{,}272 & \text{Deniers (Legaler Titer)} \\
200 \;,, & ,, & 2{,}544 & ,, & ,, & ,, \\
300 \;,, & ,, & 3{,}817 & ,, & ,, & ,, \\
400 \;,, & ,, & 5{,}089 & ,, & ,, & ,, \\
500 \;,, & ,, & 6{,}361 & ,, & ,, & ,, \\
600 \;,, & ,, & 7{,}633 & ,, & ,, & ,, \\
700 \;,, & ,, & 8{,}906 & ,, & ,, & ,, \\
800 \;,, & ,, & 10{,}178 & ,, & ,, & ,, \\
900 \;,, & ,, & 11{,}450 & ,, & ,, & ,, \\
1000 \;,, & ,, & 12{,}722 & ,, & ,, & ,,
\end{array}
$$

Beispiel: Die Feinheit in Deniers für die im vorigen Beispiel angenommene Fläche $F = 399$ qμ berechnet sich mit Hilfe der Tafel wie folgt:

$$
\begin{array}{rll}
300 \text{ q}\mu \text{ entsprechen} & 3{,}817 & \text{Deniers} \\
90 \;,, & ,, & 1{,}1450 & ,, \\
9 \;,, & ,, & 0{,}11450 & ,,
\end{array}
$$

$$
\overline{399 \text{ q}\mu \text{ entsprechen} \quad 5{,}07650 = 5{,}1 \text{ Deniers.}}
$$

B. Metrische Nummer (Nr):

$$
Nr = \frac{9000}{\text{Legaler Titer in Deniers}}.
$$

Für Kunstseide:

$$
Nr = \frac{707415}{F}.
$$

$F =$ wirkliche Querschnittfläche in qμ.

Log. 9000 $= 3{,}954243$
Log. 707415 $= 5{,}849674$.

3. Völligkeit des Querschnitts (V) in %:

$$
V = 127{,}32 \cdot \frac{F}{B^2}
$$

($F =$ wie oben; $B =$ Breite der Faser in μ)

oder

$$
V = 9307 \cdot \frac{\text{Legaler Titer}}{B^2}.
$$

Log. 127,32 $= 2{,}104896$
Log. 9307 $\quad = 3{,}968810$.

---

[1] Unter Berücksichtigung des Korrektionsfaktors ($c = 0{,}93$).

4. Quadratische und lineare Quellung (Q bzw. q) in $^0/_0$:

A.
$$Q = \frac{100 \cdot (F_1 - F)}{F}.$$

F = Querschnittfläche der Faser in Kanadabalsam
$F_1 =$ „ „ „ „ Wasser.

B.
$$q = 10 \cdot \left(\frac{1}{\sqrt{\dfrac{1}{Q + 100}}} - 10 \right).$$

Umrechnung verschiedener Titer.

Zahlentafel 6.

Art der Numerierung	Anwendungsgebiet	Titer	Gewichtseinheit in g	Längeneinheit in m	Faktor zur Berechnung des Titers aus dem legalen Titer
I	Natur- u. Kunstseide	*Legaler* . . .	*0,05* (*1 Turiner Grain*)	*450*	*1,0000*
		Metrischer (Dezimal-) .	0,05	500	1,1111 (Log. = 0,045 753)
	Naturseide	Alter französischer . .	0,053 115 (1 Lyoner Grain)	475,38 (400 Aunes)	0,9945 (Log. = 0,997 605 — 1)
		Neuer französischer . .	0,053 115 (1 Lyoner Grain)	500	1,0459 (Log. = 0,019 490)
		Alter piemontesischer	0,053 356 (1 piemont. Gr.)	475,38 (400 Aunes)	0,9898 (Log. = 0,995 547 — 1)
		Alter Mailänder . . .	0,051 (1 Mailänder Gr.)	475,38 (400 Aunes)	1,0121 (Log. = 0,005 224)
II	Abfallseide	Metrische Nummer . .	500	500	$Nr_m = \dfrac{9000}{\text{Leg. Titer}}$ (Log. 9000 = 3,954 243)
		Englische Nummer . .	453,59 (1 engl. Pfund)	768,08 (840 Yards)	$Nr_e = \dfrac{5315}{\text{Leg. Titer}}$ (Log. 5315 = 3,725 503)

Beim Numerierungssystem I gibt der „Titer" die Anzahl Gewichtseinheiten an, die eine Längeneinheit wiegt. So z. B. wird bei dem zurzeit für natürliche und künstliche Seide am häufigsten benützten „legalen Titer" die Feinheit durch die Anzahl Deniers[1]) (0,05 = $^1/_{20}$ g) ausgedrückt, die einer Fadenlänge von 450 m entsprechen. Beim Numerierungssystem II gibt die „Nummer" an, wieviel Längeneinheiten auf eine Gewichtseinheit entfallen. Der Titer der echten Seide wird immer nach dem Gewicht der rohen, also nichtentbasteten Seide angegeben. Annähernd gelten folgende Beziehungen:

Titer = Anzahl der Einzelfasern mal $1^1/_4$ für asiatische Seide,
„ „ „ „ „ $1^1/_3$ für italienische Seide.

---

[1]) Streng genommen, nicht ganz richtig. Ursprünglich gab man an, wieviel Deniers einer Fadenlänge von 9600 Aunes entsprechen. Später vereinfachte man das Verfahren, indem man nur den 24. Teil dieser Fadenlänge, also 400 Aunes = 475,4 m, und zwar mit dem 24. Teil des Deniers, dem „Grain" wog. Den Ausdruck „Denier" als Bezeichnung des Titers statt „Grain" behielt man aber bei.

Ungleich genauere Werte werden durch direkte Ausmessung der Querschnittflächen erhalten. Verfasser ist bis jetzt immer so vorgegangen, daß er etwa zwanzig tadellose Schnitte mit einem Zeichenapparat in starker mikroskopischer Vergrößerung gezeichnet (1500fache Vergrößerung) und die ihnen zukommende Fläche mit einem Plani-

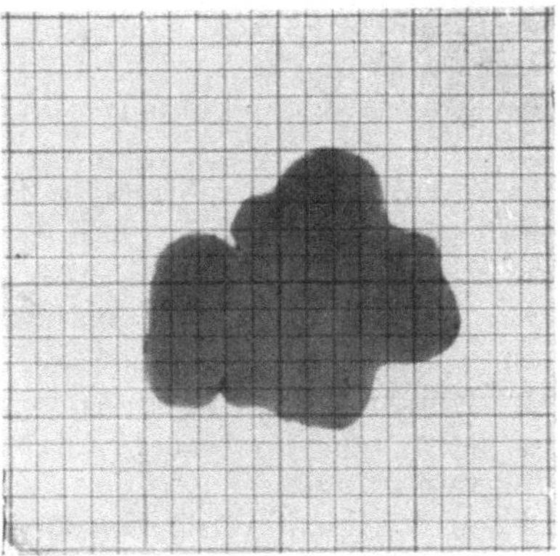

Abb. 29. Querschnitt einer Viskose-seide (Einzelfaser) in Kanadabalsam mit Deniermeter nach A. Herzog. Von der Faser werden 82 Quadrate gedeckt, die einer Feinheit von je $^1/_{10}$ Denier entsprechen; mithin beträgt die Feinheit der Faser 8,2 Deniers (legaler Titer). Durch rohe Schätzung allein läßt sich feststellen, daß der Faserquerschnitt etwas mehr als drei mittelgroße Quadrate zu je 2,5 Deniers deckt, bzw. daß die Feinheit sich um 8 Deniers bewegt. Das den Schnitt umgebende Paraffin stört die Auszählung in keiner Weise, da es in dem gewählten weiten Beleuchtungskegel fast vollständig unsichtbar ist. Die vor der Einbettung in Paraffin kräftig angefärbte Faser hebt sich im Bilde ohne Diffraktionssäume vom hellen Untergrund des Gesichtsfeldes sehr deutlich ab. Vergr. 900.

meter oder durch Auswiegen der mit einer Schere ausgeschnittenen Querschnittzeichnungen ermittelt hat. Die zur Berechnung der wirklichen Fläche bzw. der Feinheit der Faser nötigen Unterlagen mögen im Bedarfsfall der beigefügten Zahlentafel 5 entnommen werden. Zur Umrechnung der verschiedenen gebräuchlichen Titer ineinander enthält die Zahlentafel 6 alles Erforderliche.

Diese Arbeit ist immerhin etwas umständlich, namentlich wenn man berücksichtigt, daß zur Erzielung brauchbarer Durchschnittswerte viele Schnitte in dieser Weise zu behandeln sind. Da auch die hierfür nötigen kostspieligen apparativen Erfordernisse nicht immer vorhanden sind, hat der Verfasser eine einfache Vorrichtung konstruiert (Deniermeter), die eine direkte Bestimmung der Querschnittfläche bzw. der Feinheit der Einzelfaser auf mikroskopischem Wege zuläßt. Sie besteht aus einem in Zehnteldeniers geteilten Netzmikrometer, das in einem gewöhnlichen Meßokular untergebracht werden kann (Abb. 29). Er ging dabei von folgender Überlegung aus: Nach der oben angegebenen Formel entspricht $^1/_{10}$ Denier einer wirklichen Faserfläche von $1 : 0,1368 = 7,31$ qμ; die Seite eines Quadrates von 7,31 qμ Fläche beträgt demnach 2,704 μ. Beim Stufenmikrometer von Metz, das von der optischen Firma E. Leitz-Wetzlar geliefert wird, sind die Teilstriche des Maßstabes 0,06 mm $= 60\,\mu$ voneinander entfernt. Mit einem starken Trockenobjektiv, etwa Zeiß Achr. F, läßt sich nun bei einer bestimmten Tubuslänge der scheinbare Teilwert des Okularmikrometers genau auf 1 μ bringen. Eine Quadratnetzteilung mit dem genannten Linienabstand gestattet sonach unter den gleichen optischen Verhältnissen ohne weiteres qμ

abzulesen. Wählt man aber aus Bequemlichkeitsgründen den Linienabstand 2.704 mal größer, so beträgt die von jedem kleinen Quadrat begrenzte Fläche genau 7.31 $q\mu$, entsprechend $^1/_{10}$ Denier, sofern das Netz zur direkten Flächenausmessung von Kunstseidequerschnitten herangezogen wird. Um nun die einer gerade zu prüfenden Kunstseidefaser zukommende Denierzahl zu finden, genügt es demnach, Querschnitte herzustellen und diese mikroskopisch mit dem Deniermeter auszumessen, d. h. die von den Schnitten gedeckten kleinen Quadrate zu zählen und den gefundenen Mittelwert durch 10 zu dividieren. Die Auszählung geht sehr rasch vonstatten und wird noch dadurch erleichtert, daß jede fünfte Linie des Netzes etwas kräftiger gehalten bzw. doppelt ausgeführt ist. Im ganzen sind, wie auch aus der beigefügten Abb. 29 ersichtlich ist, 400 kleine Quadrate, also 20 in jeder Reihe, vorhanden. Zur annähernden Denierbestimmung reicht es aus, einen dem Durchschnitt entsprechenden Faserquerschnitt auszuwählen (man übersicht die Form und Größe der Schnitte am besten bei mittleren mikroskopischen Vergrößerungen) und in der angegebenen Weise auszumessen. Auch die von den gröberen Linien begrenzten mittelgroßen Quadrate des Netzmikrometers, die einer Fläche von 2.5 Deniers entsprechen, bieten einen sehr brauchbaren Anhaltspunkt bei der raschen Schätzung des Feinheitsgrades der im Präparate vorliegenden Einzelfasern. Handelt es sich jedoch um genauere Werte, so sind mehrere Schnitte, etwa 20, hinsichtlich ihrer Fläche genau auszuzählen und aus den gefundenen Einzelwerten das Mittel und der Ungleichmäßigkeitsgrad zu berechnen. Diese Art der Denierbestimmung liefert nach den vom Verfasser vorgenommenen zahlreichen Untersuchungen sehr gut übereinstimmende Werte mit den durch sorgfältiges Abweifen und Wiegen gefundenen Angaben, wobei man noch den Vorteil hat, von der Regelung der Fadenspannung und anderen bei der letzteren Methode wesentlich in Betracht kommenden sehr lästigen Nebenumständen unabhängig zu sein. Vgl. auch die Zahlentafel 7. Auf Grund zahlreicher inzwischen ausgeführter Vergleichsprüfungen hat der Verfasser festgestellt, daß der durch mikroskopische Ausmessung des Querschnittes gefundene mittlere Titer der Einzelfaser stets etwas höher ausfällt, als der mit Hilfe der Wage bei 65 °/₀ relativer Luftfeuchtigkeit unter sorgfältigster Berücksichtigung der Fadenspannung ermittelte wirkliche Titer. Nahezu vollständig übereinstimmende Werte werden jedoch erhalten, wenn der mikroskopisch festgestellte Titer mit dem empirisch gefundenen Faktor 0,93 multipliziert wird. Selbstverständlich ist es auf die beschriebene Art möglich, nicht nur die Feinheit von Einzelfasern, sondern auch die von Fäden zu bestimmen. In diesem Falle muß allerdings die Zahl der im Faden nebeneinander liegenden Einzelfasern bekannt sein bzw. auf mikroskopischem Wege ermittelt werden. Bei sehr stark gedrehten Gespinsten ist auch der durch die Drehung bedingte Eingang der Fasern in der Längsrichtung entsprechend zu berücksichtigen.

Wie schon oben erwähnt, sind die Unterschiede im spezifischen Gewichte der technisch wichtigen Kunstseiden nicht wesentlich. Um den Einfluß des spezifischen Gewichts auf die Weite der Netzteilung näher zu prüfen, wurde für verschiedene spezifische Gewichte die einem Zehntel Denier entsprechende Fläche in qμ berechnet und die so gefundenen Werte in der folgenden Zahlentafel 8 vereinigt. Gleichzeitig ist auch mit besonderer Berücksichtigung der praktischen Eichung der Wert der Seite des die Begrenzung des Netzes bildenden großen Quadrats miteingesetzt. Wie nun aus dieser Zusammenstellung, insbesondere aus den in der Spalte 4 enthaltenen Zahlen hervorgeht, sind die durch die Abweichungen im spezifischen Gewichte bewirkten Schwankungen in der Teilung des Netzes praktisch so unbedeutend, daß sie nicht weiter berücksichtigt zu werden brauchen. Sie bewegen sich, sofern nur Kunstseide berücksich-

Zahlentafel 7.

1	2	3	4	5	6	7	8	9	10	11	12	13
	Titer des Fadens in Deniers bei 65% rel. Luftfeuchtigkeit	Zahl d. Einzelfasern im Faden	Titer der Einzelfaser in Deniers				Zahl der mit dem Deniermeter gemessenen Fasern	Ungleichmäßigkeit d. Titers d. Einzelfasern	Abweichg. d. mit d. Deniermeter gemessenen Titers v. Solltiter (%)	Völligkeit d. Querschnittsfläche d. Einzelfas. %	Drehungen des Fadens auf 1 m	Spezif. Gewicht in g
			berechnet aus 2 und 3	mit dem Deniermeter bestimmt								
				Mittel	Maxim.	Minim.						
Nitroseide, neu (Wagner)	48,65	16	3,04	3,05	5,42	1,65	30	28,6	+ 0,3	60	600	1,50
Nitroseide, alt	106,30	17	6,26	6,49	12,57	3,41	25	27,4	+ 3,8	68	100	1,54
Nitroseide, neu (Tubize)	72,00	9	8,00	8,41	15,81	4,31	25	34,6	+ 5,1	62	100	1,56
Kupferseide, alt (Glanzstoff)	102,00	15	6,80	6,91	8,51	4,91	30	7,9	+ 1,6	98	120	1,53
Kupferseide, neu (Bemberg)	82,56	59	1,40	1,50	2,23	1,08	30	19,3	+ 7,1	80	400	1,53
Viskoseseide, neu (Elberfeld)	125,00	18	6,94	7,20	12,06	3,62	30	22,2	+ 3,7	55	100	1,53
Viskoseseide, neu (Küttner)	75,00	15	5,00	5,19	9,54	2,19	30	22,8	+ 3,8	46	165	1,52
								Mittel:	+ 3,6			

tigt wird, in Zehnteln bzw. Hundertsteln eines μ. Auch wenn man bei der Eichung des Netzes die äußere quadratische Begrenzung in Betracht zieht, ist es unmöglich, den vorhandenen Unterschieden praktisch Rechnung zu tragen, da die zur Eichung benutzten Objektmikrometer in der Regel nur einen wahren Teilwert von 0,01 mm = 10 μ haben, so daß dementsprechend schon die Einer durch Schätzung gefunden werden müssen. Es genügt vollständig, die Seite des Begrenzungsquadrates auf den Wert von 56 μ einzustellen, wobei der früher erwähnte Korrektionsfaktor mit berücksichtigt ist.

Zahlentafel 8.

1	2	3	4
Spezifisches Gewicht in g	$^1/_{10}$ Denier entspricht einer Fläche von qμ	Die Quadratseite der $^1/_{10}$ Denier entsprechenden Fläche mißt μ	Bei der Eichung des Deniermeters ist die Seite des die äußere Begrenzung bildenden Quadrates einzustellen auf μ
1,36	8,16993	2,8583	57,2
1,49	7,45712	2,7308	54,6
1,50	7,40741	2,7217	54,4
1,51	7,35835	2,7127	54,3
1,52	*7,30994*	*2,7037*	*54,1*[1])
1,53	7,26216	2,6950	53,9
1,54	7,21500	2,6861	53,7
1,55	7,16846	2,6774	53,6

Wie man sieht, läßt sich auf dem angegebenen Wege die Feinheit und Gleichmäßigkeit der Kunstseide in sehr einfacher Weise bestimmen. Voraussetzung ist nur, daß die zur Ausmessung bestimmten Querschnitte sorgfältigst hergestellt und in ein Medium eingebettet werden, das keine quellende Wirkung auf die Faser ausübt. Letzteres wird am sichersten durch unmittelbares Einlegen der in üblicher Weise hergestellten Paraffinschnitte in Kanadabalsam erreicht. Da aber dieser annähernd den gleichen Lichtbrechungsexponenten besitzt wie die Kunstfasermasse und demgemäß die Begrenzung der Faserquerschnitte im Balsam nahezu unsichtbar wird, erweist es sich als notwendig, die Fasern vor dem Einbetten in Paraffin kräftig anzufärben (etwa mit Safranin). Im Kanadabalsam heben sich die Querschnitte der so vorbehandelten Fasern überaus klar ab, so daß, namentlich bei Anwendung weiter Beleuchtungskegel, das sie umgebende Paraffin in keiner Weise stört. Vgl. auch Abb. 18 und 29. Zu schwach ausgefallene Färbungen können im fertigen Präparat durch Verwendung von Lichtfiltern verbessert werden. Die Einbettung der Schnitte in Kanadabalsam gewährt auch den nicht zu unterschätzenden Vorteil, daß die äußere Begrenzung des Faserschnittes vollständig frei ist von

---

[1]) Mit Berücksichtigung des Korrektionsfaktors (0,93) ist die Seite des begrenzenden Quadrats auf *56,1* μ einzustellen.

Diffraktionssäumen, so daß keinerlei Zweifel über die der auszumessenden Fläche zugrunde zu legende Begrenzung obwalten können.

In Ermangelung eines Deniermeters kann man auch so vorgehen, daß man die in üblicher Weise hergestellte Querschnittzeichnung mit Hilfe einer auf Glas eingeritzten Netzteilung ausmißt. Sofern es sich dabei um genauere Feststellungen handelt, wird man sich vorteilhaft eines Quadratnetzes bedienen, das ebenso wie das Deniermeter $^1/_{10}$ Deniers abzulesen gestattet. Für bloße Schätzungen genügt eine gröbere Teilung, etwa eine solche, die je 1 Denier anzeigt (Abb. 30). Selbstverständlich ist bei der Herstellung der Netzteilung die Vergrößerung, in welcher die Querschnittzeichnungen angefertigt sind (z. B. 1500), genau zu berücksichtigen. Nach den obigen Ausführungen entspricht bei Kunstseide ($s = 1,52$ g) 1 Denier einer wirklichen Fläche von 73,099 qμ; wählt man die Vergrößerung der Zeichnung zu 1500 linear, dann ist die Quadratseite des Netzes wie folgt zu bemessen:

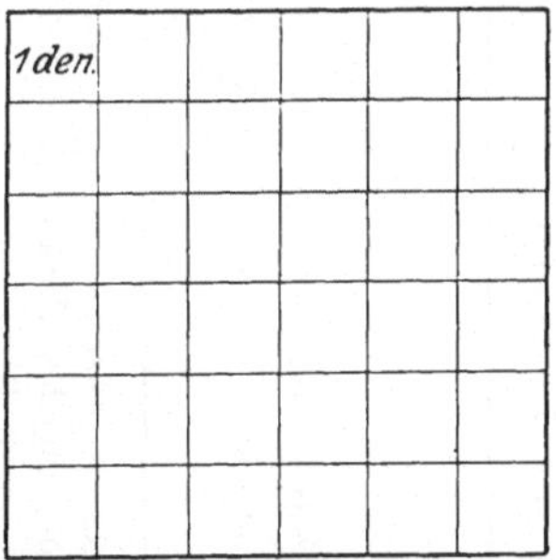

Abb. 30.   Quadratnetzteilung zur raschen Schätzung des legalen Titers von Kunstseide. Diese auf Glas oder Pausleinen herzustellende Netzteilung wird dem in 1500facher Vergrößerung gezeichneten Faserquerschnitt aufgelegt und die Anzahl der gedeckten Quadrate festgestellt. Jedes Quadrat entspricht einer Feinheit von 1 Denier (Quadratseite 13,3 mm). Verkleinert.

für $^1/_{10}$ Denier . . . . . 4,2[1]) mm (genauer 4,205 mm)
,, 1   ,, ... 13,3   ,,   ,, 13,299 ,,

Verfasser hat auch Netzteilungen auf fein mattierten Glasplatten ausgeführt und diese in einen Betrachtungsapparat für Diapositive nach Waentig eingesetzt. Bei der kräftigen Innenbeleuchtung dieser Vorrichtung tritt die Teilung selbst nach Auflage von verhältnismäßig dickem Zeichenpapier noch sehr scharf hervor, so daß die Ausmessung oder Schätzung von Querschnitten rasch und bequem ausgeführt werden kann. Zweckmäßig deckt man hierbei den für die Teilung nicht in Frage kommenden Rand der Glasplatte vorher mit schwarzem Papier ab, um unangenehme Blendwirkungen tunlichst zu vermeiden.

Netzteilungen der genannten Art sind auch dann von Nutzen, wenn weder ein Planimeter noch eine empfindliche chemische Wage zur Verfügung steht, um die Bestimmung der Querschnittfläche nach einem der früher beschriebenen Verfahren auszuführen. Dabei hat man auch den nicht zu unterschätzenden Vorteil, die Feinheit der Einzelfaser in Deniers unmittelbar ablesen zu können.

Zum Schluß dieses Abschnittes sei eine übersichtliche Zusammenstellung des bei der Herstellung und Ausmessung von Querschnitten in Betracht kommenden Arbeitsganges gegeben.

---

¹) Unter Berücksichtigung des Korrektionsfaktors (0,93).

Zusammenstellung des Arbeitsganges bei der Herstellung und Prüfung von Faserquerschnitten.

<table>
<tr><th>I</th><th colspan="2">II</th><th>III</th></tr>
<tr>
<td>Zweck der Prüfung:
Querschnittform</td>
<td colspan="2">Zweck der Prüfung:
Wie bei I, sowie: Breite, Dicke, Querschnittfläche bzw. Feinheit in den, Völligkeit d. Querschnittfläche, Ungleichmäßigkeit</td>
<td>Zweck der Prüfung:
Wie bei II, sowie: Quadratische Quellung</td>
</tr>
<tr>
<td rowspan="4">Durchschneiden eines Faserbündels (vorher mit einem Tropfen Kollodium lose zu verkleben) und mikroskopische Betrachtung der Schnittfläche entweder unmittelbar oder mit dem Hilfsprisma (stark vergrößerndes Okular anwenden!).</td>
<td colspan="3">Kräftiges Anfärben einiger Fasern in wässeriger Safraninlösung und flüchtiges Auswaschen; völliges Austrocknen; Einschließen in Paraffin (Schmelzp. 60°); Kühlen; Aufkleben und Zuschneiden des Paraffinstäbchens; Dünnschneiden (Mikrotom; Bandschneiden; Schnittdicke etwa 10 μ).</td>
</tr>
<tr>
<td colspan="2">Einige Schnitte ohne Vorbehandlung in Kanadabalsam einschließen und Deckglas aufsetzen. Mikroskopische Ausmessung von etwa 20 Einzelfaserquerschnitten nach A oder B.</td>
<td rowspan="3">Zwei unmittelbar aufeinander folgende Schnitte des Bandes vorsichtig trennen und auf je einem Objektträger mit Wasser aufkleben. Vollkommen austrocknen lassen (etwa 2 Std. bei 45—50° C im Wärmeschrank). Weglösen des Paraffins mit Xylol oder Benzol. Nach völliger Verflüchtigung des Xylols oder Benzols im Wärmeschranke Einschluß des einen Präparats in Kanadabalsam, des andern in Wasser. Suchen wohlerhaltener Querschnitte, die in beiden Präparaten vertreten sind (Vergleichsmikroskop nach Thörner oder Vergleichsaufsatz nach Reichert sehr zu empfehlen; Vergr. 100—200). Markieren von 5 bis 10 Schnitten (Maltwoodfinder) und Flächenausmessung wie bei II A oder B. Berechnung der Flächenzunahme in Wasser (quadratische Quellung).
Gegebenenfalls können die in Balsam liegenden Schnitte auch zu den bei II angeführten Bestimmungen herangezogen werden.</td>
</tr>
<tr><td>A</td><td>B</td></tr>
<tr>
<td>Auszählung der Einzelschnitte mit dem Deniermeter. Berechnung der mittleren Feinheit und des Ungleichmäßigkeitsgrades. Messung der Breite und Dicke mit einem Okularmikrometer nach Metz (Teilwert auf 1 μ einstellen). Berechnung der mittleren Breite und Dicke, des Ungleichmäßigkeitsgrades und der Völligkeit des Querschnitts.</td>
<td>Zeichnen der Schnitte in etwa 1500f. Vergrößerung. Ausmessung der Zeichnungen mit einem Planimeter oder durch Wägung. Berechnung der mittleren Querschnittfläche bzw. der Faserfeinheit und der Ungleichmäßigkeit. Messung der Faserbreite und -dicke durch Auflegen eines in μ geteilten Maßstabes auf die gezeichneten Schnitte. Berechnung der Durchschnittwerte, der Ungleichmäßigkeit und der Völligkeit.</td>
</tr>
</table>

5. Bestimmung der linearen und quadratischen Quellung.

Über die Quellung im allgemeinen und der Faserstoffe im besondern liegen zahlreiche ältere Arbeiten von Ludwig, Nägeli, Bütschli, H. de Vries, Reinke, v. Höhnel, Schwendener u. a. vor. In letzter Zeit hat J. R. Katz[1]) über die bei der Quellung verschiedener Körper vor sich gehenden Veränderungen eingehende Untersuchungen angestellt und das Ergebnis mathematisch formuliert. Die allgemeinen Gesetze sind nach ihm die folgenden: Die hygrometrischen Linien (Dampfdruck-Konzentrations-Isothermen) haben überall eine charakteristische S förmige Gestalt. Die Quellungswärme ist immer stark positiv und läßt sich in ihrer Abhängigkeit vom Quellungsgrade durch eine rechtwinkelige Hyperbel gut darstellen. Die Volumkontraktion ist immer stark positiv, und ihre Abhängigkeit vom Quellungsgrade läßt sich gleichfalls durch eine rechtwinkelige Hyperbel darstellen. Das Verhältnis von Volumkontraktion und Wärmetönung ist bei verschiedenen quellbaren Körpern von der gleichen Größenordnung, und zwar liegt es bei allen zwischen den Grenzen $10 \cdot 10^{-4}$ und $32 \cdot 10^{-4}$ ccm/Kal.

Auch über die Quellung der Kunstseide enthält die Literatur zahlreiche Angaben; diese beschränken sich aber ausschließlich auf den mikroskopisch gemessenen Unterschied in der Breite der Fasern vor und nach dem Einlegen in Wasser, ohne die Veränderungen in der Querschnittfläche und Länge der Faser zu berücksichtigen. Naturgemäß gehen die gefundenen Werte schon mit Rücksicht auf die experimentellen Schwierigkeiten, die sich der einwandfreien Feststellung der Breitenzunahme entgegenstellen, ziemlich auseinander.

Legt man Kunstseide in Wasser, so kann man beobachten, daß sie unter Freiwerden von Wärme beträchtliche Mengen Wasser aufnimmt und dabei Änderungen ihrer Länge, Breite und Dicke erfährt. Die Unterschiede in der Breite und Dicke sind am besten auf mikroskopischem Wege festzustellen. Bleibende Änderungen in der feineren Struktur der Faser werden hierbei nicht wahrgenommen, wie übrigens schon daraus hervorgeht, daß der ursprüngliche Zustand nach dem Trocknen vollkommen wiederhergestellt wird. Es liegt nahe, die Menge des in die Mizellarzwischenräume eingedrungenen Wassers oder das spezifische Gewicht der Fasern im feuchten Zustand zur Charakteristik des Quellungsvorganges heranzuziehen. Bei näherem Zusehen wird man aber gewahr, daß die Hindernisse, die sich einem derartigen Vorhaben entgegenstellen, ziemlich beträchtlich und in vieler Hinsicht unüberbrückbar sind. Vor allem ist es nicht möglich, das nach dem Befeuchten an der Oberfläche und zwischen den einzelnen Fäserchen zurückbleibende Adhäsions- und Kapillarwasser selbst nach sorgfältigstem Ausquetschen oder Auspressen von dem eigentlichen, in das Fasermaterial selbst eingedrungenen Quellungs- oder Imbibitionswasser quantitativ scharf zu trennen; ferner ist die Volumenzunahme der Faser nach der vollständigen Quellung nicht vollkommen identisch

---

[1]) Katz, J. R.: Die Gesetze der Quellung. Dresden u. Leipzig 1916.

mit dem Volumen des aufgenommenen Wassers. Wie schon erwähnt, ist die Volumvergrößerung am einfachsten und sichersten durch direkte mikroskopische Messung der Veränderungen in der Querschnittfläche und Länge der Einzelfaser festzustellen. In der Längsrichtung ist die Zunahme — und nur eine solche kommt bei der Kunstseide in Betracht — ziemlich einfach zu bestimmen, wenn nur dafür Sorge getragen wird, daß nicht zu kurze Faserstücke zur Messung gelangen. F. v. Höhnel[1]) hat seinerzeit bei der Untersuchung der Quellung pflanzlicher und tierischer Faserstoffe einen einfachen Apparat benutzt, der jedoch wegen der starken Dehnung der feuchten Kunstseide sich hier als nicht zweckmäßig erweist. Wesentlich bessere und übereinstimmendere Ergebnisse werden in der Weise erhalten, daß etwa 2 cm lange Faserstücke auf einen Objektträger gelegt und vor und nach dem Befeuchten unter dem Mikroskop mit einem Zeichenapparat gezeichnet werden. Es genügt dabei, lediglich die Mittellinie jeder Faser in der Zeichnung genau anzudeuten und nachher deren Länge mit einem verläßlich geeichten Meßrädchen zu bestimmen.

Wesentlich schwieriger ist es, die Quellung in der Breite und Dicke zu ermitteln. Am besten erweist sich hierfür das folgende vom Verfasser[2]) vielfach erprobte Verfahren: Die auf Quellung zu prüfende Seide wird mit wässeriger Safraninlösung kräftig angefärbt und nach flüchtigem Auswaschen mit Wasser vollständig austrocknen gelassen. Sodann wird in üblicher Weise in Paraffin von etwa 60° Schmelzpunkt eingebettet und eine größere Zahl von Dünnschnitten (Dicke etwa $10\,\mu$) hergestellt. Je zwei unmittelbar aufeinander folgende Schnitte dienen zur Anfertigung von mikroskopischen Präparaten. Zu diesem Zweck wird jeder Schnitt auf einem vollkommen gereinigten, vorher durch Erhitzen in der Bunsenflamme fettfrei gemachten Objektträger auf warmem Wasser vorsichtig gestreckt und nach dem Ablaufen des Wassers vollständig austrocknen gelassen. Es geschieht dies entweder auf einer Wärmebank oder in einem Trockenschränkchen bei ungefähr 40—45° C. Ein Schmelzen des Paraffins darf dabei unter keinen Umständen stattfinden. Nach etwa 2 Stunden wird das Paraffin aus jedem Schnitt mit Terpentinöl oder Xylol vorsichtig gelöst und das Präparat bis zum vollständigen Verflüchtigen des Lösungsmittels auf der Wärmebank getrocknet. Das eine der beiden Präparate wird nunmehr in Kanadabalsam eingeschlossen, das andere mit einem Deckglas bedeckt und vom Rande her ein Tropfen Wasser zugesetzt, der sich sehr rasch in dem kapillaren Raume zwischen Objektträger und Deckglas ausbreitet. Es gilt jetzt mehrere in beiden Präparaten gleichzeitig vorhandene Schnitte zu suchen, zu markieren und zu zeichnen. Dies Arbeit ist schwieriger, als es anfänglich den Anschein hat, namentlich

---

[1]) Höhnel, F. v.: Über das Verhalten d. vegetab. Zellmembran bei der Quellung. Ber. d. Dtsch. Botan. Ges., **2**, 41, 1884. Über einige technisch wichtige Eigenschaften d. Textilfasern, und die Ursache der Verkürzung der Seile im Wasser. Dingler Polytechn. Journ., **252**, 165. 1884.

[2]) Herzog, A.: Quellung der Kunstseide in Wasser. Textile Forsch., **1**, 10. 1921.

wenn die zu prüfenden Schnitte keine auffallenden Kennzeichen haben. Auch der nötige Präparatenwechsel erschwert das Suchen ganz erheblich. Eine wesentliche Erleichterung der Arbeit gewährt die Benutzung eines Vergleichsmikroskops, weil es die gleichzeitige Betrachtung beider Präparate zuläßt. Auch der Maltwoodfinder ist bei der Bezeichnung der ausgewählten Schnitte mit größtem Vorteil anwendbar. Über seine Anwendung sind am Schlusse dieses Abschnittes nähere Angaben gemacht. Zum Suchen und Bezeichnen der auszumessenden Querschnitte werden am besten mittelstarke Vergrößerungen (etwa 200) benutzt. Die Ausmessung der in Kanadabalsam und Wasser liegenden Querschnitte erfolgt nach den im vorigen Abschnitt auseinandergesetzten Verfahren. Die durch das Wasser bedingte Flächenzunahme wird schließlich in Prozenten der ursprünglichen Fläche berechnet (Abb. 31). Im Falle weder ein Vergleichsmikroskop noch ein Maltwoodfinder zur Verfügung steht, kann man auch so vorgehen, daß man in beiden Fällen (Kanadabalsam und Wasser) eine größere Anzahl von beliebigen Querschnitten zeichnet und die Zeichnungen ausmißt. Genauer ist allerdings das früher auseinandergesetzte Verfahren, das schon bei etwa 5—10 Querschnittausmessungen brauchbare Ergebnisse liefert. Wie man sich leicht

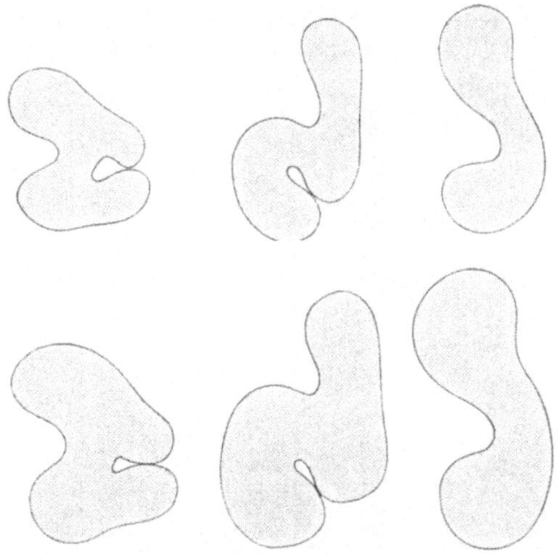

Abb. 31. Quadratische Quellung der Nitroseide in Wasser. Je drei Faserquerschnitte sind teils in Kanadabalsam, teils in Wasser liegend gezeichnet und ihren Flächen nach planimetrisch ausgemessen worden. Bei der Präparation wurden zwei unmittelbar aufeinander folgende Mikrotomschnitte von 10 μ Dicke ausgewählt. Abgesehen von den beträchtlichen Schwankungen in der Quellung, ist auch zu ersehen, daß die gequollene Faser kein absolut getreues Abbild ihrer Form im trockenen Zustand darstellt. Vergr. 900.

überzeugen kann, treten meßbare Unterschiede in der Querschnittform der Fasern in Abständen von etwa 10 μ nicht auf, so daß diesbezügliche Bedenken gegenstandslos sind.

Die vom Verfasser ausgeführten Untersuchungen über die Quellung verschiedener Kunstseiden haben nun folgendes Ergebnis geliefert:

1. Beim Einlegen in Wasser tritt stets eine deutlich nachweisbare Quellung ein. Diese kommt äußerlich in einer Zunahme der Breite, Dicke und Länge der Faser zum Ausdruck.

2. Untereinander verglichen, zeigen die Kunstseiden je nach dem zu ihrer Herstellung benutzten Ausgangsmaterial und der Art seiner fabrikatorischen Verarbeitung erhebliche Unterschiede in ihrem Quel-

lungsvermögen. Es gilt dies sowohl von der linearen, als auch von der quadratischen und kubischen Quellung.

3. Verhältnismäßig gering ist die Quellung aller Kunstseiden in der Längsrichtung; sie beträgt $+ 0{,}14$ (Azetatseide) bis $+ 7{,}4\%$ (Viskoseseide). Die Kunstseiden verhalten sich also ähnlich den ungedrehten Fasern von Flachs, Hanf, Jute usw., nur beträgt die Längenzunahme der Pflanzenfasern nach den Untersuchungen von v. Höhnel viel weniger ($0{,}05$—$0{,}1\%$). Auch die tierische Faser verlängert sich stets beim Benetzen mit Wasser ($0{,}5$—$0{,}1\%$).

4. Ungleich beträchtlicher ist die Zunahme in der Breite und Dicke der Kunstseidefaser bei der Quellung in Wasser. Sie schwankt zwischen $5{,}7\%$ (Azetatseide) und $356{,}1\%$ (Gelatineseide) (Abb. 32 u. 33).

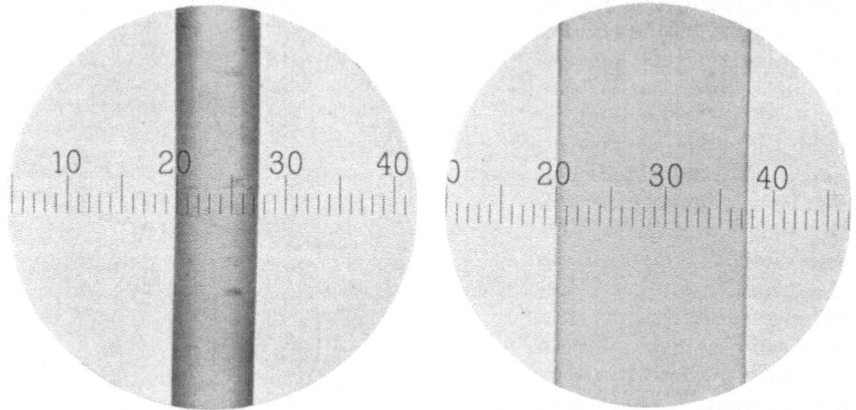

Abb. 32 u. 33. Lineare Quellung der Gelatineseide in Wasser. Ein und dasselbe Faserstück zuerst in Luft (Abb. 32), sodann in Wasser (Abb. 33) betrachtet. Im ersteren Falle deckt die Faser 7,5 Teilstriche des im Bilde ersichtlichen Okularmikrometers, im zweiten Falle 17,5 Teilstriche. Die Dickenzunahme beträgt demnach 10 Intervalle, entsprechend einer linearen Quellung von 133%. Vergr. 300.

Zwischen diesen Grenzwerten liegen die im allgemeinen nicht sehr stark voneinander abweichenden Quellungszahlen der übrigen Kunstseiden.

5. Unterschiede hinsichtlich der Quellung in der Breite und Dicke der Fasern sind nicht mit Sicherheit festzustellen. Es geht dies auch schon daraus hervor, daß von Haus aus nahezu stielrund gebaute Fasern (Kupferseide, Gelatineseide) auch nach der Quellung eine Änderung ihrer Querschnittform nicht erkennen lassen. Immerhin findet aber bei stark gelappten oder gekerbten Querschnitten eine mäßige Deformation statt, die sich so zu erkennen gibt, daß der in Wasser liegende Querschnitt nicht immer ein vollkommen getreues vergrößertes Abbild des in Kanadabalsam liegenden darstellt (Abb. 31). Offenbar hängt dies mit einer Änderung der inneren Spannungsverhältnisse bzw. der unterschiedlichen Quellung der Faser in verschiedenen Richtungen des Querschnitts zusammen. Aus diesem Grunde scheint es auch nicht empfehlenswert — wenigstens wenn genauere Werte erwünscht sind — die Quellung der Faser durch bloße Messung des

Unterschieds in der Breite der Faser vor und nach dem Einlegen in Wasser zu bestimmen, wie dies zurzeit fast ausnahmslos geschieht. Namentlich bei Kollodium- und Viskoseseiden ist hierauf besonders zu achten. Dazu kommt noch, daß bei mehr oder weniger bandartig flachen und im mikroskopischen Präparat nicht immer vollkommen eben liegenden Fasern, die noch dazu durch das aufgelegte Deckglas nicht zu stark angedrückt werden dürfen, die mikroskopische Messung niemals genau ausfallen kann.

6. Die kubische Quellungsgröße, d. h. die räumliche Zunahme der Faser beim Einlegen in Wasser, weicht nur wenig von der quadratischen ab, so daß im allgemeinen die letztere ein ausreichendes Bild über die bei der Quellung eintretende Änderung der Faser gewährt.

7. Alle Kunstseiden erleiden bei der Benetzung mit Wasser eine namhafte Festigkeitsverminderung, die zur Größe der stattfindenden Quellung in gewisser Beziehung steht. Annähernd verläuft die Festigkeitsabnahme parallel der quadratischen bzw. kubischen Quellung. Hieraus erhellt ohne weiteres die praktische Wichtigkeit, das Quellungsvermögen der Kunstseiden, Stapelfasern und groben Kunststoffe (Roßhaarersatz, Bändchen usw.) durch passende Fällungs- und Härtungsbäder und etwaige Nachbehandlungen soweit als möglich herabzusetzen.

8. Beim Austrocknen der Fasern wird der ursprüngliche Zustand vollständig wiederhergestellt.

Anwendung des Maltwoodfinders.

Zum Wiederfinden einer bestimmten Stelle in einem mikroskopischen Präparat sind verschiedene Hilfseinrichtungen empfohlen worden (beweglicher Objekttisch, Finderteilungen, Markiervorrichtungen zum Ziehen von kleinen Kreisen mit Hilfe eines Diamanten oder einer mit feuchter Farbe versehenen Borste, Maltwoodfinder usw.), von denen sich besonders der vom Zeißwerk in Jena seit längerer Zeit gelieferte Maltwoodfinder wegen seiner bequemen und verläßlichen Handhabung praktisch sehr gut bewährt hat. Er besteht aus einem Objektträger englischen Formats, auf dem ein feines Netz von sich rechtwinklig kreuzenden Linien photographiert ist. In den von diesen gebildeten kleinen Quadraten befinden sich, wie aus dem in schwacher Vergrößerung hergestellten Lichtbild 34 ersichtlichen

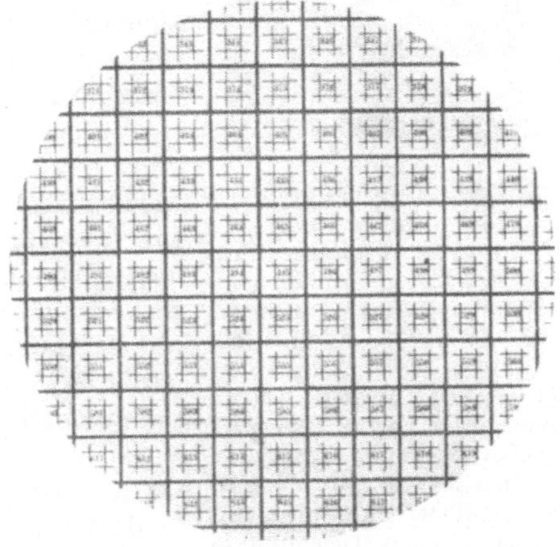

Abb. 34. Maltwoodfinder (Stück der Netzteilung). Vergr. 20.

lich ist, die Nummern 1—900, die zur Verständigung über die Lage einer bestimmten Stelle eines mikroskopischen Präparats dienen. Will man z. B. eine solche später wiederfinden, etwa zum Zweck einer Nachprüfung oder einer photographischen Aufnahme, so ersetzt man den am Anschlage des beweglichen Objekttisches fest anliegenden Objektträger, ohne aber irgend etwas an der Einstellung des Tisches zu ändern, durch den Maltwoodfinder und notiert die in der Mitte des Gesichtsfeldes erscheinende Zahl. Zweckmäßig wird diese sofort auf der Etikette des Präparats vermerkt.

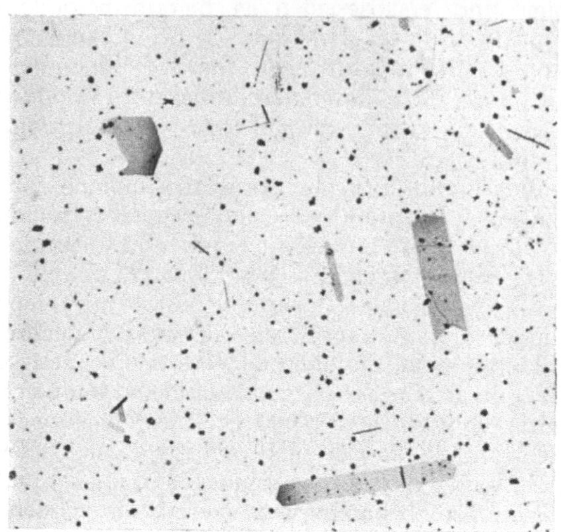

Abb. 35. Indigokristalle, auf Glas sublimiert. Vergr. 130.

In der Folge hat man nur nötig, den Maltwoodfinder mittels des beweglichen Objekttisches auf die angegebene Zahl einzustellen, und dann durch das Präparat zu ersetzen. Vgl. Lichtbilder 35 und 36.

Abb. 36. Anwendung des Maltwoodfinders. Die in Abb. 35 dargestellte Präparatstelle ergab nach Einstellung des Maltwoodfinders die Zahl 236. Auf diese mußte später immer zuvor eingestellt werden, wenn nach dem Vertauschen des Maltwoodfinders mit dem Präparat die in Abb. 35 vorgeführte Stelle im mikroskopischen Gesichtsfeld wiedererscheinen sollte. Vergr. 130.

Da naturgemäß nicht alle Finder vollkommen gleich sind, gilt die Angabe auch nur für ein bestimmtes Stück, was bei der etwaigen Versendung von Präparaten zu photographischen und anderen Zwecken wohl zu berücksichtigen ist. Es ist daher in solchen Fällen der zur Ermittlung der Zahlen benutzte Maltwoodfinder der Sendung beizufügen. Leider bildet die Voraussetzung des Vorhandenseins eines beweglichen, d. h. mechanisch verschiebbaren Objekttisches ein wesentliches Hemmnis für die allgemeinere Verbreitung des sonst ausgezeichneten Maltwoodfinders, namentlich wenn man berücksichtigt, daß in der Regel mit einfachen Mikroskopstativen gearbeitet wird, die einer besonderen Bewegungseinrichtung ermangeln. Aber auch bei Vorhandensein eines Stativs mit vollkommeneren Einrichtungen wird bekanntlich die Voruntersuchung vielfach mit einem einfach ausgestatteten Instrument vorgenommen, um tunlichst rasch und ohne Gefährdung des ziemlich empfindlichen Bewegungsmechanismus einen Überblick zu gewinnen. Um nun auch in solchen Fällen den bequemen Maltwoodfinder gebrauchen zu können, bedient sich der Verfasser[1]) seit längerer Zeit einer außerordentlich einfachen Hilfseinrichtung, die von jedermann leicht selbst hergestellt werden kann. Sie besteht aus einem aus Metall (Messing) angefertigten Winkel, dessen Innenränder als Anschläge für den Objektträger des Präparats oder des Maltwoodfinders dienen (Abb. 37). Soll nun eine bestimmte Präparatstelle ihrerLage nach festgelegt werden, so wird das dem Winkel fest angelegte Präparat mit diesem freihändig auf dem Objekttisch des Mikroskops verschoben und nach der rich-

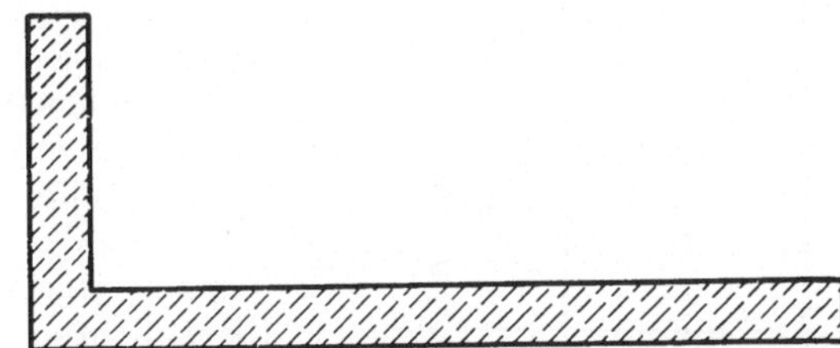

Abb. 37. Einfacher Metallwinkel, der auf dem Objekttisch des Mikroskops mit den gewöhnlichen Tischklammern befestigt wird. Dieser von A. Herzog empfohlene Winkel gestattet die Verwendung des Maltwoodfinders auch an solchen Mikroskopen, die einer besonderen mechanischen Bewegungseinrichtung ermangeln. Nat. Gr.

tigen Einstellung der Winkel mit den Objekttischklemmen des Mikroskops befestigt. Kleinere Verschiebungen sind auch noch nachträglich möglich, falls sie sich bei der nochmaligen Nachprüfung als notwendig erweisen sollten. Wird jetzt ohne jedwede Verschiebung des Winkels das Präparat durch den Maltwoodfinder ersetzt, so gibt die im Gesichtsfeld erscheinende Zahl einen ebenso verläßlichen Anhaltspunkt bei der späteren Einstellung der gesuchten Präparatstelle, als wenn ein beweglicher Objekttisch herangezogen worden wäre. Selbstverständlich ist die so gefundene Zahl auch in dem Falle maßgebend, wo etwa die gleiche Stelle mit einem vollkommener ausgerüsteten Mikroskop mit mechanischem Objekttisch eingestellt werden soll.

6. Spezifisches Gewicht.

Das spezifische Gewicht der Seiden kommt als Hauptunterscheidungsmerkmal kaum in Frage. Nichtsdestoweniger ist seine Kenntnis manchmal erwünscht oder notwendig. Letzteres ist z. B. der Fall bei der Berechnung der Feinheit der Faser aus der experimentell bestimmten Querschnittfläche (F) (Feinheit in Deniers $= 0,009 \cdot F \cdot s$). Innerhalb der technisch in Frage kommenden Stoffklassen der natürlichen und künstlichen Seiden sind die zu beobachtenden Unterschiede in den spezifischen Gewichten nur gering, so daß es meistens ausreichen wird, das spezifische Gewicht der echten Seide zu 1.37 g, das der Kunstseide zu 1,52 g anzunehmen. Sonst empfiehlt es sich, die Bestimmung nach dem Verfahren von Vignon mit Hilfe der hydrostatischen Wage unter

---

1) Herzog, A.: Eine einfache Vorrichtung zum Gebrauch des Maltwoodfinders. Textile Forsch., 2, 62. 1920.

Zahlentafel 9.

| | Mittlere Faser- | | Verhältnis von Breite und Dicke der Faser | Wirkliches | Scheinbar. | Verhältniszahlen des scheinbaren | Luftgehalt der Fasern | Allgemeine Bemerkungen |
| | Breite | Dicke | | spezifisches Gewicht der Fasern | | | | |
	in μ			in g		spez. Gew.	in Vol.-%	
Kunstseide aus Viskose	40	23	1,7	1,528	0,172	100	88,8	sehr weich und geschmeidig, auffallend schwer
Schlichtes Kunstband aus Viskose	970	30	32,3	1,528	0 111	65	92,7	hart und leicht
Geknittertes Kunstband aus Viskose	2860	18	158,9	1,527	0,041	24	97,3	auffallend strohiger Griff und sehr leicht

Anwendung von Benzol oder Petroleum als Immersionsflüssigkeit vorzunehmen[1]). Zu diesem Zwecke wird ein lufttrockenes Strähnchen von 2—4 g mit einem Seidenfaden zusammengebunden und zum Aufhängen an einer Wage eingerichtet; nach dem genauen Abwägen wird es in einem Becherglase in Benzol oder Petroleum untergetaucht und unter wiederholtem vorsichtigen Umrühren und Drücken mit einem Glasstabe solange unter dem Rezipienten einer Luftpumpe gehalten, bis alle anhaftenden Luftbläschen vollkommen verschwunden sind. Hierauf wird die Wägung in Benzol oder Petroleum vorgenommen und die gefundene Dichte auf Wasser umgerechnet. Selbstverständlich muß das spezifische Gewicht der benutzten Immersionsflüssigkeit genau bekannt sein bzw. sorgfältig, etwa mittels eines Pyknometers, bestimmt werden. Auch die Temperatur, bei welcher die Bestimmung vorgenommen wird, ist genau zu beachten und anzugeben. Der Wassergehalt der Seide wird in einem besonderen Teil der Probe in üblicher Weise ermittelt. In der Zahlentafel 7 sind die nach der erwähnten Methode bestimmten spezifischen Gewichte einiger natürlicher und künstlicher Seiden auf Grund der Untersuchungen des Verfassers übersichtlich zusammengestellt. Das „scheinbare" spezifische Gewicht, das bei der gefühlsmäßigen Prüfung von Seiden auf ihre Schwere allein in Frage kommt, ist unmittelbar abhängig von der gegenseitigen Lage der Einzelfasern bzw. von der Größe der zwischen diesen vorhandenen lufterfüllten Hohlräume. Zum Beweise dessen seien hier vergleichende Prüfungen des Verfassers

[1]) Dichtebestimmungen der Seiden mit Wasser geben infolge der stattfindenden Quellung kein richtiges Bild; die so gewonnenen Zahlen sind meist etwas höher als die in Benzol oder Petroleum ermittelten Dichten.

mit einem in der Kunstseidenindustrie benutzten Rohstoff nach dessen
Umwandlung in „Fasern" von verschiedener Querschnittform angeführt.
Es handelte sich um Viskose bzw. aus dieser regenerierten Zellulose,
die einerseits in Form von Kunstseide, andererseits in der von Kunstbändchen vorlag. Wie nun aus der Zahlentafel 9 hervorgeht, waren
die auftretenden Unterschiede im scheinbaren spezifischen Gewicht
dieser Erzeugnisse außerordentlich groß. Das in der Zusammenstellung
an letzter Stelle angeführte Kunstbändchen aus Viskose, das von der
Fabrikation her zum Zwecke einer bestimmten Glanzwirkung mäßige
Knitterungen erhalten hatte, erwies sich trotz seiner sehr geringen Dicke
bei gleichem spezifischen Gewicht als wesentlich leichter als die aus
demselben Ausgangsmaterial hergestellte Kunstseide. Aus den weiteren
Angaben gehen auch die großen Unterschiede im Luftgehalte der
übereinander geschichteten Fasern deutlich hervor; ebenso möge das
über den verschiedenen Griff Angeführte beachtet werden.

7. Drehung.

Obzwar die Bestimmung der Fadendrehung (Drall) am einfachsten
und sichersten mit einem der in der Textilindustrie gebräuchlichen
„Drallapparate" vorgenommen wird, erweist sich manchmal auch das
von A. Herzog[1]) vorgeschagene mikroskopische Prüfungsverfahren
als nützlich. Dies ist namentlich dann der Fall, wenn nur kurze Fadenstücke zur Untersuchung vorliegen, oder wenn das Fadenmaterial aus
irgendwelchen Gründen so zermürbt ist, daß es ein Aufdrehen nicht
mehr verträgt.

Bezeichnet d den Durchmesser des Fadens, h die Schraubengang-
höhe einer am Umfang des Garnzylinders gedachten Einzelfaser und
a den spitzen Winkel, den diese im abgerollten Zustand mit der
Fadenlängsachse einschließt, so besteht, wie sich ohne weiteres ergibt,
folgende einfache Beziehung:

$$\operatorname{cotg} a = \frac{h}{d \cdot \pi}.$$

Daraus ergibt sich

$$h = \operatorname{cotg} a \cdot d \cdot \pi.$$

Die Anzahl Drehungen (D) für 10 cm Fadenlänge berechnen sich demgemäß zu

$$D = \frac{100}{\pi \cdot \operatorname{cotg} a \cdot d} \quad \text{(vgl. auch Abb. 38)}.$$

Zur Feststellung der Drehung auf mikroskopischem Wege genügt
also die experimentelle Bestimmung des Fadendurchmessers und des
Drehungswinkels. Der Durchmesser ergibt sich aus der mikroskopischen
Messung mittels eines gewöhnlichen Okularmikrometers, sofern nur
mehrere Fadenstellen (etwa 25) geprüft werden und aus den erhaltenen
Einzelwerten das arithmetische Mittel abgeleitet wird. Die Bestimmung

---

[1]) Herzog, A.: Drallprüfungen mittels des Mikroskops. Zeitschr. f. Farben-
u. Text.-Ind., 1, 1904.

des Neigungswinkels erfolgt in der Weise, daß eine Anzahl der im mikroskopischen Bilde des Garnfadens erscheinenden, schraubig gedrehten Einzelfasern mit einem Zeichenapparat auf einer neben dem Mikroskop

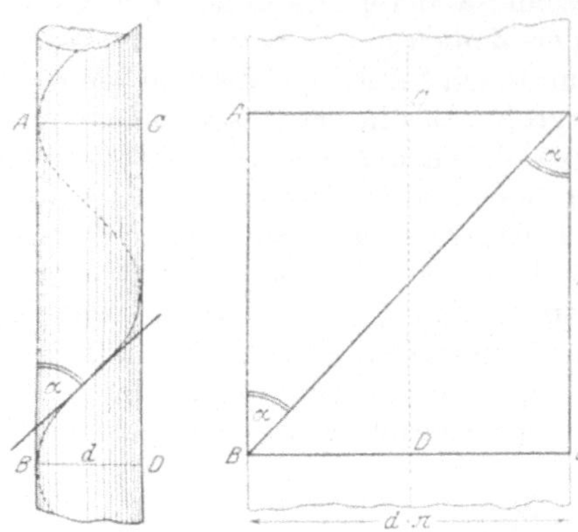

Abb. 38.   Garndrehung (Schema).

befindlichen Zeichenfläche abgezeichnet werden. Gleichzeitig werden auch die seitlichen Begrenzungslinien des Fadens durch einfache Striche angedeutet. Auch hier müssen selbstverständlich verschiedene Garnstellen berücksichtigt werden, wenn brauchbare Durchschnittswerte erhalten werden sollen. Das Zeichnen des um einen Objektträger gewundenen, aber hohlliegenden Fadens verursacht nicht die geringsten Schwierigkeiten, da nur schwache Vergrößerungen in Frage kommen (etwa 100) und die Fasern bloß durch einfache Striche anzudeuten sind. Allerdings ist für eine gute Beleuchtung des Fadens mit auffallendem Licht Sorge zu tragen, da hier naturgemäß nur Oberlicht in Frage kommt. Aus den so gezeichneten schräg verlaufenden Linien läßt sich mit praktisch hinreichender Genauigkeit die vorherrschende Richtung leicht herausfinden und deren Neigung zur Faserlängsachse mit einem gewöhnlichen Transporteur bestimmen. Ist die Vergrößerung bekannt, läßt sich natürlich auf der Zeichnung auch der Fadendurchmesser bestimmen. Steht ein Winkelmeßokular zur Verfügung, so kann der gesuchte Winkel direkt bestimmt werden. Auf Veranlassung des Verfassers hat die Firma C. Zeiß-Jena das von ihr für gewöhnlich gelieferte Goniometerokular noch mit einer Mikrometerteilung ausgerüstet, um neben Winkel- auch Dickenmessungen ausführen zu können. Mit Rücksicht auf die hier in Frage kommende Oberbeleuchtung wurde die besser

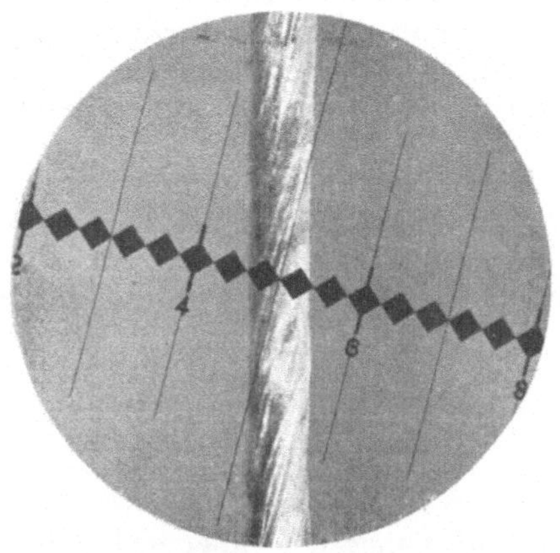

Abb. 39.   Bestimmung der Drehung eines Garnes (irisches Flachsgarn der engl. Nr. 140) auf mikroskopischem Wege. Die feinen Linien der Zeißschen Goniometerteilung stehen parallel zu der vorherrschenden Richtung der Einzelfasern des Garnfadens (Drehungswinkel 14°). Die mit der Gebhardtschen Quadratteilung gemessene Dicke des Fadens betrug 0,11 mm. Hieraus berechnet sich die Anzahl der Drehungen für 10 cm Fadenlänge nach der Formel: $D = \dfrac{100}{0{,}11 \cdot \pi \cdot \cotg 14} = 72$.
Vergr. 55.

wahrnehmbare Gebhardtsche Mikrometerteilung gewählt. Über das
Aussehen einer solchen im Goniometerokular untergebrachten kom-

Zahlentafel 10.

Garndrehung.

Winkel (a) in $^\circ$	(A) $\pi\cdot\mathrm{cotg}\ a$	$(\log A)$ $\log \pi +$ $\log \mathrm{cotg}\ a$	(B) $\dfrac{100}{\pi\cdot\mathrm{cotg}\ a}$	$(\log B)$ $\log\left(\dfrac{100}{\pi\cdot\mathrm{cotg}\ a}\right)$
10	17,817	1,250831	5,613	0,749169
11	16,162	1,208498	6,187	0,791502
12	15,837	1,169675	6,766	0,830325
13	13,607	1,133786	7,349	0,866214
14	12,600	1,100379	7,936	0,899621
15	11,724	1,069098	8,529	0,930902
16	10,956	1,039654	9,127	0,960346
17	10,276	1,011811	9,732	0,988189
18	9,669	0,985374	10,583	1,014626
19	9,124	0,960178	10,960	1,039822
20	8,631	0,936084	11,585	1,063916
21	8,184	0,912973	12,219	1,087027
22	7,776	0,890740	12,860	1,109260
23	7,574	0,879298	13,203	1,120702
24	7,056	0,848567	14,172	1,151433
25	6,737	0,828477	14,843	1,171523
26	6,441	0,808968	15,525	1,191032
27	6,166	0,789984	16,218	1,210016
28	5,909	0,771476	16,925	1,228524
29	5,668	0,753398	17,644	1,246602
30	5,441	0,735711	18,378	1,264289
31	5,229	0,718376	19,126	1,281624
32	5,028	0,701361	19,890	1,298639
33	4,838	0,684633	20,671	1,315367
34	4,658	0,668163	21,470	1,331837
35	4,487	0,651923	22,288	1,348077
36	4,324	0,635889	23,126	1,364111
37	4,169	0,620036	23,986	1,379964
38	4,021	0,604340	24,869	1,395660
39	3,880	0,588781	25,777	1,411219
40	3,744	0,573336	26,709	1,426664

$$h = d\cdot\pi\cdot\mathrm{cotg}\ a = d\cdot A; \qquad \log h = \log d + \log A.$$

$h =$ Höhe des Schraubenganges der Einzelfaser in mm; $d =$ Durchmesser des
Garnfadens in mm; $a =$ Drehungswinkel (spitzer Winkel zwischen Einzelfaser
und Fadenlängsachse); $\pi = 3{,}1416$.

Zahl der Drehungen (D) auf 10 cm Fadenlänge:

$$D = \frac{100}{\pi\cdot\mathrm{cotg}\ a}\cdot\frac{1}{d} = \frac{B}{d}; \qquad \log D = \log B - \log d.$$

binierten Teilung und über die Ausführung der Messung gibt
die Abb. 39 Aufschluß. Zur bequemeren Berechnung der Drehung

aus den gefundenen Meßwerten diene die Zahlentafel 10, in welcher die Werte von $\pi \cdot \operatorname{cotg} a$ und $\dfrac{100}{\pi \cdot \operatorname{cotg} a}$ bzw. deren Logarithmen für die Winkel von 10 bis 40° angegeben sind.

8. Prüfung der Dicke. Einstellung und Bindung von Geweben.

a) Dickenmessungen von Geweben.

Zur Messung der Dicke von Geweben stehen gegenwärtig verschiedene Vorrichtungen in Verwendung (Mikrometerschrauben, Lehren, Taster usw.). Sicherlich entsprechen diese auch vollständig, wenn es sich um harte, d. h. wenig zusammendrückbare oder glatte Gewebe handelt. Ganz anders jedoch, wenn weiche oder elastische Stoffe vorliegen, bei denen die Messung mit Hilfe einer der genannten Vorrichtungen fast immer zu niedrige Werte liefert. Hieran ändern, wie die Erfahrung lehrt, auch die an manchen Meßeinrichtungen angebrachten Gefühlschrauben nicht viel. Dem gerügten Übelstand läßt sich leicht abhelfen, wenn man die Messung mikroskopisch ausführt. Diese wird so vorgenommen, daß das Gewebe auf die Kante gestellt und in dieser Lage in üblicher Weise mit dem Okularmikrometer ausgemessen wird. Um das Gewebe (etwa 1 qcm) rasch in die senkrechte Lage zu bringen und es in dieser während der Messung zu erhalten, ist es zweckmäßig, zwei auf einem Objektträger ruhende Klötzchen mit senkrechten Wänden (Stabilitklötzchen wie sie zum Aufkitten von Paraffinblöcken heute vielfach Verwendung finden oder die kleineren Steine eines Ankerschen Steinbaukastens) zu benutzen und zwischen diese das zu prüfende Gewebe einzuschieben. Unumgänglich erforderlich ist aber, daß das Gewebe an der zu messenden Seite eine scharfe Schnittkante hat. Die Messung wird selbstverständlich bei auffallendem Licht vorgenommen. Auch mit Hilfe des Abbeschen Würfelchens kann, wie A. Herzog[1]) gezeigt hat, die Dickenmessung in sehr bequemer Weise vorgenommen werden. Bekanntlich werden dem großen Abbeschen Zeichenapparat der Zeißwerke in Jena zwei Würfel beigegeben, die sich lediglich durch die verschiedene Weite der in der Silberschicht ausgesparten Sehöffnung unterscheiden. Für den hier vorliegenden Zweck empfiehlt sich besonders das Würfelchen mit kleiner Öffnung, da es ausschließlich auf die als Spiegel wirkende Hypothenusenfläche ankommt. Wird nun das Würfelchen auf eine undurchsichtige Unterlage annähernd zentrisch unter das Mikroskop gebracht und vor die Seitenöffnung seiner Fassung das auf einer kleinen Erhöhung (Objektträger) ruhende Gewebe horizontal gelegt, so tritt infolge der Spiegelwirkung nur die Seitenansicht des Stoffes in die Erscheinung. Unter diesen Umständen ist es natürlich ein leichtes, die Dicke mit einem Okularmikrometer zu messen. Auch mit dem auf demselben Grundsatz beruhenden Prismenapparat, der für die rasche Beurteilung der Quer-

---

[1]) Herzog, A.: Dickenmessungen mit Hilfe des Abbeschen Würfelchens. Mikrokosmos, 1, 1917/18.

schnittform von Kunstfasern aller Art bestimmt ist (vgl. Abschnitt 3), lassen sich selbstverständlich Dickenmessungen von Geweben jederzeit ausführen. Die Vergrößerung betrage in allen Fällen etwa 50.

b) Messung der Fadendichte von Geweben.

Die Fadendichte (Einstellung) von Geweben läßt sich sehr einfach und genau auf mikroskopischem Wege ermitteln. Unter Fadendichte ist die auf die Längeneinheit (z. B. 1 cm) eines Gewebes in der Kett- und Schußrichtung entfallende Anzahl der Garnfäden zu verstehen.

Zu dieser Bestimmung können alle sehr schwachen Mikroskopobjektive verwendet werden. Am besten eignen sich die von Zeiß-Jena, Winkel-Göttingen u. a. optischen Werken gelieferten Objektive mit variabler Eigenvergrößerung. Sie sind ein ausgezeichneter Ersatz für gewöhnliche Lupen (Fadenzähler), denn sie ermöglichen in Verbindung mit einem Okular eine sehr bequeme Kopfhaltung beim Arbeiten und ermüden das Auge in keiner Weise. Besondere Beleuchtungseinrichtungen sind bei der Bestimmung der Fadendichte, die immer im auffallenden Licht vorgenommen wird, vollkommen entbehrlich.

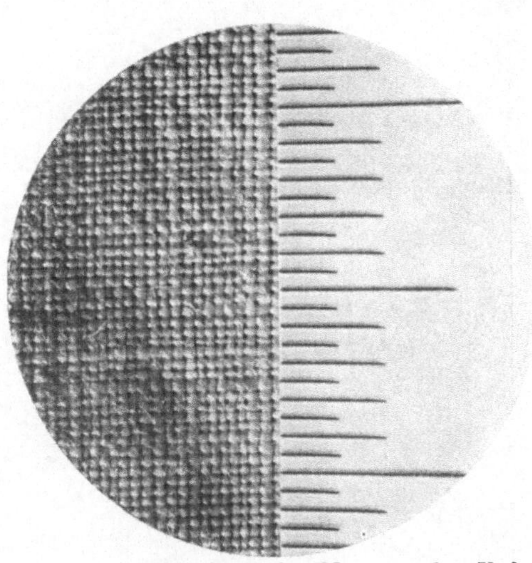

Abb. 40. Mikroskopische Messung der Fadendichte eines Gewebes mit einem abgeschrägten, in halbe Millimeter geteilten Zelluloidmaßstab. Im Bilde entfallen 35 von rechts nach links verlaufende Fäden auf den Zentimeter. Vergr. 4,5.

Wie derartige Untersuchungen ausgeführt werden, zeigt am besten die beigefügte Abb. 40. Die eine Hälfte des mikroskopischen Gesichtsfelds zeigt das zu prüfende Gewebe, die andere die Teilung eines abgeschrägten, in $^1/_2$ mm geteilten Zelluloidmaßstabs. Im Bilde entfallen in der horizontalen Fadenrichtung 35 Fäden auf den Zentimeter. Zur Zählung der Fäden in der Gegenrichtung müßte der Maßstab senkrecht zu der im Bilde ersichtlichen Lage eingestellt werden. An Stelle des Maßstabs kann in manchen Fällen auch eine dicke Glasplatte treten, die eine genaue Quadratteilung trägt (Quadratseite z. B. 0,5 cm). Die Prüfung mit Hilfe dieser Glasplatte geschieht in der Weise, daß das zu untersuchende Gewebe auf den Objekttisch des Mikroskops gebracht und mit der Glasplatte, deren Teilung nach unten liegt, bedeckt wird. Zweckmäßig wird das Gewebe nicht direkt auf den Objekttisch, sondern auf eine Glasplatte gelegt, damit etwa vorhandene Knit-

terungen ausgeglichen werden. Selbstverständlich müssen die Linien
der Teilung der oberen Glasplatte mit der zu prüfenden Fadenrichtung
korrespondieren. Die mikroskopische Bestimmung der Fadendichte

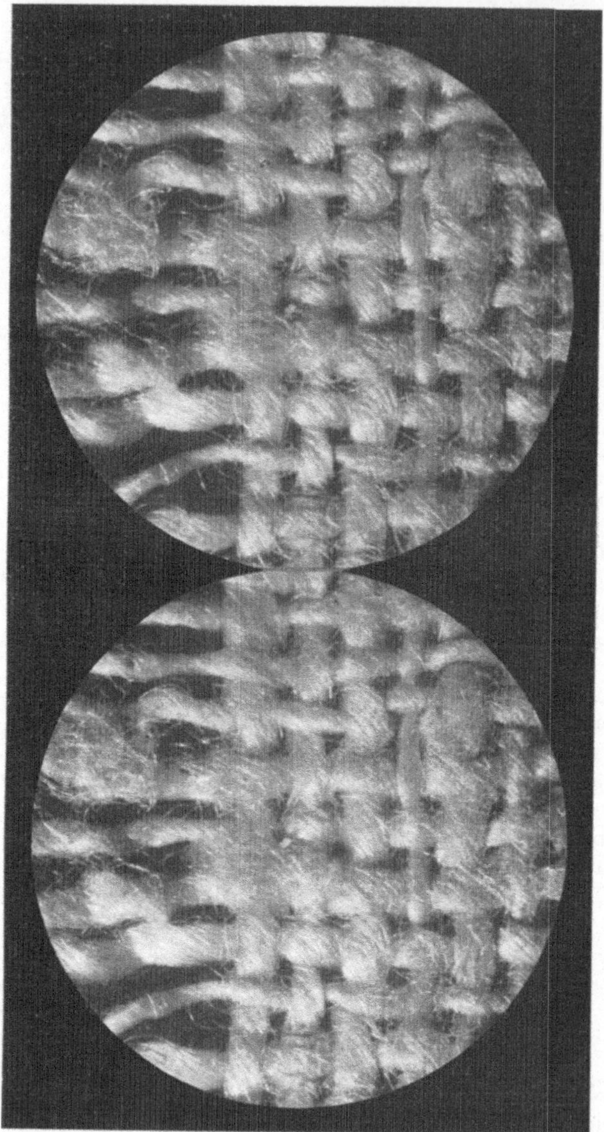

Abb. 41. Aus Seidenabfällen hergestelltes grobes Gewebe in stereoskopischer Darstellung. In Kette und Schuß liegt vollständig entbastete Seide von Bombyx mori vor. Die Schußfäden (im Bilde von oben nach unten verlaufend) zeigen Linksdrehung, die Kettfäden Rechtsdrehung. Der vierte und fünfte Kettfaden (von oben gezählt) linksgedreht (Fehler). Die Fäden erscheinen „fusselig" und sehr ungleichmäßig dick. Einstellung in Kette und Schuß 22 Fäden auf den Zentimeter. (Das aus dem 8.—10. Jahrh. n. Chr. stammende Gewebe wurde von Stein-Oxford in der Tempelgrotte der „1000 Buddhas" bei Tun-huang in China entdeckt. Stein Collection, I. Serie, 10, Ch. 0077, Brit. Mus., London.) Vergr. 16.

ist besonders dann zu empfehlen, wenn die Fadenzahl mehr als 30 auf
den Zentimeter beträgt.

c) Bestimmung der Bindung eines Gewebes.

Das schwach vergrößernde Mikroskop eignet sich auch sehr gut zur Feststellung der Gewebebindung. Die Vorzüge, die die mikro-

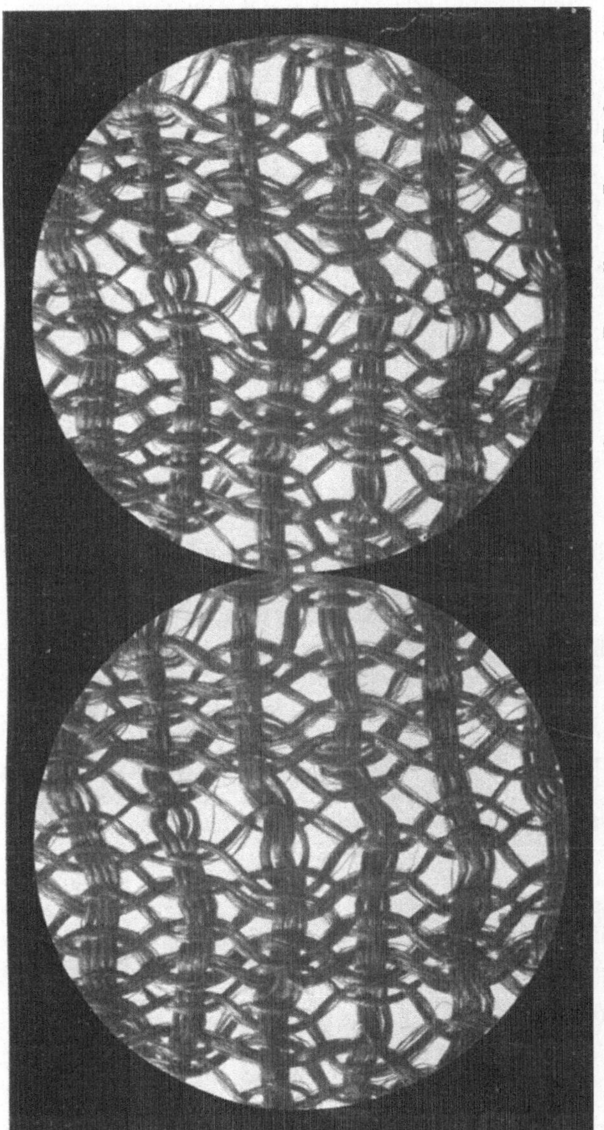

Abb. 42. Altchinesisches Drehergewebe aus Rohseide in stereoskopischer Darstellung. Je 4 Fäden sind in einem Fach befindlich. Gewebe dieser Art werden auch heute noch vielfach hergestellt (Gardinen- und Blusenstoffe, Fensterschützer usw.). Fundstätte und Alter wie bei dem in Abb. 41 vorgeführten Gewebe. Das Gewebe ist mit Indigo intensiv dunkelblau gefärbt. Über den Indigonachweis vgl. Abb. 35 u. 92. Vergr. 15.

skopische Methode gegenüber der fast ausschließlich angewandten mit dem Fadenzähler auszeichnen, kommen besonders dann zur Geltung, wenn es sich um schwierigere Fälle handelt. Das große, fast ebene mikroskopische Gesichtsfeld, mit dem sich das eines gewöhnlichen Fadenzählers überhaupt nicht vergleichen läßt, die bequeme Kopfhaltung und nicht zum mindesten der große Objektabstand schwacher Mikroskopsysteme, der die Benutzung von Nadeln beim Zählen und Lockern der Fäden zuläßt, erleichtern die Untersuchung ganz außerordentlich. Wie bei der Bestimmung der Fadendichte, sind auch hier keine besonderen Beleuchtungsvorrichtungen erforderlich. Die Herrichtung des Gewebes geschieht in der Weise, daß ein entsprechend zugeschnittenes Stück je nach seiner Färbung auf eine helle oder dunkle Unterlage aus starkem Kartonpapier oder Glas gelegt wird. Die dem Mikroskop beigegebenen Klammern dienen zur Befestigung von Unterlage und Gewebe auf dem Mikroskoptisch. Hervorragend schöne, plastische Bilder liefert das von verschiedenen optischen Firmen gelieferte binokulare Mikroskop nach Greenough oder der neue Stereoaufsatz der Firma C. Reichert-Wien[1]). Um einen Maßstab für das Aussehen derartiger plastisch wirkender Lupenbilder zu haben, mögen die Abb. 41 und 42 stereoskopisch betrachtet werden. Allerdings ist der Preis dieser Instrumente so hoch, daß nur wenige in der Lage sein werden, ihn für den hier angegebenen Zweck anzulegen. Unter allen Umständen reichen aber die gewöhnlichen Mikroskope vollständig aus. Wünschenswert ist es jedoch, daß der Objekttisch eine genügend große Auflagefläche besitzt, um das zu prüfende Gewebe bequem ausbreiten zu können, worauf übrigens bei den neueren Mikroskopen ohnehin Rücksicht genommen ist.

9. Lichtbrechungsvermögen[2]).

Die beiden in der Längsansicht der natürlichen und künstlichen Seidenfasern zur Wirksamkeit gelangenden, auf die Natriumlinie bezogenen Hauptlichtbrechungsexponenten weichen recht erheblich voneinander ab. Entsprechend der noch zu besprechenden Orientierung des optischen Elastizitätsellipsoides, ist die Lichtbrechung der Seiden in der Achsenrichtung größer als in der senkrechten Gegenstellung. Nur die Azetatseide macht begreiflicherweise eine Ausnahme, da deren wirksame Elastizitätsellipse in der Längsansicht der Faser so gelegen ist, daß ihre längere Achse senkrecht, ihre kürzere parallel zur Faserlängsrichtung verläuft.

Werden die Fasern nach der Größe ihrer Hauptlichtbrechungsexponenten geordnet, so ergeben sich folgende zwei Reihen (siehe Zahlentafel 11, Seite 59).

Wie der Vergleich lehrt, lassen die beiden Reihen keine gesetzmäßigen Beziehungen in der Aufeinanderfolge der untersuchten Fasern erkennen.

---

[1]) Herzog, A.: Ueber die Verwendbarkeit des neuen Reichertschen Stereoaufsatzes zu textil-mikroskopischen Prüfungen. Leipziger Mon. f. Text.-Ind., 8, 175—177. 1923.

[2]) Ausführlichere Angaben über das Lichtbrechungsvermögen enthält das Werk des Verfassers: Die Unterscheidung der natürlichen und künstlichen Seiden. S. 51—62. Dresden 1910.

Zahlentafel 11.

Faserlängsachse ⊥ z. Polarisationsebene		Faserlängsachse // z. Polarisationsebene	
Echte Seide	1,595	Spinnenseide	1,542
Flachs	1,595	Gelatineseide	1,539
Spinnenseide	1,581	Echte Seide	1,538
Baumwolle	1,580	Baumwolle	1,533
Kollodiumseide	1,547—1,549	Flachs	1,528
Pauly-Seide	1,548	Pauly-Seide	1,527
Viskoseseide	1,548	Viskoseseide	1,523—1,524
Gelatineseide	1,540	Kollodiumseide	1,515—1,521
Azetatseide	1,474	Azetatseide	1,479

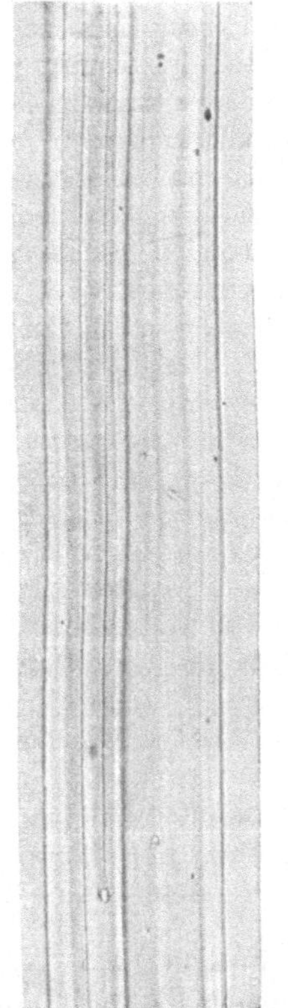

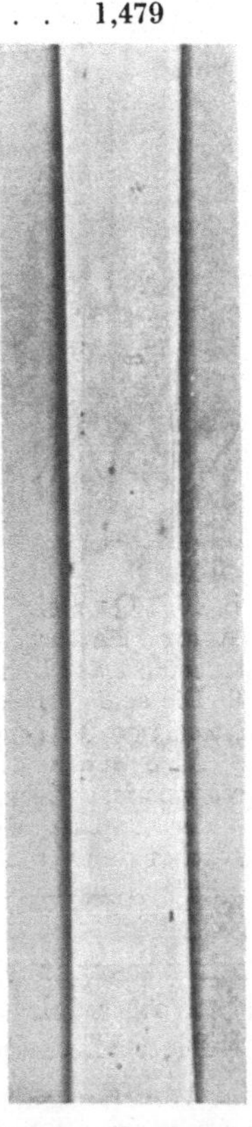

Abb. 43. Nitroseide in Kanadabalsam. Lichtbrechung des Balsams 1,54. Nach Einschaltung eines Nicols, dessen Schwingungsrichtung parallel zur Faserlängsachse orientiert ist, erscheint die Faser zwar sehr aufgehellt, aber immer noch deutlich, weil ihre Lichtbrechung in dieser Lage 1,52 beträgt, also von jener des Balsams abweicht. Vergr. 250.

Abb. 44. Dieselbe Faser wie in Abb. 43, Faserachse jedoch senkrecht zur Schwingungsrichtung des Nicols. Infolge der in dieser Lage annähernd gleichen Lichtbrechung mit dem Balsam ist die Faser nahezu unsichtbar. Vergr. 250.

Abb. 45. Kupferseide (mittlere Lichtbrechung 1,54) in Zedernöl eingebettet (1,51). Die stärker lichtbrechende Faser erscheint bei hoher Einstellung von zwei nach innen liegenden hellen Lichtsäumen begrenzt. Vergr. 300.

Ordnet man die Fasern nach ihrer mittleren Lichtbrechung, so resultiert die folgende Reihe:

Echte Seide	1,567
Flachs und Spinnenseide	1,562
Baumwolle	1,557
Gelatineseide	1,540
Paulyseide	1,538
Viskoseseide	1,536
Vivierseide	1,534
Kollodiumseide	1,532
Azetatseide	1,477

Danach zeigt echte Seide die höchste, Azetatseide die niedrigste mittlere Lichtbrechung.

In Übereinstimmung mit der verschieden starken Doppelbrechung, die sich u. a. bei der polariskopischen Untersuchung der Fasern durch verschiedene Farben (gleiche Faserdicken natürlich vorausgesetzt) zu erkennen gibt, sind auch die Differenzen der zugehörigen Hauptlichtbrechungsexponenten für jede Faserart verschieden (Index der Doppelbrechung, spezifische Doppelbrechung). Nach dieser Differenz geordnet, ergibt sich die in der später folgenden Zahlentafel 12 angegebene Reihe, in welcher des direkten Vergleiches wegen auch die zugehörigen Polarisationsfarben eingesetzt sind.

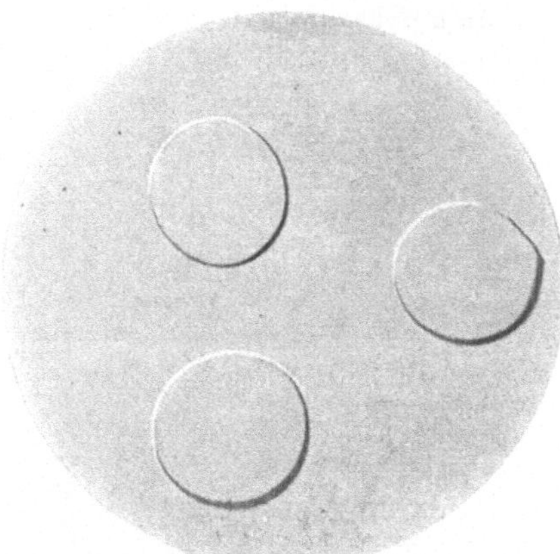

Abb. 46. Querschnitte von Gelatineseide in Anilin. Mittlere Lichtbrechung der Gelatineseide 1,54, Lichtbrechung des Anilins 1,59. Die schiefe Beleuchtung wurde durch rechtsseitige Verschiebung der Irisblende des Abbeschen Beleuchtungsapparates hervorgerufen. Der „Schatten" erscheint auf der rechten Seite, weil die Faser schwächer lichtbrechend ist als das Einbettungsmittel. Vergr. 173.

Der Zusammenhang zwischen der Differenz der Hauptlichtbrechungsexponenten und der Höhe der auftretenden Polarisationsfarben ist nach dem Angeführten klar.

Die technisch wichtigen Kunstseiden des Handels (Nitro-, Kupfer- und Viskoseseide) zeigen, untereinander verglichen, keine nennenswerten Abweichungen in ihren Hauptlichtbrechungsexponenten.

Die Lichtbrechungsexponenten der aus zellulosehaltigem Material hergestellten Kunstseiden sind durchweg niedriger als die der rohen Baumwolle. Dies gilt besonders von jenen Exponenten, welche den zur Längsachse der Faser parallelen Schwingungen des Lichtes entsprechen. Dieses Verhalten ist ein deutlicher Fingerzeig dafür, daß die Lichtbrechung nicht allein von der chemischen Natur der Fasersubstanz, sondern auch von der Lagerung ihrer Moleküle, beziehentlich Molekülgruppen (Mizellen im Sinne Nägelis) abhängig ist. Daß den künstlichen Seiden eine wesentlich andere Mizellarstruktur zukommt wie der zu ihrer Herstellung herangezogenen Baumwolle, geht aus der ultramikroskopischen Betrachtung in unzweideutiger Weise hervor (siehe Abschnitt 12).

Baumwolle ist schwächer, Flachs etwas stärker spezifisch doppelbrechend als echte Seide.

10. Untersuchungen im polarisierten Licht.

Nicht selten begegnet man in der Literatur der Behauptung, daß das Verhalten der Fasern im polarisierten Licht nicht genügend unterschiedlich sei, um mit Erfolg etwa zur technischen „Bestimmung" herangezogen zu werden. Sofern es sich dabei nur um die Feststellung der Doppelbrechung an sich handelt, ist die Richtigkeit dieser Behauptung nicht von der Hand zu weisen, da bekanntlich alle natürlichen und künstlichen Faserstoffe mehr oder weniger stark doppelbrechend sind und daher auf Grund dieser ihnen allgemein zukommenden Eigenschaft nicht unterschieden werden können. Anders jedoch, wenn der Grad der Doppelbrechung (spezifische Doppelbrechung), die Lage der in der Längsansicht der Faser zur Wirkung kommenden optischen Elastizitätsellipse, der Pleochroismus oder etwaige charakteristische Anomalien in der Doppelbrechung (wie z. B. bei Baumwolle[1]) in Betracht gezogen werden. So gelingt es, wie der Verfasser schon früher gezeigt hat[2]), auf den ersten Blick, die Azetatseide nach ihrem optischen Verhalten (Querstellung der optischen Elastizitätsellipse) von allen übrigen Kunstseiden (Längsstellung der optischen Elastizitätsellipse) zu unterscheiden und auch über etwaige während der Herstellung oder des späteren Gebrauchs der Fasern nicht selten auftretende innere Spannungen Aufschluß erhalten, was für die technische Beurteilung des Materials von nicht zu unterschätzender Bedeutung ist. Ferner können, wie der Verfasser[3]) gleichfalls nachgewiesen hat, spontane chemische Zersetzungen mancher Fasern, z. B. solcher aus Azetylzellulose, optisch schon zu einer Zeit nachgewiesen werden, wo die makro- und mikrochemische Analyse noch keinen sichern Anhaltspunkt hierfür ergibt (vgl. auch Abb. 93—95). All dies berechtigt wohl zu dem Schluß, daß die oben erwähnte Behauptung von der geringen Bedeutung der polariskopischen Prüfung der Faserstoffe nicht allgemein zutreffend sein kann.

Bei der Untersuchung der Fasern im polarisierten Licht, die in der Regel zwischen gekreuzten Nicols vorgenommen wird. gelangen jene ungefärbt oder nach vorheriger Entfernung des Farbstoffs zur Verwendung. Hierbei wird zweckmäßig eine Einbettung in Kanadabalsam oder Glyzeringelatine vorgenommen und der Objektträger auf dem Objekttisch des Mikroskops hin- und hergedreht. Die vor-

[1]) Herzog, A.: Zur Kenntnis der Doppelbrechung der Baumwollfaser. Zeitschr. f. Chemie u. Ind. d. Kolloide, 5, 1909.
[2]) Herzog, A.: Zur Kenntnis der neueren Azetatseide. Chem.-Z., 40, 1910.
[3]) Herzog, A.: Zur Kenntnis der Azetylzellulose. Kunststoffe, 3 u. 5, 1915.

handene Doppelbrechung verrät sich durch eine mehr oder weniger auffallende Aufhellung bzw. Färbung der auf fast völlig dunklem Untergrund erscheinenden Fasern. Das Maximum der Aufhellung tritt in der sogenannten Diagonalstellung ein, das ist in jener Lage, in der die Faserlängsachse mit der Schwingungsrichtung des Polarisators oder Analysators einen Winkel von 45° bildet. Fällt hingegen die genannte Achse mit der Schwingungsrichtung eines der polarisierenden Nicols zusammen, so tritt keine Aufhellung der Faser ein: sie verhält sich also in dieser Lage wie ein einfachbrechender Körper. Wesentlich seltener wird zwischen parallelen Nicols betrachtet. Als Polarisationsmikroskop läßt sich jedes gewöhnliche Instrument verwenden, sofern eine nachträgliche Ausrüstung mit den unbedingt erforderlichen Polarisationseinrichtungen (in der Regel Nicolsche Prismen) angängig ist. Es empfiehlt sich aber im Hinblick auf die große Wichtigkeit der polariskopischen Prüfung der Seiden ein besonderes Polarisationsmikroskop (wie zu mineralogisch-petrographischen Untersuchungen) zu beschaffen. Der drehbare Objekttisch solcher Einrichtungen und nicht minder die leicht ein- und ausschaltbaren polarisierenden Prismen und Kristallplättchen erleichtern das Arbeiten ganz außerordentlich. Zum Nachweis sehr schwacher Doppelbrechungen, sowie zur Bestimmung der Lage und relativen Größe der optischen Elastizitätsellipsenachsen verwendet man vorteilhaft ein Gipsplättchen Rot I, welches den Polarisationsmikroskopen ohne weiteres beigegeben wird, sonst aber auch für sich allein nachbezogen werden kann. Wird es zwischen die gekreuzten Nicols so eingeschaltet, daß die auf der Fassung vermerkte Pfeilrichtung (in der Regel mit der längeren Elastizitätsellipsenachse zusammenfallend) mit der Schwingungsrichtung der Nikols einen Winkel von 45° einschließt, so erteilt es dem Gesichtsfeld eine prachtvoll violettrote Färbung, die schon bei der geringsten Drehung eine merkliche Änderung erfährt. Betreffs der Theorie dieses Plättchens wird auf die einschlägige Literatur verwiesen. Anfängern sei besonders das eingehende Studium der von H. Ambronn verfaßten ausgezeichneten Schrift empfohlen: Anwendung des Polarisationsmikroskops bei histologischen Untersuchungen (Leipzig 1892). Einige kurze Andeutungen seien hier nur hinsichtlich der praktischen Anwendung dieses Plättchens gemacht.

Schwach doppelbrechende Fasern treten auf dem roten Gipsgrunde durch verschiedene Färbung in Erscheinung. So z. B. zeigt die Azetatseide in der einen Richtung blaue, in der anderen gelbe Farbentöne. Die richtige Benennung der auf dem dunklen Untergrunde auftretenden Farben mit Hilfe des genannten Gipsplättchens geschieht nun in folgender Weise: Man beobachtet zuerst die Farbe des Objekts zwischen gekreuzten Nicols allein, und schaltet sodann ein unter 45° orientiertes Gipsplättchen ein. Mit Hilfe der folgenden, dem Werke von Nägeli und Schwendener entnommenen Zusammenstellungen bzw. den nach Einschaltung des Gipsplättchens auftretenden Additions- und Subtraktionsfarben ist es ein leichtes, die Richtigkeit der Farbenbezeichnung zu kontrollieren. Hierzu ist noch zu bemerken:

Additionsfarben treten dann auf, wenn die längere Achse der optischen Elastizitätsellipse der Faser mit der Pfeilmarke des Gipsplättchens zusammenfällt. In diesem Fall erscheint das Gipsplättchen gewissermaßen verstärkt, es wirkt geradeso wie ein dickeres Plättchen derselben Art. Steht dagegen die längere Achse der Elastizitätsellipse der Faser senkrecht zur Pfeilrichtung des Gipsplättchens, so treten Subtraktionsfarben auf, so, als ob das Gipsplättchen dünner geworden wäre. Es findet also in diesem Falle eine optische Subtraktion statt. Nach dem Gesagten läßt sich das Gipsplättchen auch vorteilhaft dazu benutzen, um die Richtung und relative Größe der Elastizitätsellipsenachsen zu bestimmen, was in manchen Fällen (Azetatseide) praktisch von Bedeutung sein kann.

Die bei Benutzung eines Gipsplättchens Rot I (nur bei gröberen Fäden und Kunstbändchen sind auch andere Gipsplättchen, z. B. solche der 2.—4. Ordnung erwünscht) nötige Drehung des auf dem Objekttisch des Mikroskops liegenden Faserpräparats setzt naturgemäß das Vorhandensein eines drehbaren Objekttisches und einer entsprechenden Zentriervorrichtung voraus, was das an und für sich ziemlich kostspielige Instrumentarium noch mehr verteuert. Aber auch bei dem vollkommensten Polarisationsmikroskop ist das fortwährende Drehen des Präparats zum Zwecke des Vergleichs der auftretenden Additions- und Subtraktionsfarben auf die Dauer sehr lästig und mit Rücksicht auf die naturgemäß nur nacheinander mögliche Betrachtung der Farben nicht sehr genau. Namentlich bei sehr schwachen Doppelbrechungen (Gelatineseide) ist dieser Übelstand recht störend.

Zur Vermeidung der erwähnten Nachteile hat A. Herzog[1]) ein einfaches Beobachtungsverfahren angegeben, das in allen Fällen anwendbar ist. Er bedient sich dabei einer Bravaisschen Doppelplatte in Verbindung mit einem Gipsplättchen Rot I (vgl. Abb. 47). Die zur Zeit von verschiedenen optischen Firmen gelieferte Bravaisplatte wird so hergestellt, daß eine Platte von Gips, Quarz oder Glimmer, die zwischen gekreuzten Nicols das Rot I zeigt, in zwei Hälften auseinandergeschnitten und wieder so zusammengesetzt wird, daß die längere Achse der wirksamen Elastizitätsellipse der einen Hälfte auf jener der anderen senkrecht steht. Zweckmäßig wird diese Doppelplatte in ein Okular mit verschiebbarer Augenlinse gefaßt. Stellt man nun die zu prüfende Faser nach dem Augenmaß unter 45° zur Schwingungsrichtung der gekreuzten Nicols bzw. zur Trennungsfuge der Kristallplättchen ein, so sinken natürlich die Interferenzfarben der Faser in der einen Gesichtsfeldhälfte, während sie in der anderen steigen. Es ist auf diese Art möglich, die auftretenden Additions- und Subtraktionsfarben unmittelbar nebeneinander, und zwar ohne jede Drehung der Faser zu betrachten und genau zu bestimmen. Handelt es sich etwa nur um den Nachweis einer sehr schwachen Doppelbrechung,

---

[1]) Herzog, A.: Zur Untersuchung der Faserstoffe im polarisierten Licht. Textile Forsch., 2, 52, 1920.

so ist diese Beobachtungsmethode an Empfindlichkeit allen anderen überlegen, weil sie die geringsten Farbenunterschiede in der $+45^0$ und -45^0-Stellung der Faser in ein und demselben Gesichtsfeld wahrzunehmen gestattet. Um nun auch die Beobachtung zwischen gekreuzten Nicols allein zu ermöglichen, ohne einen lästigen Okularwechsel vornehmen zu müssen, bedient sich A. Herzog eines gewöhnlichen Gipsplättchens Rot I, welches, in den Schlitz des Analysators unter 45^0 eingeschoben, natürlich die Wirkung der einen Hälfte der Bravaisplatte vollkommen aufhebt und daher das dunkle Gesichtsfeld gekreuzter Nicols wiedergibt. Es ist dies in jener Plattenhälfte der Fall, deren Längsachse zu jener des in den Analysator eingeschobenen Gipsplättchens senkrecht steht (vgl. Abb. 47). Selbstverständlich ist eine vollständige optische Kompensation nur bei völlig gleicher Dicke der benutzten Kristallplatten möglich. Da zu verschiedener Zeit oder von verschiedenen optischen Firmen gelieferte Gipsplatten Rot I untereinander geringe, aber immerhin merkliche Abweichungen zeigen, empfiehlt es sich, die Bravaisplatte gleichzeitig mit dem einfachen Gipsplättchen zu beziehen und den Hersteller auf den besonderen Anwendungszweck aufmerksam zu machen. Die zweite Gesichtsfeldhälfte weist infolge der Verdopplung der optischen Dicke eine Verstärkung der Farbe auf, die sich im Auftreten von Rot II zu erkennen gibt. Beobachtungen der Faser in dieser Hälfte sind für gewöhnlich ent-

Bezeichnung und Aufeinanderfolge der Interferenzfarben der 1.—3. Ordnung.

Nicols	
gekreuzt	parallel
Erste Farbenordnung	
Schwarz	Lebhaftweiß
Eisengrau	Weiß
Graublau	Gelblichweiß
Hellergraublau	Gelbbräunlich
Hellbläulich	Gelbbraun
Grünlichweiß	Braunrot
Weiß	Rotviolett
Gelblichweiß	Violett
Gelb	Hellindigo
Braungelb	Graublau
Bräunlichorange	Blau
Rotorange	Blaugrün
Rot	Blaßgrün
Dunkelrot	Gelbgrün
Zweite Farbenordnung	
Purpurrot	Hellgrün
Violett	Grünlichgelb
Indigo	Lebhaftgelb
Blau	Orange
Blaugrünlich	Orangebraun
Grün	Hellkarminrot
Hellergrün	Purpurrot
Gelblichgrün	Purpurviolett
Grünlichgelb	Violett
Reingelb	Indigo
Orange	Dunkelblau
Lebhaftorangerot	Grünlichblau
Dunkelrotviolett	Grün
Dritte Farbenordnung	
Violett	Grünlichgelb
Blau	Gelborange
Grün	Rot
Gelb	Violett
Rosenrot	Grünlichblau
Rot	Grün

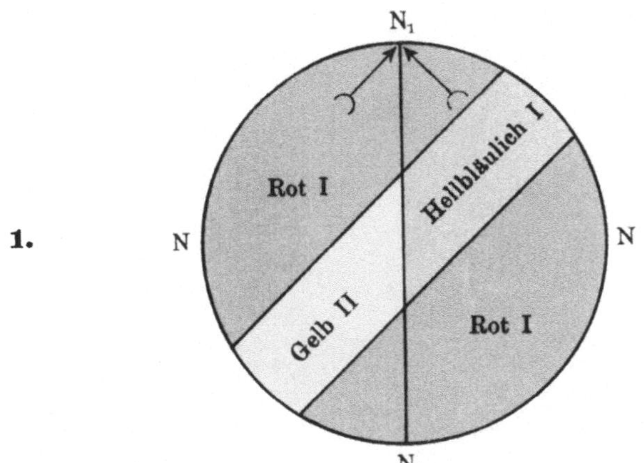

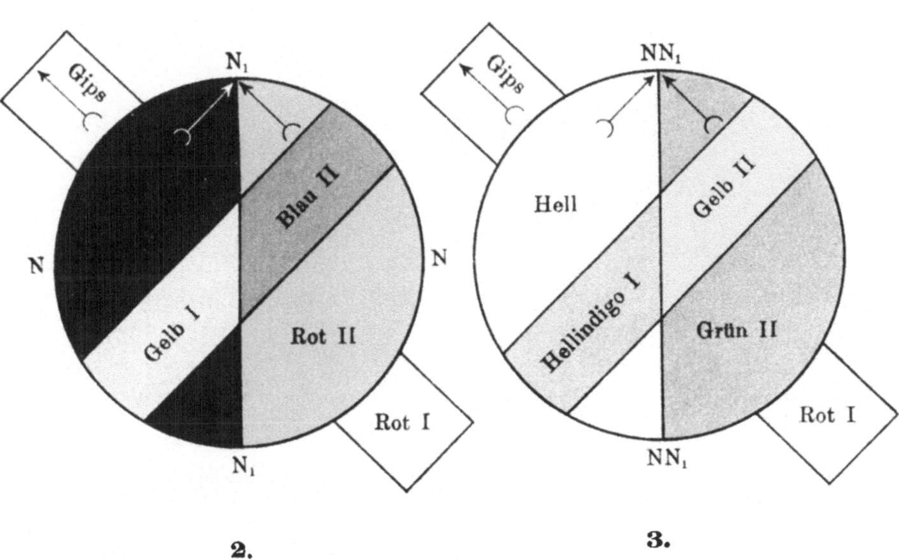

Abb. 47.

Polariskopische Prüfung der Fasern nach A. Herzog.
(Schema.)

Verlag von Julius Springer in Berlin.

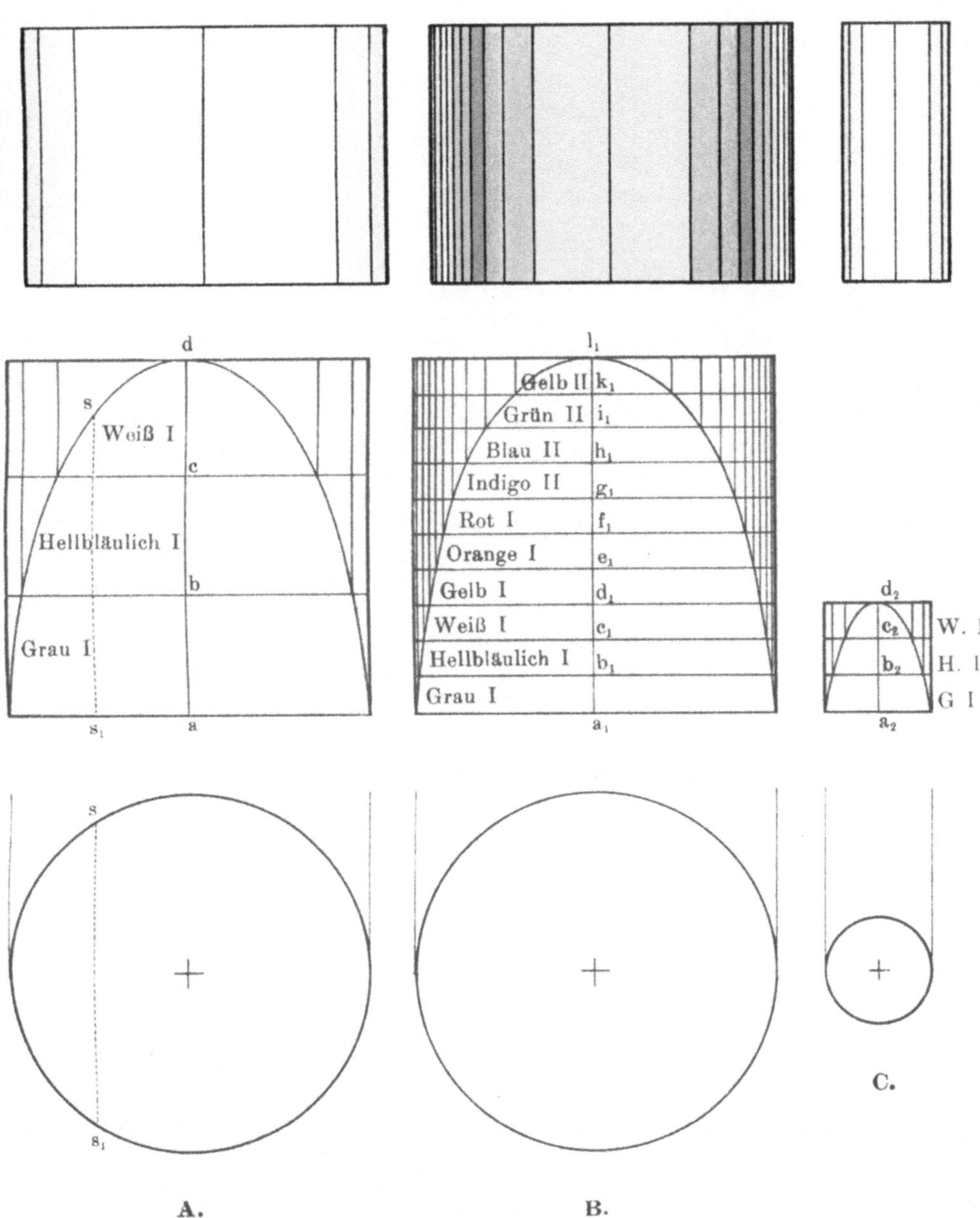

Abb. 48.
Interferenzfarbe und spezifische Doppelbrechung.
(Schema.)

Verlag von Julius Springer in Berlin.

behrlich, da die Prüfung über dem Rot I in den meisten Fällen zur Bestimmung der Interferenzfarben und des Charakters der Doppelbrechung ausreicht. Dem Anfänger kann aber auch die Bestimmung der über dem Rot II auftretenden Farben zur Nachprüfung seiner früheren Beobachtungen empfohlen werden. Wird ab und zu auch die Beobachtung zwischen parallelen Nicols gewünscht, so ist der Polarisator um 90° zu drehen, und nur der in der Gesichtsfeldhälfte mit hellem Untergrund liegende Faseranteil zu berücksichtigen; die lebhaft grün gefärbte andere Gesichtsfeldhälfte (Grün II) scheidet in diesem Falle von der Verwendung aus.

Mit Hilfe dieses Verfahrens ist man in den Stand gesetzt, die polariskopische Prüfung von Fasern sehr bequem und genau auszuführen, ohne die einmal unter dem Mikroskop eingestellte Faser in ihrer Lage irgendwie verändern zu müssen.

Additions- und Subtraktionsfarben nach Einschaltung
eines Gipsplättchens Rot I.

1	2	3			
	Interferenzfarbe zwischen gekreuzten Nicols	Wie bei 2, jedoch nach Einschaltung eines Gipsplättchens Rot I			
Nr.		Summe	Addition	Differenz	Subtraktion
1	Grau I	(1+6) 7	Indigo II	(6—1) 5	Orange I
2	Hellbläulich I	(2+6) 8	Blau II	(6—2) 4	Gelb I
3	Weiß I	(3+6) 9	Grün II	(6—3) 3	Weiß I
4	Gelb I	(4+6) 10	Gelb II	(6—4) 2	Hellbläulich I
5	Orange I	(5+6) 11	Orange II	(6—5) 1	Grau I
6	Rot I	(6+6) 12	Rot II	(6—6) 0	Schwarz
7	Indigo II	(7+6) 13	Violett III	(7—6) 1	Grau I
8	Blau II	(8+6) 14	Blau III	(8—6) 2	Hellbläulich I
9	Grün II	(9+6) 15	Grün III	(9—6) 3	Weiß I
10	Gelb II	(10+6) 16	Gelb III	(10—6) 4	Gelb I
11	Orange II	(11+6) 17	Rosa III	(11—6) 5	Orange I
12	Rot II	(12+6) 18	Rot III	(12—6) 6	Rot I
13	Violett III	(13+6) 19	Hellrotviolett IV	(13—6) 7	Indigo II
14	Blau III	(14+6) 20	Bläulichgrün IV	(14—6) 8	Blau II
15	Grün III	(15+6) 21	Grün IV	(15—6) 9	Grün II
16	Gelb III	(16+6) 22	Hellgrünlich IV	(16—6) 10	Gelb II
17	Rosa III	(17+6) 23	Hellrosa IV	(17—6) 11	Orange II
18	Rot III	(18+6) 24	Hellrot IV	(18—6) 12	Rot II
19	Hellviolett IV	(19+6) 25	Hellrot V	(19—6) 13	Violett III
20	Bläulichgrün IV	(20+6) 26	Hellviolettrot V	(20—6) 14	Blau III
21	Grün IV	(21+6) 27	Hellblau V	(21—6) 15	Grün III

Auslöschung und Elastizitätsellipse.

Alle natürlichen und künstlichen Seiden zeigen Doppelbrechung; der Grad derselben ist allerdings außerordentlich verschieden. Die schwächste Doppelbrechung kommt der Gelatineseide, die stärkste

der echten Seide von Bombyx mori zu. In allen Fällen ist die Auslöschung „gerade", d. h. bei der Beobachtung zwischen gekreuzten
Nicols tritt stets dann Verdunklung ein, wenn die Längsrichtung
der Faser mit der Schwingungsrichtung des Analysators oder Polarisators zusammenfällt (Orthogonalstellungen). Auch der Querschnitt
der Seiden zeigt je nach der Schnittdicke verschiedene Interferenzfarben. Dieses Verhalten entspricht dem eines zweiachsigen Kristalls,
bei welchem die sogenannte Elastizitätsfläche ein dreiachsiges
Ellipsoid darstellt.

Interferenzfarben.

Die Höhe der zwischen gekreuzten Nicols auftretenden Interferenzfarben einer in der Diagonalstellung befindlichen Faser ist naturgemäß von der spezifischen Doppelbrechung und der optischen Dicke

Zahlentafel 12.

1.	Gelatineseide	Dunkelgrau I	+ 0,001
2.	Azetatseide	Dunkel- bis Hellgrau- blau I	− 0,005
3.	Kupferseide	Gelbbraun I	+ 0,021
4.	Viskoseseide	Vorwiegend Farben I, da- neben auch II, z. T. in parallelen Streifen abge- setzt	+ 0,024−0,026
5.	Echte Seide, Spinnenseide, wilde Seide, Nitroseide	Farben I und II treten gleichberechtigt neben- einander auf; bei Nitro- seide parallel zur Faser- längsachse scharf abge- setzte Farbenstreifen	+ 0,026−0,056

der Fasersubstanz abhängig. In ersterer Hinsicht ist aus der Abb. 48
zu ersehen, wie sich bei gleicher optischer Dicke der Einfluß der spezifischen Doppelbrechung äußert. A und B sind zwei Fasern von kreisrundem Querschnitt; A ist schwach, B stark doppelbrechend. Während
bei A eine Schichtdicke $a\,b$ Grau I hervorruft, zeigt B schon bei
einer wesentlich geringeren Schichtdicke $a_1\,b_1$ die gleiche Interferenzfarbe. Aus der Abb. 48 ist weiter zu ersehen, daß das Polarisationsbild
beider Fasern in der Längsansicht wesentlich verschieden ist. Infolge
der nur schwachen Doppelbrechung der Faser A tritt in den mittleren,
der maximalen optischen Dicke entsprechenden Teilen als höchste
Farbe Weiß I auf, während bei der Faser B das Farbenbild sehr bunt
ist, da hier auch höhere Farben der 1. und 2. Ordnung zur Geltung
kommen (Maximum Gelb II). Der Einfachheit wegen sind in der Darstellung die den Polarisationsfarben entsprechenden Schichtdicken
gleichmäßig wachsend angenommen, was zwar strenge genommen
nicht zutrifft, aber für die vorliegenden Betrachtungen gegenstandslos
ist. Wären alle Fasern gleich dick, so ließe sich nach dem Gesagten
aus der Höhe der zwischen gekreuzten Nicols auftretenden Interferenz-

farben ohne weiteres ein Schluß auf die spezifische Doppelbrechung ziehen bzw. diese zu Unterscheidungszwecken verwerten. Dies ist nun aber bekanntlich nicht der Fall, selbst wenn man aus der Fülle der technisch wichtigen Faserstoffe nur die immerhin engbegrenzte Gruppe der Seiden in Betracht zieht. Angenommen, eine Faser C (Abb. 48) habe bei gleicher spezifischer Doppelbrechung nur drei Zehntel der Dicke wie die Faser B, so ist zu sehen, daß sie das gleiche Farbenbild aufweisen muß, wie die durch auffallend schwache spezifische Doppelbrechung gekennzeichnete Faser bei A. Hält man sich diese Dinge stets vor Augen und sind die Dickenunterschiede der zu vergleichenden Fasern nicht allzu groß, so wird man trotzdem aus dem zwischen gekreuzten Nicols auftretenden Farbenbilde einen wertvollen Anhaltspunkt für die spezifische Doppelbrechung erhalten.

Die Zahlentafel 12 gibt eine Übersicht der wichtigsten natürlichen und künstlichen Seiden hinsichtlich ihrer spezifischen Doppelbrechung. Sie enthält auch zahlenmäßige Angaben über die Differenzen der Lichtbrechungsexponenten parallel und senkrecht zur Längsrichtung der Fasern (Maß für die spezifische Doppelbrechung).

Zahlentafel 13.

Abstand vom Mittelpunkt	Kreiszylinder (Radius $R = 10$)	
	massiv	*hohl* (Radius $r = 5$)
	Optische Dicke	
0	*20,000*	10,000
1	19,900	10,102
2	19,600	10,434
3	19,078	11,078
4	18,333	12,333
5	17,320	*17,320*
6	16,000	16,000
7	14,282	14,282
8	12,000	12,0000
9	8,718	8,718
10	0	0

Hinsichtlich der optischen Dicke, d. h. der vom Licht durchlaufenen Schichte der Faser ist zu erwähnen, daß die natürlichen und künstlichen Seiden durchweg massive zylindrische Gebilde darstellen, so daß also deren optische Dicke mit der jeweiligen wirklichen Dicke bzw. Schichthöhe zusammenfällt. Ausnahmen sind allerdings auch hier vorhanden, insofern als manche Nitro- und Viskoseseiden stark gelappte Querschnitte aufweisen, deren Lappen nicht selten die von ihnen gebildete Rinne übergreifen. Es ist nun klar, daß bei der Betrachtung in der Längsansicht die wirkliche Dicke einer solchen gekerbten, d. h. mit übergreifenden Rändern versehenen Faser nicht gleichbedeutend ist mit der für die Höhe der Interferenzfarbe maßgebenden optischen Dicke. Am raschesten sind die einschlägigen Verhältnisse aus der Abb. 49 zu ersehen. A stellt eine massive Faser von kreisrundem Querschnitt vor. Die optische Dicke nimmt hier vom Rande nach der Mitte hin anfangs sehr rasch, später dagegen nur langsam zu. Bei einem Halbmesser 10 beträgt sie bzw. die in Frage kommende Sehne ss im Abstande 3 vom Mittelpunkt 19,078, in der Mitte 20 (entsprechend dem Durchmesser). Vgl. Zahlentafel 13. Demgemäß steigen auch die Interferenzfarben vom Rande nach der Mitte hin nicht gleichmäßig, sondern immer langsamer an. In der Nähe des Randes sind die gebildeten Farbenstreifen so schmal, daß sie für das Gesamtbild wenig in Frage kommen, zumal auch die hier vorhandenen niedersten Farbentöne der 1. Ordnung wenig auffallend sind. Das gleiche Verhalten zeigen natürlich auch Fasern mit elliptischem Querschnitt, nur mit dem Unterschied, daß die Abnahme der optischen Dicke nach der Mitte hin noch langsamer erfolgt als bei Fasern mit kreisrundem Querschnitt. Besonders gut lassen sich die einschlägigen Verhältnisse an groben Kunstfäden studieren, die wegen ihrer beträchtlichen Dicke auch Farben der höheren Ordnungen in zur Längsrichtung der Faser parallel abgesetzten Streifen erkennen lassen (vgl. Abb. 4). Das hier auftretende Farbenbild entspricht dem eines Quarz- oder Glimmerkeiles, nur mit dem Unterschied, daß bei der Faser die Farbenstreifen am Rande sehr dicht stehen, während sie bei einem Keil in annähernd gleichen Abständen angeordnet sind. Ein wesentlich anderes Verhalten zeigen Fasern mit ringförmigem Querschnitt, z. B. alle Pflanzenfasern (Abb. 49, B). Bei diesen nimmt die optische Dicke gleichfalls vom Rande nach der Mitte hin zu, aber nur bis zu einer Zone, die durch die innere Begrenzung der Röhre gegeben ist. Von hier an findet nach der Mitte hin wieder eine Abnahme der optischen Dicke statt, die anfangs sehr rasch, zuletzt aber sehr langsam erfolgt. Es ist demnach in jeder Längshälfte der Faser ein Höchstwert der optischen Dicke vorhanden (M), dem naturgemäß auch die höchste Interferenzfarbe entspricht. Ist der Hohlzylinder sehr dickwandig, dann ist die Abnahme der Interferenzfarben gegen die Mitte hin nur unbedeutend, namentlich wenn die spezifische Doppelbrechung nicht ausnehmend groß ist, sonst aber lassen sich stets deutliche Unterschiede feststellen, besonders wenn passend gewählte verzögernde Kristallplatten angewandt werden. Nunmehr sind auch die ungleichmäßig bunten, d. h. ohne gesetzmäßige Aufeinanderfolge auftretenden Streifen verständlich, die bei manchen Nitroseiden zu beobachten sind (vgl. Abb. 50). Die optische Dicke unmittelbar benachbarter Faserstellen ist, wie aus dem Schema hervorgeht, so bedeutend verschieden, daß z. B. neben einem vorwiegend Grün II zeigenden breiten Streifen ein solcher liegt, der Weiß I aufweist. Das buntstreifige Bild der Nitroseide zwischen gekreuzten Nicols ist demnach keine spezifische Eigentümlichkeit der in dieser Faser enthaltenen regenerierten Zellulose, sondern ausschließlich eine Folge der unregelmäßigen Querschnittform bzw. der stark wechselnden optischen Dicke, die bei der von Haus aus vorhandenen starken spezifischen Doppelbrechung auf die Höhe der Interferenzfarben von besonderm Einfluß ist. Auch manche Viskoseseiden, d. h. solche mit ausgeprägt sternförmigen Querschnittformen zeigen dieses Verhalten, wenn auch nicht so scharf ausgeprägt wie die Nitroseide. Gewisse Azetatseiden haben zwar auch unregelmäßige, z. T. tiefgefurchte Querschnittformen (Abb. 24), aber die spezifische Doppelbrechung ist hier so schwach, daß nur die niedersten Farben der 1. Ordnung auftreten und selbst beträchtliche Unterschiede in der optischen Dicke keinen merklichen Einfluß auf die Höhe der auftretenden

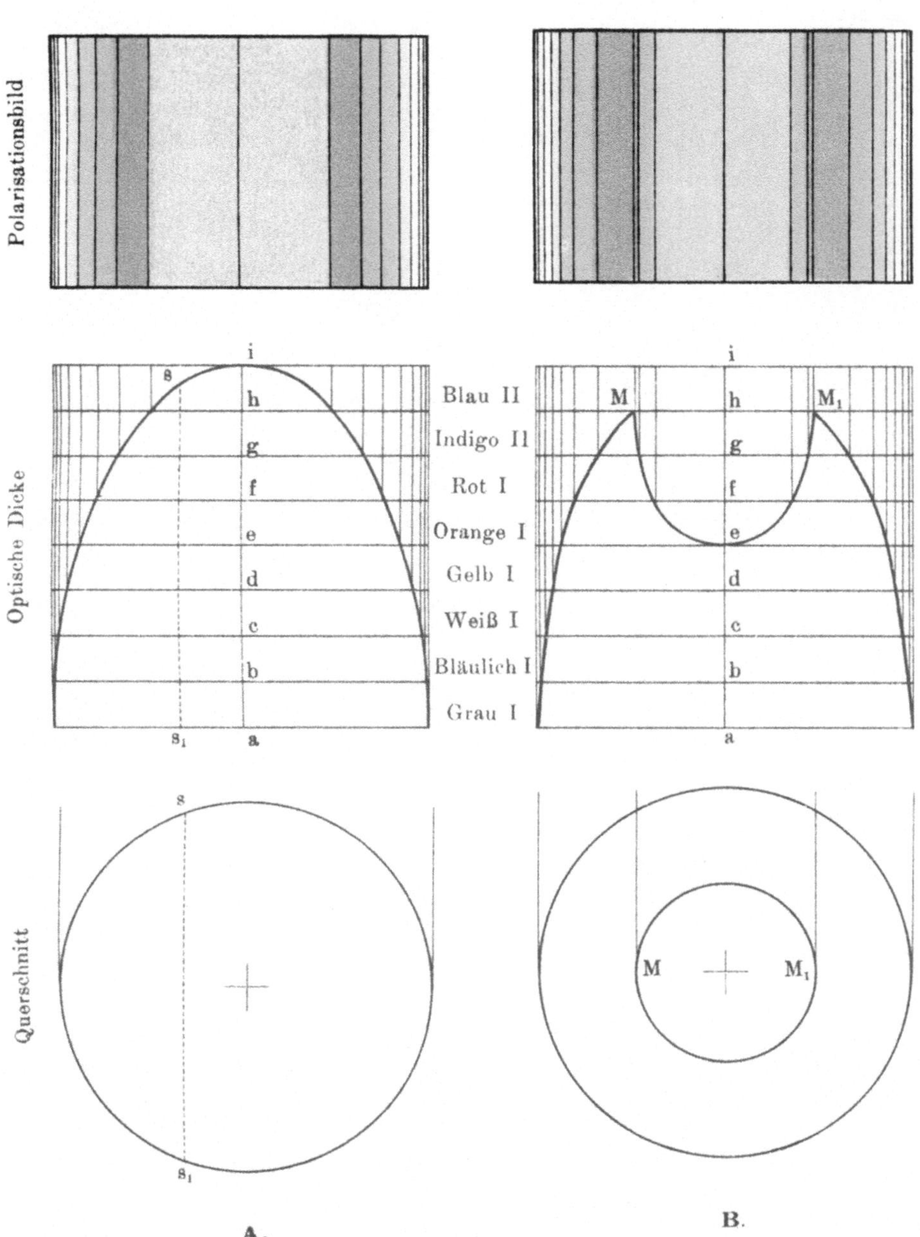

Abb. 49.
Interferenzfarbe und optische Dicke.
(Schema.)

Verlag von Julius Springer in Berlin.

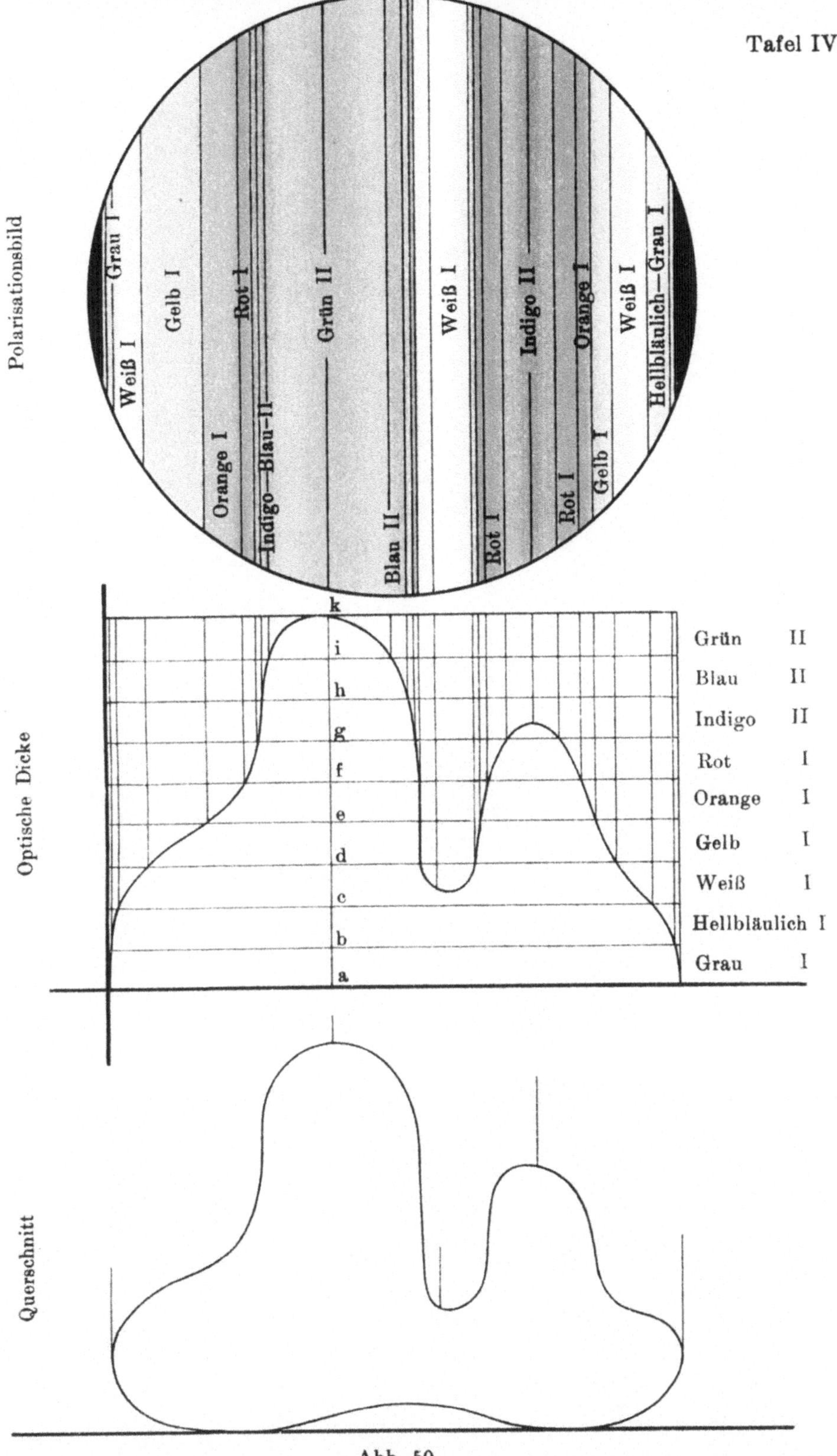

Abb. 50.

Interferenzfarben der Nitroseide (Streifenbildung).
(Schema.)

Verlag von Julius Springer in Berlin.

Interferenzfarben ausüben, so daß es zu einer ausgeprägten Streifenbildung gar nicht kommt.

Wirksame Elastizitätsellipse.

Mit Hilfe der Methode der Additions- und Subtraktionsfarben
läßt sich feststellen, daß die längere Achse der wirksamen Elastizitätsellipse der natürlichen und künstlichen Seidenfasern mit der Faserlängsrichtung zusammenfällt (Rand und Fläche der Faser). Eine
Ausnahme macht lediglich die Azetatseide. Mit einer unter 45^0 orientierten Gipsplatte zusammengebracht, zeigt sie nämlich

unter $+ 45^0$ Subtraktionsfarben,

„ $- 45^0$ Additionsfarben.

Die Azetatseide zeigt also das gleiche optische Verhalten wie die mittleren Flächenanteile gewisser pflanzlicher Fasern (Kokos-, Tillandsia-,
brasilianische Piassavefaser). Eine vor nicht zu langer Zeit erhaltene
englische Azetatseide verhielt sich aber genau so wie die übrigen
Kunstseiden.

Über das besondere Verhalten der einzelnen Seidenfasergruppen
im polarisierten Licht gibt der spezielle Teil dieser Schrift Aufschluß.

Pleochroismus.

Wie A. Herzog[1]) nachgewiesen hat, zeigt die Kunstseide (ausgenommen Gelatine- und Azetatseide) nach vorheriger Färbung mit
bestimmten Farbstoffen (z. B. Kongorot) einen scharf ausgeprägten
Pleochroismus, während ein solcher bei der Naturseide nicht oder nur
sehr schwach wahrgenommen werden kann. Selbstverständlich sind
nicht alle Farbstoffe geeignet, Pleochroismus auf der Kunstfaser hervorzurufen und ebensowenig ist die gefärbte Naturseide rundweg als
nichtpleochroitisch zu bezeichnen. In letzterer Hinsicht haben schon
die Untersuchungen von H. Behrens[2]), und K. Fox[3]) gezeigt, daß
nach entsprechender Vorbehandlung (z. B. mit Goldchlorid oder Benzoazurin) auch die Naturseide mehr oder weniger pleochroitisch gemacht
werden kann. Es ist demnach bei der Vornahme der Probe auf Pleochroismus genau auf den zu wählenden Farbstoff zu achten. Als geeignetsten
Farbstoff möchte Verfasser Kongorot vorschlagen, der von der Kunstseide leicht aufgenommen wird und auch kräftige Gegensätze liefert.
Mit Kongorot gefärbte Naturseide läßt keine Spur von Pleochroismus
erkennen. Mit Hilfe linear polarisierten Lichtes, wie es z. B. von einem
Nicol (am besten unterhalb des Präparats unterzubringen) geliefert

---

[1]) Herzog, A.: Zur Unterscheidung der natürlichen und künstlichen Seide.
Zeitschr. f. Farben- u. Text.-Ind., 14, 1904.

[2]) Behrens, H.: Anleitung zur mikrochemischen Analyse. Hamburg und
Leipzig 1896, H. 2.

[3]) Fox, K.: Beiträge zur Kenntnis der Färbereivorgänge. Mitt. Chem.-
Techn. Institut, Universität Jena, 1905.

wird, gelingt es leicht, den Pleochroismus beim Hin- und Herdrehen der Fasern auf dem Objekttisch des Mikroskops an der eintretenden Farbenänderung festzustellen. Besondere Hilfseinrichtungen, wie das von Ambronn vorgeschlagene Dichroskopokular, sind bei den hier in Frage kommenden Untersuchungen entbehrlich.

Die Farbenänderung, welche die passend gefärbten Kunstseiden beim Drehen auf dem Objekttisch zeigen, sind aus der folgenden Zusammenstellung zu ersehen, wobei die Ausdrücke Achsen- und Basisfarbe in dem von Haidinger vorgeschlagenen Sinne zu verstehen sind. Die Achsenfarbe tritt auf, wenn die gefärbte Faser mit ihrer Längsrichtung parallel zur Polarisationsebene des Nicols steht; bei senkrechter Stellung erscheint die Basisfarbe. Die Untersuchung des Farbenwechsels kann auch nach Einschaltung eines verzögernden Gipsplättchens über dem Nicol vorgenommen werden, wobei sich besonders ein unter 45^0 zur Polarisationsebene des Nicols orientiertes Gipsplättchen Rot III als sehr zweckmäßig erweist. Sind die zu prüfenden Fasern schon von Haus aus gefärbt, so läßt sich der Pleochroismus durch Überfärbung mit Kongorot immer noch nachweisen, vorausgesetzt, daß die ursprüngliche Färbung nicht allzu dunkel war. In gleicher Weise können auch die in der Faseranalyse allgemein benutzten zusammengesetzten Jodpräparate, z. B. Chlorzinkjod, zum Nachweis des Pleochroismus der Kunstseide herangezogen werden.

Pleochroismus der Kunstseide (Nitro-, Viskose- und Kupferseide).

Färbung der Faser mit	Farbe der Faser ohne Nicol	Achsenfarbe[1] nach Einschaltung eines Nicols		Basisfarbe[2] nach Einschaltung eines Nicols	
		ohne	mit	ohne	mit
		Gips Rot III		Gips Rot III	
Kongorot	rot	dunkelrot	violettrot	blaßrot bis farblos	grünlichgelb
Benzoazurin	blau	dunkelblau	rotviolett	hellblau bis farblos	blaugrün
Diazobraun	braun	violettbraun	violettrot	blaßgelbbraun	gelbgrün
Benzobraun	gelbbraun	rötlichbraun	ziegelrot	hellgelb	grünlichgelb
Methylenblau . . .	blau, grünstichig	grünlichblau	blau, rotstichig	hellblau	blaugrün
Safranin	rosa	violettrot	violettrot	violettrot, orangestich.	hellviolettrot
Chlorzinkjod	schmutzig violett	schwarzviolett	violettrot	hellrotviolett b. farblos	grün

1) Faserlängsrichtung ∥ zur Polarisationsebene des Nicols.
2)   „   ⊥   „   „   „   „

11. Der Glanz der Seide.

Die Faserstoffe des Handels lassen schon bei flüchtiger Betrachtung auffallende Unterschiede in der Stärke ihres Glanzes erkennen. Aber auch in qualitativer Hinsicht sind beträchtliche Abweichungen vorhanden, wie schon daraus hervorgeht, daß im gewöhnlichen Sprachgebrauch sehr verschiedenartige Bezeichnungen für den Glanzcharakter einer Faser allgemein üblich sind (lederartig, samtig, glasig, speckig, schimmernd, glitzernd, seidig, gleißend, hochglänzend usw.). Hinsichtlich der Stärke des Glanzes lassen sich die Faserstoffe ungezwungen in fünf, praktisch hinreichend abgegrenzte Stoffklassen einreihen:

Stoff-gruppe	Allgemeines Aussehen	Vertreter
I	matt	Ostindische Baumwolle.
II	schwach glänzend	Flachs, Ramie, Sea-Island- und Makobaumwolle.
III	deutlich glänzend	Rohseide, tierische Wollen und Haare, Pflanzendaunen, künstliches Perückenhaar, Viszellingarn (künstliches Roßhaar), mercerisierte Baumwolle, mercerisierter Flachs.
IV	stark glänzend	Gekochte natürliche Seide, Pflanzenseide, Kunstseide nach dem Streckspinnverfahren hergestellt, Stapelfaser.
V	hochglänzend	Kunstseide, verschiedene Roßhaarersatzstoffe („Meteor“, „Sirius“, „Pan“, „Helios“ u. a.), Kunstbändchen.

Der Glanz beruht auf der regelmäßigen Zurückwerfung des auffallenden Lichts; er hängt also in erster Linie von der Oberflächenbeschaffenheit der Einzelfaser ab. Daneben spielt aber auch die Gleichmäßigkeit des inneren Gefüges und insbesondere die Durchsichtigkeit der Fasermasse eine nicht zu unterschätzende Rolle. Für die richtige Einschätzung des Glanzes sind naturgemäß auch physiologische Umstände maßgebend; dies gilt insbesondere vom zweiäugigen Sehen. Nicht als ob bei der einäugigen Betrachtung eines Gegenstands der Glanz nicht auch wahrgenommen werden könnte, aber die Bedingungen, unter denen hier bei nur einigermaßen fremdartigen Gegenständen die Wahrnehmung erfolgt, entsprechen mehr oder weniger dem zweiäugigen Sehen; insbesondere gilt dies von der Verschiebung des Kopfes bzw. des Standpunkts der Beobachtung oder der veränderten Lage des Gegenstands. Sehr gut ist das Gesagte an gewöhnlichen photographischen Bildern zu studieren: So macht etwa ein im Vordergrund eines Landschaftsbildes befindlicher Strauch mit seinen weiß aussehenden, weil von Natur aus glänzenden Blättern einen durchaus unwahren, kreidigen Eindruck; ganz anders jedoch, wenn noch eine zweite Aufnahme derselben Landschaft in einer dem Augenabstand entsprechenden Entfernung gemacht wird und die so erhaltenen, scheinbar gleichen Teilbilder mittels eines Stereoskopapparats zur optischen Deckung gebracht werden. Es ist in vielen Fällen geradezu überraschend, wie prachtvoll unter solchen Verhältnissen der Glanz wiedergegeben wird: was vorher unnatürlich und unverständlich erschien, wird nun ohne Schwierigkeit als Glanz gedeutet und so dem Verständnis ohne weiteres näher gebracht.

Bekanntlich sind Gegenstände, die dem Auge unter einem Sehwinkel von weniger als einer halben Bogenminute erscheinen, nicht mehr deutlich wahrzunehmen. Da nun die Faserstoffe hinsichtlich der Breite der Einzelfasern fast immer unter dem angegebenen Wert bleiben, ist zum näheren Studium ihrer Glanzwirkung das Mikroskop erforderlich. Im folgenden seien lediglich die natürlichen und künstlichen Seiden hinsichtlich der Abhängigkeit ihres Glanzes von der äußeren und inneren Beschaffenheit der Einzelfasern berücksichtigt.

a) Äußere Beschaffenheit.

1. Die Faser erscheint mehr oder weniger matt, weil sie an der Oberfläche zahlreiche mikroskopisch feine Rauhigkeiten aufweist. Dies ist unter anderem bei der Rohseide von Bombyx mori (echte Seide) der Fall, deren Doppelfaden von einer mannigfach zerklüfteten, das Licht stark zerstreuenden Leimhülle (Serizin) umschlossen ist (Abb. 51 und 52). Wird der Seidenleim entfernt, etwa durch Kochen in schwach alkalischen Bädern, so tritt infolge der bloßgelegten völlig glatten Oberfläche der Fibroineinzelfäden der charakteristische Seidenglanz deutlich in Erscheinung.

Abb. 51. Altchinesisches Seidengewebe, in der Kette aus gekochter Seide, im Schuß aus Rohseide zusammengesetzt. Dieses Gewebe, das die Unterschiede im Glanz der rohen und gekochten Seide deutlich hervortreten läßt, enthält auf den Zentimeter 52 Kettfäden und 36 Schußfäden. Letztere sind zu je zweien in ein Fach geschlagen, mehr oder weniger bandartig flach (180 μ breit und 80 μ dick), ausgesprochen steif und von glasiger Beschaffenheit. Die Kettfäden sind einfach, deutlich gerundet, auffallend weich und stark glänzend. Trotz seines hohen Alters zeigt das Gewebe im allgemeinen eine vorzügliche Beschaffenheit. (Vom alten chinesischen Limes, westlich von Tun-huang, 1. Jahrh. v. Chr. Stein Collection, Serie II, 2. T. XVIII—XX., 002., Brit. Museum London.) Vergr. 29.

2. Die Oberfläche der Faser ist vollständig glatt und daher spiegelnd. Außer der eben erwähnten gekochten Naturseide gehören hierher verschiedene künstliche Fasern mit nahezu kreisrundem oder elliptischem Querschnitt (Gelatine-, Kupferseide, manche Viskosekunstseiden, Kunstroßhaar „Helios“, grobe Azetatfäden). Naturgemäß erfolgt die Zurückwerfung des passend einfallenden Lichtes längs einer zur Faserrichtung parallelen Linie. Die mikroskopische Untersuchung bestätigt dies auch, wie schon frühere Arbeiten

von H. Fischer[1]) gelehrt haben. Je gleichmäßiger die Faser in ihrem Längsverlauf ist, desto schöner kommt natürlich auch der Glanz zur Geltung. Hierbei übt auch das aus dem Faserinnern zurückgeworfene und nach außen gebrochene Licht eine verstärkende Wirkung auf den Glanz aus.

3. Die Fasern sind durch mehr oder weniger parallel zu ihrer Längsrichtung verlaufende, nach außen vorspringende Leisten gekennzeichnet, so daß der Querschnitt deutlich gekerbt erscheint. Zumeist

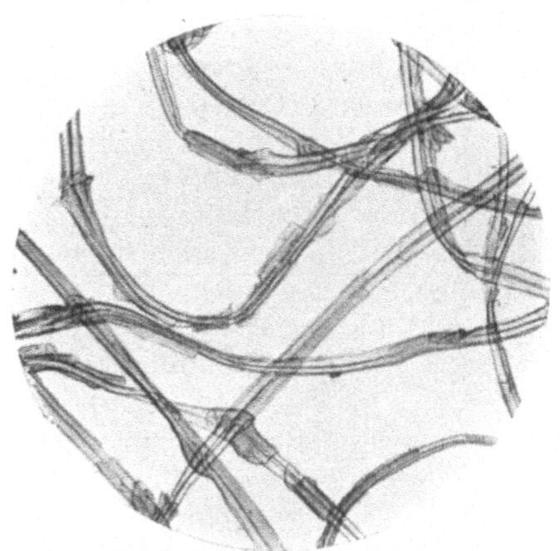

Abb. 52. Rohseide von Bombyx mori. Je zwei Einzelfäden (Fibroin) sind von einer gemeinschaftlichen Hülle (Serizin) umgeben. Diese ist ungleichmäßig dick, stellenweise zerklüftet und infolge ihrer Sprödigkeit an vielen Stellen des Doppelfadens abgesprungen, so daß dieser z. T. bloßgelegt erscheint. Die Hülle wirkt natürlich glanzvermindernd auf den von Haus aus glatten und daher glänzenden Seidenfaden. Vergr. 75.

Abb. 53. Viskoseseide (Küttner) mit zahlreichen feinen Längsfurchen. Vgl. Querschnitte von Viskoseseide in den Abb. 22 u. 23. Die Furchen bewirken einen prachtvollen, an „Seidenfinish" erinnernden ruhigen Glanz und hohe „Deckkraft" (Undurchsichtigkeit des Fadens). Andere Kunstfasern von gleicher Breite, aber glatter Oberfläche zeigen einen mehr oder weniger „glasigen" Glanz, der in vielen Fällen zu aufdringlich wirkt. Vergr. 75.

sind es künstliche Fasern, die dieser durch sehr gleichmäßigen Glanz ausgezeichneten Gruppe angehören (Viskoseseide, Roßhaarersatzstoffe „Meteor", „Sirius", Kunstbändchen usw. (vgl. Abb. 16, 18, 20, 21, 22, 23, 24, 29, 53, 56 und 57). Auch bei manchen natürlichen Fasern, so z. B. bei den „Pflanzenseiden" werden Leistenbildungen beobachtet, nur mit dem Unterschied, daß die Vorsprünge dem Zellinnern zugewandt sind. Störungen im Parallelismus der Linien rufen, wie schon früher erwähnt wurde, einen unruhigen Glitzerglanz hervor, was namentlich an älteren Fabrikaten von Nitroseide sehr gut beobachtet werden kann. Naturgemäß bedingt die an den feinen Riefen stattfindende stärkere Zerstreuung des Lichtes eine geringere Durchsichtig-

---

[1]) Fischer: H., Seidenglanzprägung auf Baumwollgeweben. Zeitschr. f. Textilind., 15 u. 16, 1905.

keit des Faserstoffs, was in einzelnen Fällen von nicht zu unterschätzender Wichtigkeit ist (Kunstbändchen, die zu Flechtzwecken bestimmt sind). Die Form und Häufigkeit solcher Riefungen ist natürlich je nach dem verwendeten Rohstoff und seiner fabrikatorischen Verarbeitung großen Schwankungen unterworfen. Die in der folgenden Zahlentafel 14 gemachten Angaben über die Anzahl und Höhe der Leisten geben eine Vorstellung über die praktisch vorkommenden Schwankungen.

In besonders klarer Weise läßt sich der Einfluß der Leisten auf den Glanz bei den in neuerer Zeit so vielfach hergestellten Kunstbändchen studieren. Dem Verfasser[1]) standen zu diesem Zweck Bändchen verschiedener Herkunft zur Verfügung; der Charakter des Glanzes war von den betreffenden Firmen angegeben worden, um hinsichtlich der Auswahl der zu den Studien benutzten Proben von persönlichen Empfindungen möglichst frei zu sein. Aus der großen Reihe der geprüften Bändchen seien im folgenden nur drei, durch besonders auffallende Unterschiede in der Glanzwirkung gekennzeichnete Proben herausgegriffen und an Hand der Zahlentafel 15 und der Abb. 55—57 näher verglichen.

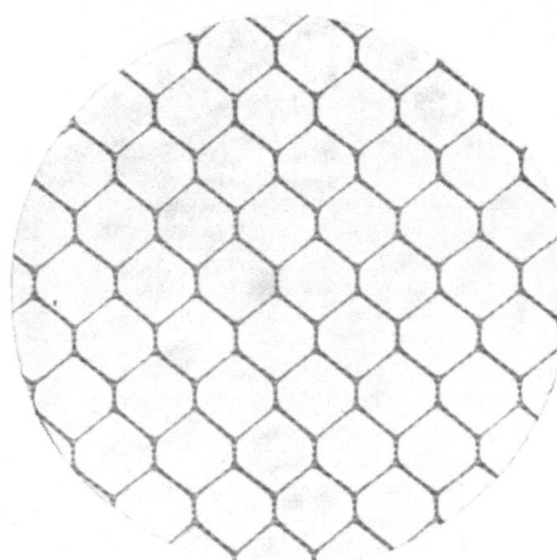

Abb. 54. Künstlicher Tüll mit eingeprägten, unter sich parallelen Rillen, die den sonst unschönen „Speckglanz" aufheben. Sie wirken optisch im selben Sinn wie die Preßfurchen beim Seidenfinish. Vergr. 10.

Aus diesen Angaben ist vor allem ersichtlich, daß die Dicke der Bändchen in den mittleren Teilen auffallend gering ist ($14—18\,\mu$); sie entspricht etwa jener des Einzelfadens der echten Seide. Die seit-

Zahlentafel 14.

Viskoseseide	Zahl der leistenartigen Vorsprünge		Höhe der Leisten in μ	Mittlere Faserbreite in μ	Mittlere Querschnittsfläche einer Faser in qμ	Völligkeitswert der Querschnittsfläche in %
	pro Faserumfang	pro 1 mm Faserumfang berechnet				
Küttner . . .	14	170	2,8	40,0	605	48,1
Elberfelder . .	9	94	4,9	30,5	505	69,0
Alte Henckel-Donnersmarck	10	88	8,8	38,5	709	60,9

Sämtliche Zählungen und Messungen beziehen sich auf die trockenen Fasern.

[1]) Herzog, A.: Über den Glanz der Faserstoffe. Kunststoffe, 13 u. 14, 1916.

lichen Begrenzungen der Bändchen weisen allerdings höhere Zahlen auf, was jedoch im Hinblick auf die beträchtliche Gesamtbreite der Bänder nicht wesentlich ins Gewicht fällt. Die Randverdickung, die offenbar mit der größeren Oberflächenspannung der Viskosemasse in den seitlichen Teilen des noch schleimigen Bandes bei der Herstellung zusammenhängt, ist keine besondere Eigentümlichkeit der angeführten Proben; sie kann auch bei allen anderen Bändchen deutlich festgestellt werden. Trotz annähernd gleicher Dicke zeigen die genannten Proben doch ein grundverschiedenes Aussehen. Insbesondere weicht das mit Nr. 1 bezeichnete Bändchen infolge seiner glasig durchsichtigen Beschaffenheit und einer deutlich milchigen Trübung, die besonders im auffallenden Licht unangenehm hervortritt, von den Proben Nr. 2 und 3 wesentlich ab. Letztere sind fast völlig undurchsichtig und unterscheiden sich voneinander, wie aus den Angaben in der senkrechten Spalte 2 ersichtlich ist, lediglich durch einen verschiedenen Glanzcharakter. Die ursprüngliche Vermutung, daß die Unterschiede in der Lichtdurchlässigkeit der geprüften Bändchen auf die Art ihrer Faltung zurückzuführen seien, hat sich bei der mikroskopischen Untersuchung nicht bestätigt. Es zeigte sich im Gegenteil, daß gerade das glasige Bändchen viel stärker und gleichmäßiger gefaltet war, als die beiden anderen Proben, die eine viel einfachere und losere Faltung aufwiesen. Die weitere mi-

Zahlentafel 15.

1	2	3	4	5	6	7	8	9	10	11	12	13
Laufende Nr.	Allgemeine Beschaffenheit des Bändchens	Mittlere Banddicke in μ		Mittlere Bandbreite (entfaltet) in mm	Zahl der vorhandenen Leisten auf 1 mm						Höhe der Leisten in μ	
					grobe			feine				
		Rand	Mitte		Minimum	Mittel	Maximum	Minimum	Mittel	Maximum	Mittel	Maximum
1	glasiger Glanz; durchsichtig, milchig getrübt	38	14	2,02	—	—	—	84	116	155	1,2	2,2
2	prachtvoller Hochglanz; wenig durchsichtig	25	15	1,94	20	33	48	130	202	280	5,8	18,1
3	vorzüglicher Seidenschimmer; wenig durchsichtig	63	18	2,86	48	61	74	220	267	300	6,0	16,3

Sämtliche Zahlenangaben beziehen sich auf Xylclpräparate.

kroskopische Untersuchung ließ ohne Zweifel erkennen, daß die genannten Unterschiede in der Lichtdurchlässigkeit auf die verschiedene
Oberflächenbeschaffenheit zurückzuführen sind. Um eine Vorstellung
über die Verschiedenheiten der Oberflächen dieser Bändchen zu er-

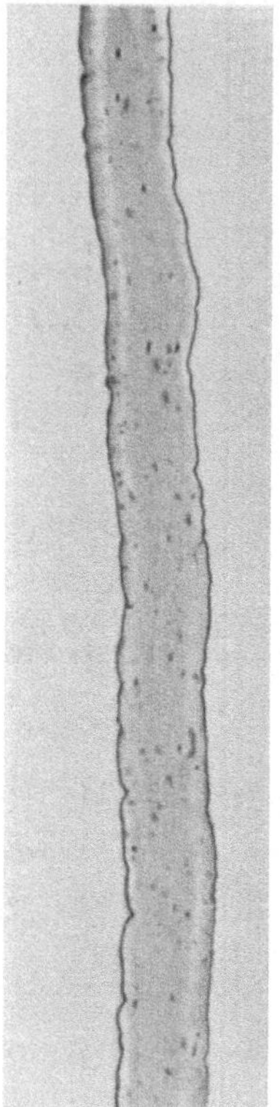

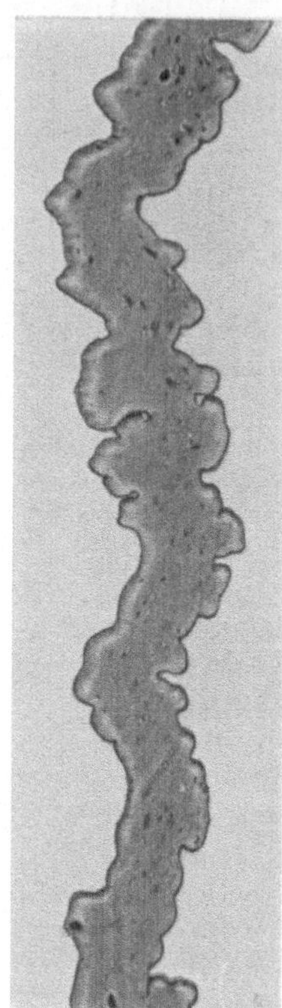

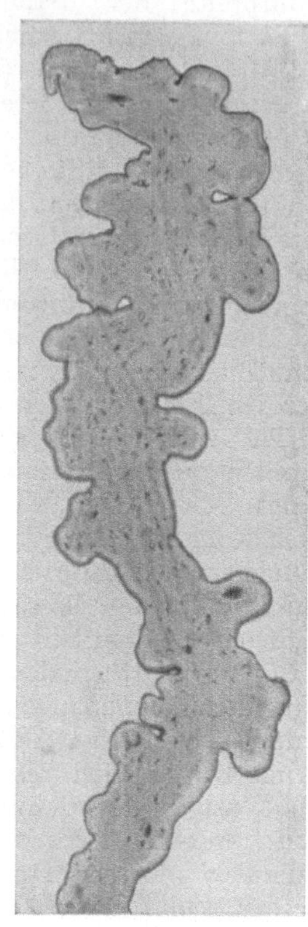

<table>
<tr>
<td>

Abb. 55. Querschnitt durch
den mittleren Teil eines
Viskosekunstbändchens.
Das Band erscheint dem
unbewaffneten Auge film-
artig, durchsichtig, milchig
getrübt und glasig glän-
zend. Man beachte die
fast ebene Begrenzung des
Schnittes. Vergr. 463.

</td>
<td>

Abb. 56. Querschnitt
durch den mittleren Teil
eines Viskosebändchens.
Mit freiem Auge betrach-
tet, zeigt dieses Bändchen
einen prachtvollen Hoch-
glanz und große Deck-
kraft. Man beachte die auf-
fallend grobe Kerbung
des Schnittes. Vergr. 463.

</td>
<td>

Abb. 57. Querschnitt
durch den verdickten
Randteil desselben
Bändchens wie in
Abb. 56. Vergr. 463.

</td>
</tr>
</table>

halten, seien die Abb. 55—57 verglichen. Wie ohne weiteres ersichtlich, zeigt die mit 1 bezeichnete Probe eine ziemlich gerad-
linige Begrenzung (Abb. 55); feine Einkerbungen sind wohl auch in
geringer Zahl vorhanden, namentlich in der Nähe der Ränder, indessen fehlt ihnen die Tiefe (man berücksichtige die Vergrößerung!).
Dagegen sind die Bändchen 2 und 3 (Abb. 56 und 57) auffallend stark
und tief gekerbt, stellenweise sind sogar die benachbarten Leisten bis

zur gegenseitigen Berührung genähert. Bei Probe 3 (Abbildung nicht vorhanden) sind auch die in großer Zahl vorhandenen Einkerbungen zweiter Ordnung zu beachten. In der Längsansicht treten die Vorsprünge in Form von zur Längsachse der Bändchen parallel angeordneten Leisten hervor, was besonders bei der mikroskopischen Betrachtung mit auffallendem Licht gut wahrgenommen werden kann.

Die Leisten, die nach dem früher Angeführten auf den Glanzcharakter von ausschlaggebendem Einfluß sind, zeigen, wie aus den Angaben der Zahlentafel 15 hervorgeht, beträchtliche Schwankungen hinsichtlich ihrer Zahl und Höhe. So weist das Bändchen 1 nur wenig Einkerbungen von sehr geringer Tiefe auf (etwa $2\,\mu$); dagegen kommen bei den beiden anderen Proben sowohl grobe, als auch feine Einkerbungen in großer Anzahl vor. Das auf die Oberfläche der Bändchen fallende Licht wird naturgemäß an den vorspringenden Leisten teils regelmäßig, teils unregelmäßig zurückgeworfen. In dem Maße, als die Anzahl der feinen Leisten zunimmt, mengt sich dem regelmäßig gespiegelten Licht immer mehr zerstreutes bei, wodurch eine mäßige Herabminderung des Glanzes und eine auffallende Steigerung der Undurchsichtigkeit Platz greift. Letzteres ist um so mehr der Fall, als bei der von Haus aus völlig durchsichtigen Zellulosemasse ein Teil des in das Innere des Bändchens gedrungenen Lichtes total reflektiert wird und sich dem unmittelbar zurückgeworfenen beimengt. Auch bei verschiedenen Hervorbringungen der Natur (z. B. bei der Fruchtscheidewand der „Mondviole") kann die Wirkung von unter sich mehr oder weniger parallelen Rillen auf den Glanz sehr deutlich wahrgenommen werden. Das Bändchen 3 weist verhältnismäßig viel Quer- und Schrägknitter auf, die den Glanz, je nach dem stattfindenden Lichteinfall erheblich beeinflussen. Bezüglich der milchigen Trübung des Bändchens 1 sei bemerkt, daß als Ursache das Vorhandensein außerordentlich feiner, fast an der Grenze der gewöhnlichen mikroskopischen Sichtbarkeit liegender Gasbläschen festgestellt werden konnte. Da letztere fast ausschließlich in der Nähe der Oberfläche der Bändchen angehäuft waren, ist ihre Entstehung offenbar auf eine fehlerhafte Koagulation des Viskose im Fällungsbade zurückzuführen. Die Gasbläschen, die als „trübes" Medium wirken, verursachen im auffallenden Licht den eigentümlichen bläulichen Schimmer, während sie im durchgehenden Licht eine gelbbräunliche Färbung hervorrufen. Analoge Erscheinungen werden bekanntlich auch bei anderen trüben Medien beobachtet, wie z. B. bei stark gewässerter Milch, Harzemulsionen, Tabakrauch usw. Sonach ist die Trübung des Bändchens 1 nur sekundärer Natur; mit den Formverhältnissen steht sie in keinem ursächlichen Zusammenhang.

b) Innere Beschaffenheit der Faser.

Es wurde bereits darauf hingewiesen, daß der Glanz einer Faser auch von ihrer inneren Beschaffenheit beeinflußt wird. Die bei den Kunststoffen vorkommenden bezüglichen Verhältnisse lassen sich kurz wie folgt zusammenfassen.

1. Die Faser zeigt unter dem Mikroskop eine gleichmäßig glasige Beschaffenheit, sofern man von spurenweise vorhandenen Verunreinigungen fester und gasförmiger Art absieht. Es gehören hierher alle durch einen sehr schönen Glanz ausgezeichneten Kunstseiden, Roßhaarersatzstoffe und Kunstbändchen. Unter den natürlichen Seiden stellt die echte Seide von Bombyx mori einen Vertreter dieser Gruppe dar. Da die Zerstreuungen des Lichts an den vorhandenen Fremdkörpern des Faserinnern von sehr untergeordneter Bedeutung sind, tritt der Oberflächenglanz ungetrübt in die Erscheinung.

2. Die Faser enthält zahlreiche mikroskopisch feine Gaseinschlüsse (in der Regel Luftblasen), die eine starke Zerstreuung des Lichts und demgemäß eine deutliche Trübung der Fasermasse bewirken. Gleichzeitig werden auch die Farben trüber Medien beobachtet. Durch die innere Diffusion des Lichts wird selbstredend die regelmäßige Zurückwerfung von der Oberfläche, die für den Glanz in erster Linie in Frage kommt, erheblich abgeschwächt. Hinsichtlich der Größe der vorkommenden Gasbläschen ist zu bemerken, daß alle Übergänge innerhalb des mikroskopischen und ultramikroskopischen Bereichs vertreten sind. Auf die Beeinträchtigung des Glanzes haben jedoch nach den Erfahrungen des Verfassers nur die mikroskopischen Einschlüsse sichtbaren Einfluß. Sehr häufig sind zahlreiche, außerordentlich feine Bläschen von mikroskopischer Größe ausschließlich in der Nähe der Faseroberfläche angehäuft, was besonders deutlich an Querschnittbildern deutlich zum Ausdruck kommt. Wenngleich der Durchmesser dieser Bläschen sicherlich mehr als 0,1 μ beträgt, empfiehlt es sich doch, zu ihrer raschen Sichtbarmachung das Ultramikroskop von Siedentopf oder den Helldunkelfeldkondensor anzuwenden. Zum ungefähren Vergleich der Größe der in Kunstseiden auftretenden Gaseinschlüsse mögen die Abb. 100 und 101 eingesehen werden. So zeigt Abb. 100 eine fehlerhafte Viskose, die stellenweise Blasen von ansehnlicher Größe aufweist. Naturgemäß sind derartige Hohlräume der Festigkeit der Faser sehr abträglich. Interessant ist auch Abb. 101 von fehlerhaftem Perückenhaar, weil sie lehrt, daß durch Anhäufung von groben Blasen zellartige Gebilde entstehen können.

3. Die Faser enthält feste, das Licht zerstreuende Einschlüsse, die den Oberflächenglanz herabsetzen. Abb. 97—99. Fälle dieser Art kommen bei Kunstfasern außerordentlich häufig vor, weil es selbst bei sorgfältigster Filtration der zähflüssigen Ausgangssubstanz niemals gelingt, sämtliche mechanischen Verunreinigungen zu beseitigen. In der Regel ist allerdings der Unterschied im Lichtbrechungsvermögen der Verunreinigungen und der eigentlichen Fasermasse nicht sehr bedeutend, so daß die an den Grenzflächen beider stattfindende Zerstreuung ohne wesentlichen Einfluß auf den Glanz der Faser bleibt. Ein interessantes Beispiel für die kräftige Beeinflussung des Glanzes durch feste Einschlüsse liefert das von den Fürst Henckel-Donnersmarckschen Werken früher hergestellte Viszellingarn, dessen nähere Beschreibung im speziellen Teil dieser Schrift gegeben ist. Trotz der verhältnismäßig glatten Oberfläche erscheint der Faden doch nur lederartig glänzend, weil das

ins Fadeninnere eindringende Licht an der daselbst befindlichen Seele aus Baumwollzwirn stark zerstreut wird. Abb. 102.

c) Sonstige Umstände, die den Glanz der Einzelfaser beeinflussen.

1. In nicht zu verkennender Weise wird der Glanz einer Faser auch von ihrer Breite bzw. Dicke beeinflußt, und zwar in dem Sinne, daß der dickeren Faser ein höherer Glanz zukommt. Zum Beweise dessen sei hier angeführt, daß die durch verhältnismäßig grobe Einzelfasern gekennzeichneten Kunstseiden viel glänzender sind, als die Naturseide von Bombyx mori, deren mittlerer Durchmesser nur etwa 13 μ beträgt. Vgl. die Zusammenstellungen der entsprechenden Werte im speziellen Teil dieser Arbeit. Bei den nach dem Streckspinnverfahren hergestellten Kunstseiden, die in ihrer Feinheit der Naturseide außerordentlich nahekommen (Abb. 71), wird auch ein milder Glanz beobachtet. Da diese Fäden unter dem Mikroskop vollständig durchsichtig sind, und auch in ihrer Querschnittform mit der Naturseide übereinstimmen, kann die Ursache des abweichenden Verhaltens gegenüber den anderen Kunstseiden nur in der stärkeren Zerstreuung des Lichtes an den viel feineren Einzelfäserchen gesucht werden.

2. Auch die künstliche Färbung übt auf den Glanz der Fasern qualitativ und quantitativ einen beträchtlichen Einfluß aus. Schwarze oder dunkel gefärbte Stoffe reflektieren nur wenig, während weiße oder hellgefärbte einen großen Teil des auffallenden Lichtes zurückwerfen. Im ersteren Falle betrifft die Dämpfung hauptsächlich das zerstreute Licht, denn die regelmäßig reflektierenden Flächen erscheinen nach wie vor glänzend hell (weiße Glanzlichter auf schwarzem Samt). In einzelnen Fällen kann sogar durch die Färbung eine wesentliche Änderung des Glanzcharakters Platz greifen, wie das u. a. an Kunstbändchen und Kunstroßhaar (Viszellin!) sehr gut verfolgt werden kann. So zeigt, wie schon oben angegeben, der Viszellinfaden wegen der in seinem Innern befindlichen Baumwollfasern trotz völlig glatter Oberfläche nur einen matten bzw. lederartigen Glanz, während der schwarz gefärbte einen ausgesprochenen Glasglanz aufweist. Letzterer ist eine Folge der regelmäßigen Zurückwerfung des Lichtes an der glatten Außenhülle. Der Baumwollkern übt in diesem Falle gar keinen optischen Einfluß aus, da die schwarze Außenhülle infolge ihrer absorbierenden Wirkung kein Licht ins Innere gelangen läßt und umgekehrt.

3. Die ultramikroskopische Struktur ist, wie der Verfasser[1]) bereits bei einer früheren Gelegenheit ausgeführt hat, für die Glanzwirkung einer Faser ohne Belang, Gaidukov[2]) hält allerdings dafür, daß Fasern mit einer ausgesprochenen und regelmäßigen Ultrastruktur auch ein besonders schöner Glanz zukommt. Dem läßt sich aber entgegenhalten, daß auch optisch leere Fasern (wie die Gelatineseide) oder

---

[1]) Herzog, A.: Die Unterscheidung der natürlichen und künstlichen Seide. S. 65. Dresden 1910,

[2]) Gaidukov, N.: Ultramikr. Untersuchungen der Spinnfasern. Zeitschr. f. Farbenind., 7, 251, 267. 1908.

solche mit mehr oder weniger unregelmäßigen Ultrastrukturen einen sehr hohen Glanz aufweisen können, es also nicht berechtigt ist, eine bestimmte Struktur für den Glanz verantwortlich zu machen.

d) Beeinflussung von Halb- und Ganzfabrikaten.

Gespinste. Bei der Herstellung von Seidenbaumwolle nach dem von Thomas und Prevost verbesserten Mercerisierverfahren werden stark gespannte Baumwollgespinste durch Behandlung mit kalter konzentrierter Natronlauge seidenglänzend gemacht. Die erhöhte Glanzwirkung ist, wie heute allgemein bekannt, auf die stattgefundene Änderung der Form, insbesondere der Oberfläche des Baumwollhaares, zurückzuführen: das ursprünglich stark gerunzelte, bandartig flache und z. T. gedrehte Haar erhält infolge der eintretenden bleibenden Quellung eine walzenförmige Gestalt, verhält sich also in bezug auf die Zurückwerfung des auffallenden Lichtes so, wie der von Haus aus walzenförmig gestaltete Seidenfaden von Bombyx mori.

Ebenso verhält sich die Flachsfaser beim Mercerisieren. Auch bei Schafwolle sind starke Veränderungen im Glanze je nach der vorangegangenen chemischen Beeinflussung der Faser festzustellen. In den meisten Fällen läuft hier die erhöhte Glanzwirkung auf die geänderte Oberflächenbeschaffenheit der Faser hinaus.

Gewebe. Ungleich wichtiger sind die genannten Veränderungen bei Geweben. Vorher sei noch darauf hingewiesen, daß der Glanz eines Gewebes, abgesehen von der Natur der verwendeten Fasern, von der gegenseitigen Verflechtung (Bindung) der Fäden wesentlich abhängt. So bewirkt erfahrungsgemäß die Leinwandbindung (Taffet-) den schwächsten, die Atlasbindung den höchsten erzielbaren Glanz. Bei der letzteren enthalten häufig nur die flottierenden Fäden ein von Haus aus glänzendes Fasermaterial, z. B. echte Seide, während die größtenteils gedeckten Fäden aus einem billigeren Rohstoff, z. B. Baumwolle, bestehen (Halbseide). Auch das Gefüge der das Gewebe zusammensetzenden Kett- und Schußfäden ist auf den Glanz von wesentlichem Einfluß. In der Regel liefert das dichtere Gespinst auch ein glänzenderes Gewebe. Daß hierbei auch die Drehungsrichtung nicht gleichgültig ist, kann hier als bekannt vorausgesetzt werden. Die beste Glanzwirkung wird erzielt, wenn die beiden Fadensysteme eine entgegengesetzte Drehungsrichtung aufweisen, da nur in diesem Fall die Einzelfasern im Gewebe einen annähernd parallelen Verlauf und damit eine größere Gleichmäßigkeit in der Zurückwerfung des auffallenden Lichtes bewirken (Abb. 41). Auf eine unmittelbare Verkleinerung der Gewebeoberfläche laufen verschiedene Veredlungsarbeiten hinaus, wie das Sengen, Pressen, Mangeln, Kalandern, Plätten usw. Besonders gute Ergebnisse werden dann erhalten, wenn das betreffende Gewebe von Haus aus mehr oder weniger glänzende Fasern enthält. Hierbei werden die Fäden auffallend flachgepreßt, so daß verhältnismäßig große spiegelnde Flächen bei gleichzeitig gutem Schlusse des Gewebes entstehen. Bei Geweben, die aus einem matten oder sperrigen Rohstoff bestehen, wird vorher ein Appret gegeben, der die Hohlräume (Poren) zwischen den Fäden ausfüllt und auch die sonst abstehenden Fäserchen niederhält, so daß eine gleichmäßig glatte Oberfläche mit mehr oder weniger speckigem Glanz entsteht. Eine sehr große Bedeutung haben in den letzten Jahrzehnten verschiedene Veredlungsverfahren erlangt, bei denen unter Anwendung hohen Druckes spiegelnde Flächen in gesetzmäßiger Anordnung in das Gewebe eingeprägt werden. Durch Zurückwerfung des Lichtes an den unter sich parallelen oder einem bestimmten Muster entsprechenden Prägelinien wird je nach der Einfallrichtung des Lichtes ein verschiedener Glanz hervorgerufen (Seidenfinish, Moirée. Gaufré). Eingehende Untersuchungen über die Entstehung des Glanzes an den dem bloßen Auge kaum sichtbaren Finishprägungen hat Fischer[1]) angestellt und sei hier auf dessen vorzügliche Arbeit verwiesen. Wie die Erfahrung lehrt, ist der Winkel, den die Furchen mit der Kettrichtung einschließen, für die Glanzwirkung von nicht zu unterschätzender Bedeutung. Zur besseren Erhaltung des Glanzes bekommt das Gewebe manchmal vor der Prägung einen dünnen Übergang von gelöster Nitrozellulose, Viskose, Eiweiß usw. Die gleiche optische Wirkung wird auch bei den künstlichen Schleiern erzielt (Abb. 54). Die Furchen, die hier schon bei der Herstellung des „Gewebes" gewissermaßen als Muster einverleibt werden, heben den sonst unvermeidlichen unschönen Speckglanz völlig auf.

In manchen Fällen kann auch eine Verminderung des Glanzes beabsichtigt sein, wie dies beim Appretieren von in Mittel- und Ostasien hergestellten Seidengeweben der Fall ist, um den daraus erzeugten Kleidungen den bevorzugten steifen Faltenwurf zu verleihen. Diese Verfahren wurden schon in früheren Jahrhunderten in Asien geübt, wie u. a. die Untersuchungen des Verfassers von zahlreichen alten Seidengeweben Mittelasiens ergeben haben. Neben der Verwendung von Rohseide konnte in vielen Fällen ein gleichmäßiger Überzug von teils verkleistertem, teils unverkleistertem Weizen- und Hirsemehl nachgewiesen werden. Reisstärke bzw. -kleister konnte der Verfasser bei den von Stein-Oxford in der Gegend von Khotan, Miran, Tuan-huang (Mittelasien) u. a. a. O. aufgefundenen Geweben aus der Zeit vom 1. Jahrhundert v. Chr. bis zum 8.—10. Jahrhundert n. Chr. niemals nachweisen.

12. Ultramikroskopie.

Wie die Therorie des Mikroskops lehrt, werden mikroskopische Strukturen, deren Ausdehnung unter etwa $0,2\,\mu$ liegt, nicht mehr objektähnlich, sondern als Beugungsscheibchen abgebildet. Der mikroskopische Nachweis solcher kleiner Teilchen kann sonach, unter sonst günstigen Umständen, nur unter Verzicht auf ihre objektähnliche Ab-

---

[1]) Fischer, H.: Seidenglanzprägung. Zeitschr. f. Textilind., **15** u. **16**, 1905.

bildung erfolgen. Die von H. Siedentopf[1]) eingeführte Untersuchungsmethode, welche in scharfsinniger Weise das Prinzip der Dunkelfeldbeleuchtung verwertet, gestattet nun bekanntlich die sichtbarmachende
Kraft des Mikroskops so zu steigern, daß selbst Ultramikronen, d. h.
Teilchen von nur 0,2 bis 0,005 μ Größe, mit Sicherheit nachgewiesen
werden können. Ultramikroskopische Untersuchungen sind in den
letzten Jahren auf verschiedene feste, flüssige und gasförmige Körper ausgedehnt worden; sie haben, abgesehen von anderen wichtigen Aufschlüssen, den direkten Beweis für die Diskontinuität der Materie erbracht[2]).

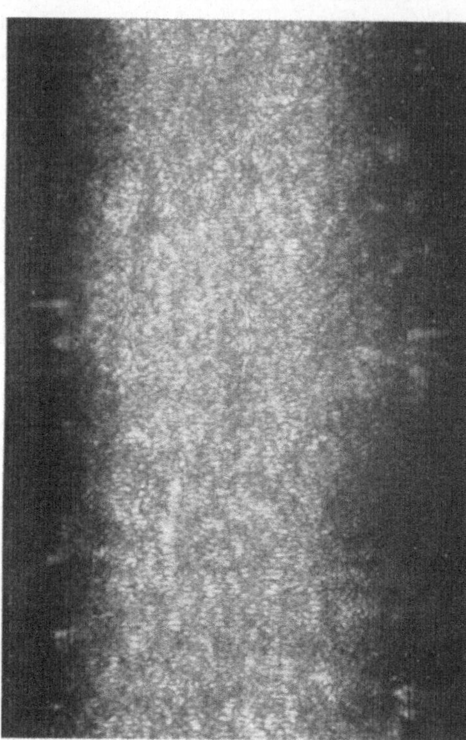

Prüfungen der wichtigsten Faserstoffe des Handels haben J. Schneider und G. Kunzl[3]), N. Gaidukov[4]) und A. Herzog[5]) vorgenommen. Gaidukov bringt die im Ultramikroskop wahrnehmbaren Strukturen in wohlbegründeter Weise mit den Mizellen Nägelis und den Mikrosomen Wiesners in Zusammenhang. Seine Arbeit, die von guten mikrophotographischen Darstellungen begleitet ist, wurde vom Verfasser dieser Schrift einer experimentellen Nachprüfung unterzogen und in allen wesentlichen Punkten bestätigt gefunden. Die von Gaidukov für Chardonnetseide bildlich vorgeführte Netzstruktur mit quergestellten Maschen stimmt allerdings nicht mit der dieser Seide stets

Abb. 58. Ultramikroskopisches Übersichtsbild der Kupferseide: Lichtstarke Struktur mit deutlich quergestreckten Maschen. Vergr. 2000.

---

[1]) Siedentopf, H.: Über die physikalischen Prinzipien der Sichtbarmachung ultramikroskopischer Teilchen. Berlin. klin. Wochenschr., **32**, 1904.

[2]) Vgl. z. B. die Schrift: Gaidukov, N.: Dunkelfeldbeleuchtung und Ultramikroskopie. Jena 1910.

[3]) Schneider, J. und G. Kunzl: Spinnfasern und Färbungen im Ultramikroskop. Zeitschr. f. wiss. Mikr., **23**.

[4]) Gaidukov, N.: Über die Anwendung des Ultramikroskops nach Siedentopf und des Mikrospektralphotometers nach Engelmann in der Textil- und Farbenindustrie. Zeitschr. f. angew. Chemie, 1908.

[5]) Herzog, A.: Die Unterscheidung der natürlichen und künstlichen Seiden. Dresden 1910. Ferner: Zur Kenntnis der Doppelbrechung der Baumwolle. Zeitschr. f. Chemie u. Industr. d. Kolloide, **5**, 1909.

eigentümlichen lichtschwachen Netzstruktur mit längsgestreckten Maschen überein, so daß eine Verwechslung mit Kupferseide vorzuliegen scheint. Auch den Schlußfolgerungen Gaidukovs hinsichtlich der Beziehungen der technischen Eigenschaften der Faserstoffe zu ihrer ultramikroskopischen Struktur kann man nicht vollinhaltlich zustimmen. Ohne Zweifel steht die innere Struktur, wie sie das Ultramikroskop enthüllt, in naher Beziehung zu vielen Eigenschaften, z. B. der Festigkeit und Härte, es ist aber zu weit gegangen, auch Eigenschaften wie den Glanz aus der Ultrastruktur ableiten zu wollen. Den schlagendsten Beweis für das Gesagte liefert das Studium der besonders glänzenden natürlichen und künstlichen Seiden. Wie noch später gezeigt werden soll, zeigen gerade diese Faserstoffe außerordentlich verschiedene Ultrastrukturen, die bis zum optisch leeren Zustand reichen, so daß es unberechtigt ist, eine bestimmte Struktur für den Glanz verantwortlich machen zu wollen.

Bei den ursprünglich vom Verfasser ausgeführten Arbeiten über die Ultramikroskopie der Seiden wurde das von Gaidukov empfohlene Instrumentarium verwendet (Dunkelfeldbeleuchtung durch Abblendung im Zeißschen Immersionsobjektiv: Apochromat $f = 2$ mm, starke

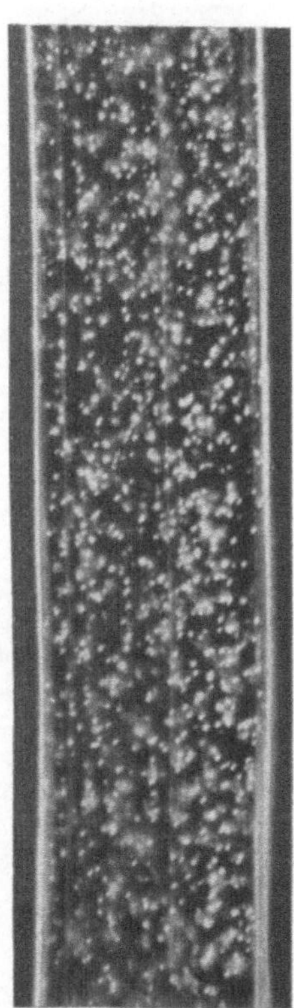

Abb. 59. Ungebleichte Viskoseseide (Küttner) mit zahlreichen Schwefelkörnchen, die im Dunkelfelde scharf hervortreten. Vergr. 350.

Abb. 60. Ultrastruktur der Gelatineseide. Vergr. 2500.

Kompensationsokulare, Wechselkondensor nach Siedentopf, elektrisches Bogenlicht). Der damals von den Zeißwerken gelieferte Paraboloidkondensor erwies sich in vieler Hinsicht als zu diesem Zweck ungeeignet. Inzwischen hat er aber so viel Verbesserungen erfahren, daß er jetzt an Stelle der vorgenannten, wesentlich lichtschwächeren und daher eine beträchtlich stärkere Lichtquelle voraussetzenden Einrichtung treten kann. Insbesondere kann die unter dem Namen „Hell-Dunkelfeldkondensor" von den Zeißwerken in den Handel gebrachte Einrichtung empfohlen werden, die einen bequemen Übergang zu der gewöhnlichen Hellfeldbeleuchtung zuläßt. Da dieser neue Paraboloidkondensor auch gegen nicht zu grobe Zentrierfehler ziemlich wenig empfindlich ist, läßt sich mit ihm in gleicher Weise arbeiten wie etwa mit dem gewöhnlichen Abbeschen Kondensor. Als Lichtquelle wird am besten eine kleine Bogenlampe verwendet, die nach

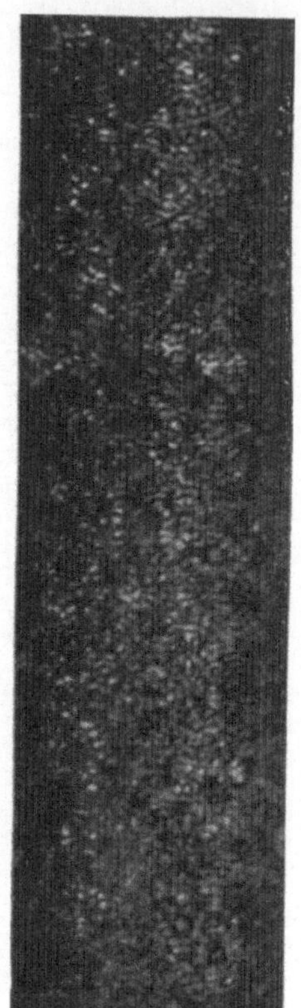 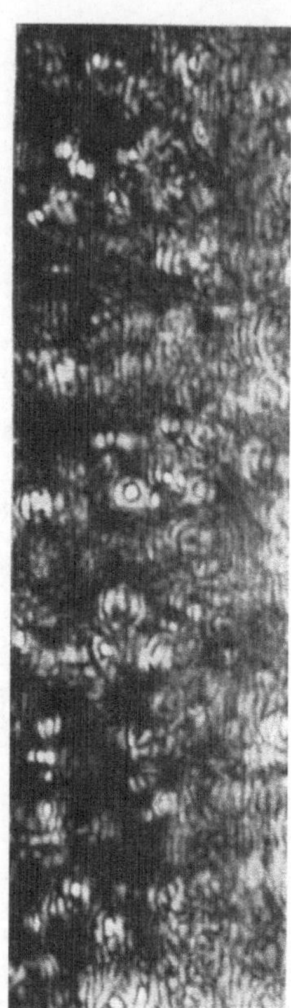 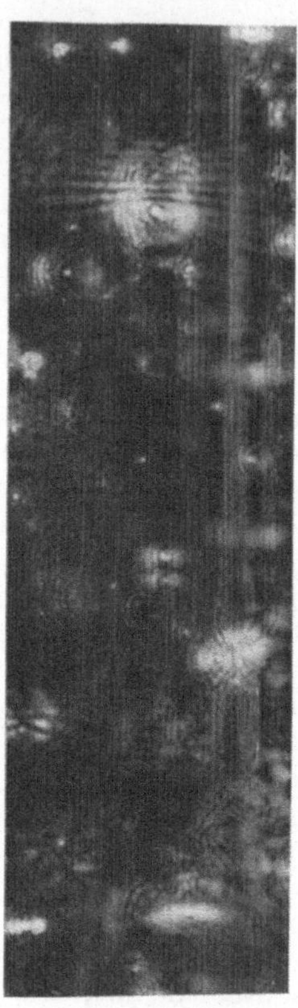

<table>
<tr><td>Abb. 61. Ultrastruktur
der Kupferseide.
Vergr. 2500.</td><td>Abb. 62. Ultrastruktur
der Viskoseseide.
Vergr. 2500.</td><td>Abb. 63. Ultrastruktur
der Viskoseseide.
Vergr. 2500.</td></tr>
</table>

Vorschaltung eines der vorhandenen Spannung des Leitungsnetzes entsprechenden Widerstandes unmittelbar an die Lichtleitung mittels eines Steckkontaktes angeschlossen wird. Lampen dieser Art werden gegenwärtig von allen größeren optischen Firmen unter dem Namen Liliputbogenlampen hergestellt; sie eignen sich nebenbei auch vorzüglich zu mikrospektroskopischen, photographischen und zeichnerischen Arbeiten. Schwächere Lichtquellen, wie sie z. B. zum Sichtbarmachen von Bakterien gerade noch ausreichen, sind für den vorliegenden Zweck nicht brauchbar, da sie die charakteristische Struktur der Fasern nicht genügend hervortreten lassen. Selbstverständlich kann auch direktes Sonnenlicht zu allen ultramikroskopischen Arbeiten verwendet werden.

Die Präparation der Fasern wird, sofern nicht besondere Zwecke in Frage kommen, in reinstem destillierten Wasser vorgenommen; andere Flüssigkeiten sind für analytische Zwecke nicht zu empfehlen, da sie die Ultramikrostruktur zu ungleichmäßig beeinflussen. Zur

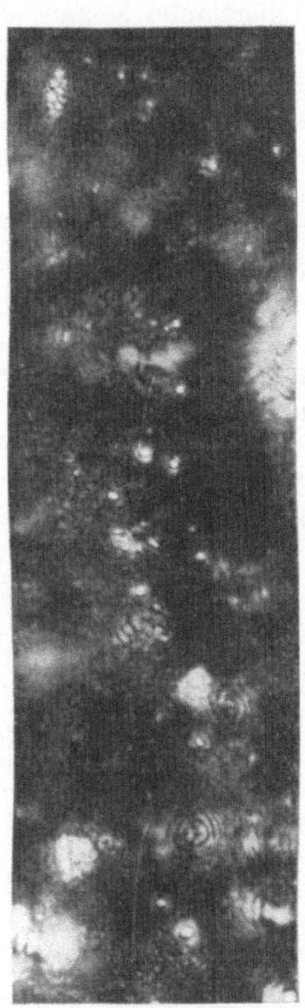 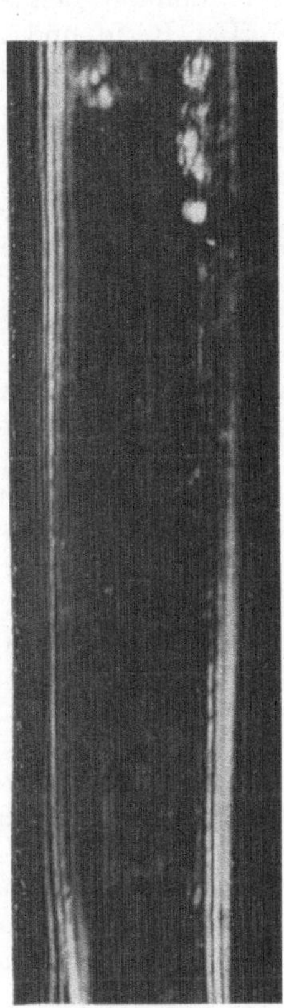 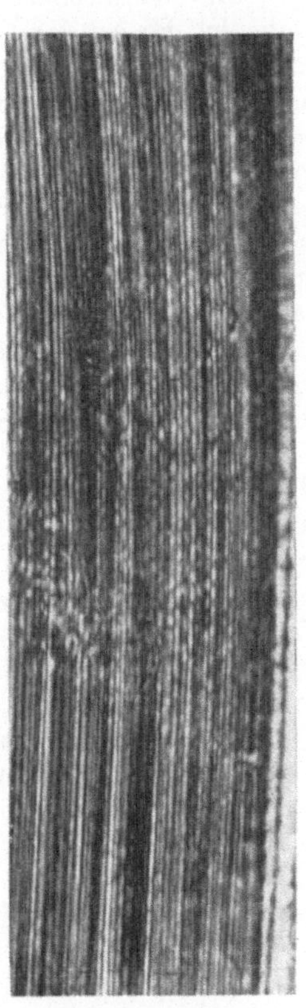

Abb. 64. Ultrastruktur der Nitroseide. Vergr. 2500.   Abb. 65. Ultrastruktur der echten Seide. Vergr. 2500.   Abb. 66. Ultrastruktur der Tussahseide. Vergr. 2500.

Verhütung des Austrocknens während der Beobachtung muß das Deckglas mit Wachs oder Harz umrandet werden, was am einfachsten mit dem von Grübler & Co. beziehbaren Krönigschen Deckglaskitt geschieht. Selbstverständlich muß bei der Präparation und der Auswahl der nötigen Gebrauchsgegenstände in der peinlichsten Weise vorgegangen werden, denn keine andere Beobachtungsmethode läßt etwaige Kratzer auf Objektträgern und Deckgläsern sowie Verunreinigungen so störend hervortreten wie die ultramikroskopische. Feiner Staub, der sich während der Beobachtung nach einiger Zeit stets an der Oberfläche des Deckglases absetzt, verdirbt die Dunkelfeldbeleuchtung. Die Präparate sind daher bei längerer Beobachtung vorsichtig abzustäuben. Auch die Deckglasdicke muß stets nach dem Korrektionszustand des gewählten Objektivs genau ausgewählt werden. Zur Beobachtung dienen starke Trocken- und Immersionssysteme mit entsprechend angepaßten Einhängeblenden. Bei der Beurteilung des ultramikroskopischen Bildes kommen fast immer nur die mittleren Teile der Fasern in Frage. Der Rand und die Oberfläche zeigen unbrauchbare, durch Interferenzsäume stark gestörte Bilder (vgl. Abb. 58). Mit Rücksicht auf die im allgemeinen ungewohnten und im übrigen recht ähnlichen Strukturen macht die Beurteilung anfänglich gewisse Schwierigkeiten. Es empfiehlt sich daher, wenn nur einigermaßen möglich, die Präparate zu photographieren. Richtig aufgenommene Lichtbilder erweisen sich ungleich wertvoller als die Originalpräparate selbst, da sie nachträglich einen sehr bequemen Vergleich der Strukturverhältnisse mit anderen Stoffen zulassen. Steht eine größere mikrophotographische Einrichtung zur Verfügung, so kann die von den Zeißwerken gelieferte Schiebekassette dazu dienen, mehrere Aufnahmen auf ein und derselben Platte zu machen, da es nach dem Gesagten vollkommen ausreicht, die mittleren Teile der Fasern allein zu berücksichtigen. Da die Entwicklung der auf einer Platte nebeneinander befindlichen Aufnahmen natürlich gleichzeitig erfolgen muß, ist große Vorsicht und Erfahrung bei der Bemessung der Belichtungszeit nötig. Erst bei längerer Übung in der Handhabung des Ultramikroskops gelingt es schon bei subjektiver Betrachtung des mikroskopischen Bildes die Struktureigentümlichkeiten und deren Unterschiede bei verschiedenen Fasern richtig zu bewerten.

Bei der Beurteilung des ultramikroskopischen Bildes kommen zwei Hauptmomente in Frage: die Struktur und ihre Lichtstärke.

In bezug auf ihre Struktur lassen sich die natürlichen und künstlichen Seiden wie folgt einteilen:

1. Optisch leere oder mit außerordentlich lichtschwachen, mehr oder weniger netzartigen Strukturen ausgestattete Fasern.

2. Fasern mit deutlich ausgeprägter Netzstruktur.

3. Fasern mit deutlicher Parallelstruktur.

Aus der folgenden Zusammenstellung ist die Zugehörigkeit der wichtigsten Vertreter der Seiden zu einer der vorgenannten Gruppen ersichtlich (vgl. auch Abb. 58, sowie 60—66).

Optisch leer	Netzstruktur	Parallelstruktur
Gelatineseide	Kupferseide	Wilde Seide
	Viskoseseide	Echte Seide
	Nitroseide	
	Azetatseide	

Die Aufeinanderfolge innerhalb jeder Gruppe entspricht dem Grade der Lichtstärke des mikroskopischen Bildes in dem Sinne, daß der vorangehenden Faser die größere Lichtstärke zukommt. Nähere Angaben über die Strukturmerkmale der Seiden enthält der spezielle Teil dieser Schrift.

13. Mikroskopische Zeichnung.

Mikroskopische Zeichnungen der Fasern sind nicht allein zur bildlichen Darstellung der Formverhältnisse, sondern auch zu Meßzwecken aller Art nötig. Gewöhnliche Freihandzeichnungen kommen praktisch kaum in Frage, da sie dem Ermessen des Einzelnen einen viel zu großen Spielraum lassen und daher zu ungenau sind, um etwa für Meßzwecke in Betracht zu kommen. Etwas besser sind schon die nach der Methode des „Doppeltsehens" angefertigten Zeichnungen, obwohl auch sie an Genauigkeit noch viel zu wünschen übrig lassen; zudem ist ihre Herstellung wegen der unbedingt nötigen ruhigen Kopfhaltung sehr unangenehm und auf die Dauer sehr ermüdend. Auch scheinen nicht alle Personen befähigt zu sein, das mit dem rechten Auge gesehene Bild der Bleistiftspitze in das mit dem linken Auge betrachtete mikroskopische Präparat zu übertragen. Ungleich bessere Ergebnisse werden erzielt, wenn ein mikroskopischer Zeichenapparat zur Anwendung gelangt. Ohne auf die Beschreibung der zahlreichen im Handel vorkommenden Formen näher einzugehen, sei hier nur kurz bemerkt, daß nach den Erfahrungen des Verfassers die von Abbe angegebene Konstruktion am meisten zu empfehlen ist. Allerdings gilt auch hier der Spruch: Übung macht den Meister! Erfahrungsgemäß bereitet nämlich das Arbeiten selbst mit dem besten Zeichenapparat immer gewisse Schwierigkeiten, hauptsächlich aus dem Grunde, weil der Anfänger die außerordentliche Wichtigkeit der Regelung der Beleuchtungsverhältnisse fast stets unterschätzt. Ist nämlich die Helligkeit des mikroskopischen Gesichtsfeldes von jener der Zeichenfläche verschieden, so gelingt es nur mit großer Mühe, die Bleistiftspitze und die zu zeichnende Begrenzung des Präparats gleichzeitig scharf zu sehen. Aus diesem Grunde sind denn auch solche Apparate vorzuziehen, die eine möglichst weitgehende Regelung der Helligkeit mit Hilfe von Rauchgläsern zulassen. In Ermangelung eines Zeichenapparats kann auch eine feine Netzteilung im Okular, wie sie z. B. im „Deniermeter" von A. Herzog vorliegt, als Hilfsmittel beim mikroskopischen Zeichnen Verwendung finden. Handelt es sich z. B. um einen Kunstseidequerschnitt in starker Vergrößerung, so läßt sich die Zeichnung auf einem karrierten Zeichenpapier sehr rasch und verhältnismäßig genau bewirken, wobei die im mikroskopischen Gesichtsfelde erscheinende Netzteilung als Anhaltspunkt dient. In der heutigen Zeit, wo die Beschaffung eines guten Zeichenapparates mit unverhältnismäßig hohen Kosten verbunden ist, fällt dies immerhin ins Gewicht.

Bei der Herstellung von Zeichnungen ist noch folgendes zu beachten:

1. Es sind starke Vergrößerungen zu wählen, um alle gewünschten Einzelheiten tunlichst groß wiedergeben zu können. So z. B. eignet sich zur Anfertigung von nachträglich auszumessenden Querschnitt-

.zeichnungen von natürlicher und künstlicher Seide sehr gut das stärkste Trockenobjektiv von Zeiß (Achromat F) in Verbindung mit einem Huygensschen oder orthoskopischen Okular. Zweckmäßig wird die Vergrößerung der Zeichnung so gewählt, daß sie eine für die Berechnung der wirklichen Fläche bequeme Zahl ergibt (z. B. 1000 oder 1500), was sich durch entsprechendes Verschieben des Tubus oder durch Regelung des Abstands der Zeichenfläche vom Spiegel des Zeichenapparats auf empirischem Wege leicht bewerkstelligen läßt. Als mikroskopisches Präparat dient hierbei ein Objektmikrometer, von dem eine Strecke von 100 oder 200 μ (10 bzw. 20 Intervalle) gezeichnet und mit einem gewöhnlichen Maßstab ausgemessen wird. Auf diese Arbeit ist unter allen Umständen die größte Sorgfalt zu verwenden, weil von ihr die Genauigkeit aller späteren Messungen abhängt. Zweckmäßig entwirft man sich auf Grund der so ermittelten Vergrößerung einen Maßstab auf einer gelatinierten Glasplatte, der die wahre Größe in μ unmittelbar abzulesen gestattet (vgl. Abb. 8). Bei 1500facher mikroskopischer Vergrößerung entspricht der Teilwert eines solchen Maßstabs (1,5 mm) genau 1 μ in Wirklichkeit. Auch die schon in einem früheren Abschnitt erwähnten Quadratteilungen auf Glas, die zur Bestimmung des Feinheitsgrades des Einzelfaser (Titer) dienen, werden in dieser Weise sorgfältig hergestellt (Abb. 30). Alle Zahlenangaben sind übersichtlich zusammenzustellen und in bequem zugänglichen Zahlentafeln niederzulegen. Vgl. S. 10.

2. Bei der Zeichnung sind nur die mittleren Anteile des mikroskopischen Gesichtsfeldes zu berücksichtigen, um die unvermeidlichen Verzerrungen der Randteile von vornherein auszuschließen.

3. Beim Zeichnen bediene man sich stets eines tadellos gespitzten Bleistifts von mittlerer Härte und sonst vorzüglicher Beschaffenheit (z. B. Koh-I-Noor F). Am besten hält man einige gespitzte Stifte immer bereit, um das lästige Nachspitzen während der Arbeit zu vermeiden.

4. Auf das beim Präparieren benutzte Einschlußmittel ist besonders zu achten, namentlich wenn die Zeichnung als Grundlage für etwaige Messungen dienen soll.

14. Mikrophotographie.

Ohne auf den laienhaften Streit über den Wert oder Unwert des Lichtbildes gegenüber der mit Hilfe eines mikroskopischen Zeichenapparates hergestellten Zeichnung näher einzugehen, sei hier nur kurz erwähnt, daß die Mikrophotographie bei den natürlichen und künstlichen Seiden lange nicht so bedeutungsvoll ist wie etwa bei den organisierten pflanzlichen und tierischen Fasern. Schon der Mangel einer besonderen mikroskopischen Struktur der Seiden macht dies ohne weiteres verständlich, ganz abgesehen davon, daß die Formverhältnisse ausnahmslos so einfach sind, daß sie am raschesten und billigsten auf zeichnerischem Wege darzustellen sind. Nichtsdestoweniger kommen aber auch hier Fälle vor, wo das Lichtbild der Zeichnung gegenüber im Vorteil ist, so z. B., wenn es sich um die Wiedergabe von zeichnerisch

kaum richtig darzustellenden ultramikroskopischen Strukturen handelt,
oder bei etwaigen Fehlern. Auch in Streitfällen kann nicht genug
empfohlen werden, dem Gutachten Lichtbilder beizufügen, um die
textlichen Ausführungen durch möglichst objektiv gehaltene Abbildungen zu belegen. Allerdings sind Lichtbilder nur dann als wirklich
brauchbar zu bezeichnen, wenn sie nach sorgfältigst hergestellten
Präparaten angefertigt und auch sonst, d. h. in ihrer technischen Ausführung, einwandfrei sind. Hieran mangelt es aber erfahrungsgemäß in
der Mehrzahl aller Fälle. Es ist geradezu erschreckend, was in dieser
Hinsicht selbst von Angestellten wissenschaftlicher Institute, denen
doch alle Erfordernisse in Hülle und Fülle zur Verfügung stehen, vielfach geboten wird! Harte Bilder, nach schlechten Präparaten angefertigt,
mit groben Unschärfen und sonstigen Fehlern behaftet, sind heute
mehr als früher an der Tagesordnung. Derartige stümperhafte Leistungen sind zum überwiegend großen Teil auf die schlechte Präparation
zurückzuführen. Dabei wird jede noch so bescheidene Aufnahme
in aufdringlicher Weise als Zeugnis für die Objektivität der Photographie hingestellt, oder es wird nach vielen Mißerfolgen in leichtfertiger
und gänzlich kritikloser Weise auf die unverstandenen, heute längst
überholten Angaben der älteren Literatur hingewiesen, nach denen
die Mikrophotographie nicht imstande sein soll, die Zeichnung zu
ersetzen. Wieder ein anderer Teil — es ist der unfähigste — wirft sich
in vollständiger Verkennung der Sachlage und in Unkenntnis der schon
vorhandenen, überaus zweckmäßigen, z. T. außerordentlich einfachen
Einrichtungen auf die Konstruktion von neuen mikrophotographischen
Apparaten, die die angeblich vorhandenen Schwierigkeiten mit einem
Schlage beseitigen sollen. Solche Mikroskopiker sollten die Mikrophotographie als für ihre Zwecke völlig ungeeignet aufgeben, denn Brauchbares
werden sie doch nie leisten! Alle anderen aber seien nachdrücklich
auf das eingehende Studium der einschlägigen Literatur, insbesondere
auf die vorzüglichen Werke von Neuhauß[1]) und Kaiserling[2])
verwiesen. Es wird ihnen dann klar werden, daß nur durch fortgesetzte
Beobachtung und scharfe Kritik der eigenen Ergebnisse Erfolge auf
diesem immerhin schwierigen Gebiete zu erzielen sind. Wer an die
Mikrophotographie ernstlich herantritt, darf sich auch nicht die Mühe
verdrießen lassen, für jeden bestimmten Fall mehrere, manchmal sogar
zahlreiche Präparate herzustellen und aus ihnen das beste für die
Aufnahme auszuwählen. Der Erfolg ist eben zum weitaus größten Teil
auf die Art und Weise der Präparation zurückzuführen und nicht so
sehr von der Wahl des Instrumentariums abhängig. In letzterer Hinsicht ist sogar dringend anzuraten, sich möglichst einfacher Einrichtungen zu bedienen, schon aus dem Grunde, weil diese immer „schußbereit" sind und auch nicht leicht in Unordnung geraten. Die Beschaffung der großen mikrophotographischen Einrichtung von Zeiß,
die zweifellos das Vollkommenste auf diesem Gebiet darstellt, bietet

---

[1]) Neuhauß, R.: Lehrbuch der Mikrophotographie. Berlin 1906. 3. Aufl.
[2]) Kaiserling, C.: Lehrbuch der Mikrophotographie. Berlin 1903 (2. Aufl.
bearb. v. B. Wandollek, Berlin 1916).

nach dem oben Gesagten noch lange keine Gewähr für den Erfolg!
Wenngleich das angestrebte Ziel auch mit jedem gewöhnlichen photographischen Apparat zu erreichen ist, empfiehlt es sich bei häufiger
vorkommenden Arbeiten doch, eine besondere mikrophotographische
Kamera für das Format 9 × 12 cm zu beschaffen. Vorzüglich brauchbar
ist z. B. die von den Zeißwerken in Jena hergestellte kleine Vertikal-
kamera. Der Fuß dieser Kamera ist als Dreifuß gestaltet; dessen Stand-
fläche ist so bearbeitet, daß die Stange, die den Balg trägt, genau senkrecht darauf steht. Die beiden Balgträger gleiten mittels zweier Hülsen
auf der Stange. Durch eine Nut wird die Drehung der Hülsen verhindert. Durch zwei Schrauben können die Hülsen in jeder Höhe auf
der Stange festgeklemmt werden. Der obere Balgträger nimmt die
Visierscheibe oder die Kassetten auf, der untere trägt an seiner Unterseite ein kurzes zylindrisches Rohr, das in üblicher Weise den lichtdichten
Anschluß an das Mikroskop vermittelt. Der Kamera werden zwei
Visierscheiben, eine matte zur vorläufigen Orientierung und eine Spiegel-
glasscheibe mit eingeritztem Kreuz zum Einstellen mittels einer Ein-
stellupe beigegeben. Die Kassetten sind kleine, nicht aufklappbare
Doppelkassetten, wie sie vielfach für Amateurzwecke benutzt werden.
Die von den Zeißwerken herausgegebene kurze Anleitung zum Photographieren mit dieser Einrichtung kann dem Anfänger zum ersten
Studium warm empfohlen werden; sie enthält alles Wissenswerte in
geradezu vorbildlicher Weise zusammengefaßt.

Zur Beleuchtung wird zweckmäßig künstliches Licht benutzt, da
dessen gleichbleibende Stärke die Bemessung der Belichtungszeit
wesentlich erleichtert. Für die hier allein in Frage kommenden ein-
facheren Fälle bewährt sich am besten Hängegasglühlicht in Verbindung mit einer Sammellinse mit Irisblende. In anderen Fällen,
z. B. bei ultramikroskopischen Aufnahmen, wird man aber zu stärkeren
Lichtquellen (Bogenlicht, Sonnenlicht) greifen müssen. Dringend erwünscht, wenn auch nicht unbedingt erforderlich, ist ein Abbescher
Beleuchtungsapparat, der an besser ausgerüsteten Mikroskopstativen
ohnehin angebracht ist. Um möglichst klare und gegensätzliche Bilder
zu erhalten, ist der Mikroskopkondensor so einzustellen, daß das Bild
der zwischen Mikroskop und Lichtquelle aufgestellten Sammellinse bzw.
ihrer Irisblende gleichzeitig mit dem Präparat im Mikroskop scharf
erscheint. Die Blende darf aber nur so weit aufgezogen werden, daß
ihre Ränder das aufzunehmende Gesichtsfeld begrenzen.

Die zur Aufnahme bestimmten Seidenfasern (auch Querschnitte)
werden vorteilhaft vorher künstlich gefärbt, was am besten in wässriger
Safraninlösung geschieht. Zu intensive Färbungen sind aber sorgfältig zu vermeiden, da sonst unangenehm harte Negative die unaus-
bleibliche Folge sind. In manchen Fällen, so z. B., wenn ungefärbte
oder nur schwach gefärbte Kanadabalsampräparate vorliegen, läßt
sich, wie der Verfasser gezeigt hat[1]), auch das in verschiedenen Rich-

---

[1]) Herzog, A.: Lichtbrechung und Mikrophotographie von Faserstoffen.
Mitt. d. Forschungsstelle f. Bastfasern in Sorau, 1, 1920.

tungen einer Faser unterschiedliche Lichtbrechungsvermögen dazu
benutzen, Mikrophotogramme von viel gegensätzlicherer Wirkung herzustellen, als es auf anderem Wege möglich ist. Bettet man z. B. eine
stark geriefte Viskoseseide in Kanadabalsam ein, so gelingt es nur
schwer, die fast unsichtbar gewordene Faser im Mikroskop wieder-
zufinden, geschweige denn ihre Riefung festzustellen. Schaltet man
aber unter dem Objekttisch einen Polarisator ein, so läßt sich leicht
nachweisen, daß einzelne Fasern, deren Längsachse zufällig mit der
Schwingungsrichtung des Nicols zusammenfällt oder zu ihr senkrecht
steht, sehr deutlich in die Erscheinung treten. In den Zwischenstellungen tritt eine Verminderung der Sichtbarkeit ein, die sich in der Weise
äußert, daß die Fasern sich nur wenig vom hellen Untergrund des
Gesichtsfeldes abheben. Wie aus den im Abschnitt „Lichtbrechung"
gemachten Zahlenangaben hervorgeht, ist bei Kunstseide zumeist die
senkrechte Stellung für die Sichtbarkeit am günstigsten. Ohne diesen
Kunstgriff werden fast ausnahmslos flaue Bilder erhalten, die zur Ver-
vielfältigung wenig oder gar nicht geeignet sind. Hieran ändern auch
die vielfach beliebten Auskunftsmittel nicht viel: das Arbeiten mit sehr
engen Beleuchtungskegeln, die kräftige Verstärkung der nicht völlig
entwickelten Platte, das Abdecken des Untergrundes usw. Der einzige
Unterschied in der zur Aufnahme erforderlichen optischen Einrichtung
gegenüber dem gewöhnlich benutzten Instrumentarium besteht lediglich darin, daß unter dem Objekttisch des Mikroskops ein Nicolsches
Prisma eingeschaltet und die aufzunehmende Faser über diesem so
lange gedreht wird, bis sie das Maximum der Sichtbarkeit aufweist.
Naturgemäß muß in dem Fall, wo mehrere Fasern im Gesichtsfeld
sich unter verschiedenen Winkeln kreuzen, die passendste Lage durch
Versuche ermittelt werden; indessen gelingt es, namentlich bei stärkeren Vergrößerungen, unschwer, eine geeignete Stelle zu finden, die
nur eine einzige Faser enthält. Bei der Bestimmung der Belichtungs-
dauer ist natürlich der geringeren Stärke des durch den Nicol hindurch-
gegangenen Lichtes entsprechend Rechnung zu tragen. In einzelnen
Fällen läßt sich auch die Stellung, in der die Faser hinsichtlich ihrer
Lichtbrechung am wenigsten von jener des Kanadabalsams abweicht,
mit Vorteil benutzen, z. B., wenn etwaige Einschlüsse in der Fasermasse möglichst deutlich und optisch losgelöst von dieser wiedergegeben werden sollen. Der Verfasser hat hiervon unter anderem bei
der Untersuchung mercerisierter und nichtmercerisierter Leinengewebe
Gebrauch gemacht, um die in den Schrägrissen der Bastzellen enthaltene Luft möglichst klar hervortreten zu lassen.

Als Lichtfilter verwende man bei Benutzung von elektrischem
und Gasglühlicht das folgende:

Rapidfiltergrün II . . . . . . 2,0 g
Tartrazin . . . . 1,5 g

Dieses Filter, das am besten in Form eines Gelatinetrockenfilters hergestellt wird, ist sehr lichtstark und liefert auch bei Verwendung der
gewöhnlichen achromatischen Objektive sehr scharfe gegensätzliche

Bilder. Nähere Angaben über seine Herstellung siehe Abschn. 16, Nr. 24.
Die Belichtungszeit, die natürlich von verschiedenen Umständen abhängt
(Objektiv, Balgauszug, Blende, Lichtquelle, Plattenmaterial usw.),
wird am sichersten durch eine Probeaufnahme festgestellt. Im Verlauf
der Zeit gibt übrigens schon der Grad der Helligkeit des auf der Matt-
scheibe erscheinenden Bildes einen vollkommen ausreichenden Anhaltspunkt für die zu wählende Belichtungszeit. Als Plattenmaterial haben
sich die von Perutz in München gelieferte Silbereosinplatte und die
Chromoplatte der Anilin-Gesellschaft in Berlin sehr gut bewährt,
ohne damit anderen Plattenfabrikaten irgendwie nahetreten zu wollen.
Zur Entwicklung der belichteten Platten kann einer der bekannten,
nicht zu rasch arbeitenden Entwickler benutzt werden. Es seien hier
nur zwei gute Vorschriften empfohlen:

I. Glyzinentwickler:

Lösung 1:	Glyzin	6 g
	Natriumsulfit, krist.	24 „
	Wasser	600 „
Lösung 2:	Pottasche	80 „
	Wasser	400 „

Lösung 1 ist unter Erwärmen herzustellen. Für normale Negative
mischt man 3 Teile Lösung 1 mit 2 Teilen Lösung 2.

II. Pyrogallolentwickler:

Lösung 1:	Pyrogallol	15 g
	Natriumsulfit, krist.	150 „
	Zitronensäure	2 „
	Wasser	500 „
Lösung 2:	Pottasche	50 „
	Wasser	500 „

Unmittelbar vor dem Gebrauch mischt man für normale Negative
20 ccm Lösung 1, 20 ccm Lösung 2, 20—40 ccm Wasser und 2—3 Tropfen
10 proz. Bromkaliumlösung. Nach dem Entwickeln wird die Platte
mit Wasser kräftig abgespült und in ein Bad von folgender Zusammensetzung gebracht:

Unterschwefligsaures Natrium, krist.	200 g
Schwefligsaures Natrium, krist.	50 „
Wasser	1000 „
Konzentrierte Schwefelsäure	6 ccm

Nach vollständiger Fixage in diesem Bade wird mindestens eine halbe
Stunde in fließendem Wasser gewässert. Zur Herstellung von Papier-
abzügen sind in erster Linie Fabrikate mit glänzender Oberfläche
geeignet. Am besten bewähren sich die sogenannten Aristopapiere,
über deren Behandlung beim Tonen usw. die stets beigegebenen Ge-
brauchsanleitungen näheren Aufschluß geben. Eine bewährte Vorschrift
zur getrennten Tonung und Fixierung ist die folgende:

Lösung 1: Essigsaures Natrium . . . . .   7 g
           Borax . . . .   10 ,,
           Rhodanammonium . . . . .   6 ,,
           Wasser . . . .   1000 ,,
Lösung 2: Goldchlorid . . . .   1 ,,
           Wasser . . . .   100 ,,

Einige Stunden vor der Tonung versetzt man 150 ccm der Lösung 1 mit 10 ccm der Lösung 2 und badet in dieser Mischung die vorher gewässerten Bilder so lange, bis sie in der Aufsicht einen ins Violette ziehenden Farbenton annehmen. Die Temperatur des Bades betrage 15—20 ⁰ C. Nach flüchtigem Abspülen in Wasser wird etwa 10 Minuten in einer 10 proz. Lösung von unterschwefligsaurem Natrium in Wasser fixiert und sodann mindestens eine halbe Stunde in fließendem oder öfter gewechseltem Wasser gewaschen. Nach der Trocknung bei Zimmertemperatur werden die Bilder beschnitten und aufgeklebt. Papierbilder, auch solche mit Hochglanz, sind aber in manchen Fällen, namentlich wenn es sich um die Wiedergabe feinster Einzelheiten in ultramikroskopischen Präparaten handelt, nicht ausreichend. Glasbilder (Diapositive) leisten, namentlich bei lichtschwachen Strukturen, erheblich mehr, weil sie, im Gegensatz zu Papierbildern, auch in den dunklen Teilen des Bildes noch die zartesten Unterschiede hervortreten lassen. Die Herstellung solcher Glasbilder ist sehr einfach und daher leicht zu erlernen. Ausführliche Anleitungen enthalten die empfehlenswerten Schriften von Mercator und von Hannecke.

15. Sammlung von mikroskopischen Präparaten.

Zum Studium der Formmerkmale und optischen Verhältnisse verschiedener natürlicher und künstlicher Seiden wird die Anlage der folgenden Sammlung von mikroskopischen Präparaten empfohlen:

1	Gelatineseide	Ungefärbt	K.[1]
2	Azetatseide.	,,	,,
3	Kupferseide (Glanzstoff)	,,	Gl.[2]
4	,, (Streckspinnverfahren)	,,	,,
5	Viskoseseide	,,	,,
6	Nitroseide	,,	K.
7	Echte Seide, roh	,,	Gl.
8	,, ,, entbastet.	,,	K.
9	Tussahseide.	,,	Gl.
10	Muschelseide	,,	,,
11	Spinnenseide	,,	,,
12	Kunstroßhaar (,,Helios").	,,	K.
13	Kunstbändchen	,,	,,
14	Kunsttüll.	Beliebig	Gl.
15	Nitroseide	Kongorot	K.
16	Echte Seide	,,	,,
17	,, ,, Querschnitte	Safranin	,,
18	Tussahseide, ,, ...	,,	,,

---

[1] K. = Kanadabalsam.   [2] Gl. = Glyzeringelatine.

19 Gelatineseide, Querschnitte . . . . Safranin K.
20 Azetatseide, ,, ... ,, ,,
21 Kupferseide, ,, ... ,, ,,
22 Nitroseide, ,, ... ,, ,,
23 ,, ,, ... ,, Gl.
24 Viskoseseide, ,, ... ,, K.
25 Kunstroßhaar, ,, ... ,, ,,
26 Viszellingarn, ,, ... ,, ,,
27 Kunstbändchen, ,, ... ,, ,,
28 Deniertafel (Kunstseiden verschiedener Feinheitsgrade,
Querschnitte). Vgl. Abb. 27 . . . . ,, ,,

Die Sammlung dient zum Studium folgender Verhältnisse:

1. **Lichtbrechung** (Betrachtung der Beckeschen Linie bei hoher
und tiefer Einstellung der Faser):

    a) schwächer als Kanadabalsam . . . . . Nr. 2
    b) stärker ,, ,, ..., 6

2. **Doppelbrechung:**

    a) Unterschiede in der Lichtbrechung in verschiedenen Rich-
tungen der Faser (Einschaltung des Polarisators), d. h. verschiedene Sichtbarkeit beim Drehen der Faser in der Objekttischebene . . . . Nr. 6 und 8

    b) Unterschiede in der spezifischen Doppelbrechung:
        Doppelbrechung sehr schwach . . . Nr. 1
        ,, schwach . . . . . ,, 2, 10
        ,, mittelstark . . . . ,, 3
        ,, stark . . . . . . ,, 5, 6
        ,, sehr stark. . . . . ,, 8, 9, 11

    c) Abhängigkeit der Polarisationsfarbe von der optischen Dicke:
        Verschieden dicke Fasern aus gleichem
        Material . . . . Nr. 3 u. 4
        Fasern mit stark gelappten Querschnitt-
        formen zeigen parallel zur Längsrich-
        tung scharf abgesetzte Farbenstreifen ,, 5, 6
        Vom Rande nach der Mitte der Faser tritt
        infolge der zunehmenden optischen
        Dicke ein Ansteigen der Polarisations-
        farben ein . . . . ,, 12
        Polarisationsfarben verschiedener Ord-
        nungen . . . . ,, 12, 13

    d) Charakter der Doppelbrechung (Einschaltung eines Gipsplätt
chens Rot I unter 45°, Nicols gekreuzt):
        Fasern unter + 45° in Addition . . . Nr. 3—13
        ,, ,, + 45° in Subtraktion . ,, 2

    e) Pleochroismus nach Färbung mit Kongorot:
        stark pleochroitisch . . . . Nr. 15
        nichtpleochroitisch . . . . ,, 16

3. **Formverhältnisse:**
   a) Querschnitte:

Begrenzung rundlich	Nr. 17, 19, 21, 25, 26
„ keilförmig	„ 18
„ unregelmäßig, z. T. gerieft und gelappt . . .	„ 20, 22—24, 27

   b) Feinheit bzw. Faserbreite:

Grobe Fasern	„ 12, 13, 25—27, 14
Mittelfeine Fasern	„ 1—3, 5, 6, 9, 10, 18—24
Feine „	„ 4, 7, 11, 17

4. **Verschiedene Feinheitsgrade (Deniers).**	„ 17—28
5. **Quellung der Kunstseide**	„ 22, 23
6. **Natürliche Färbung.**	„ 7, 9, 10, 11

16. Verzeichnis der zur mikrochemischen Prüfung der Seiden nötigen Reagenzien[1]).

1. **Ammoniak** (E).
2. **Ammoniumchlorid** (E).
3. **Cäsiumchlorid** (E).
4. **Calciumacetat** (E).
5. **Chlorzinkjod** nach Herzberg. Man löst: a) 20 g trockenes Chlorzink in 10 g Wasser; b) 2,1 g Jodkalium und 0,1 g Jod in 5 g Wasser. a) und b) werden gemengt, der Niederschlag absitzen gelassen, die überstehende klare Flüssigkeit abgezogen und noch mit einem Splitter Jod versetzt. Vor Licht zu schützen!
6. **Chromsäure,** halbgesättigt. Kaliumbichromat wird mit überschüssiger Schwefelsäure gemischt. Hat sich die ausgeschiedene Chromsäure aufgelöst, so wird mit dem gleichen Volumen Wasser verdünnt.
7. **Diphenylamin.** Unmittelbar vor dem Gebrauch wird eine kleine Menge D. in einigen Tropfen konzentrierter Schwefelsäure gelöst.
8. **Eisessig.**
9. **Flußsäure** (E).
10. **Glyzerin.**
11. **Glyzeringelatine.**
12. **Goldschmidtsche Lösung** (fertig zu beziehen).
13. **Kaliumbisulfat** (E).
14. **Kaliumchlorat** (E).
15. **Kaliumhydrat,** 40%ige wässerige Lösung.
16. **Kaliumnitrit** (E).
17. **Kanadabalsam** in Tuben.
18. **Kobaltnitrat** (E).
19. **Kongorot.** Die wässerige Lösung ist warm anzuwenden (Färbung von Fasern behufs Prüfung auf Pleochroismus).
20. **Kupferazetat** (E).
21. **Kupferglyzerin.** 10 g Kupfervitriol in 100 ccm Wasser gelöst, mit 5 g konzentriertem Glyzerin versetzt und so viel Kalilauge zugefügt, bis der entstehende Niederschlag wieder vollständig gelöst wird.
22. **Kupferoxydammoniak.** Kupferdrehspäne werden so lange mit starkem Ammoniak behandelt, bis die blaue Flüssigkeit Baumwolle rasch auflöst (jedesmal frisch herzustellen).

---

[1]) Die mit (E) bezeichneten Reagenzien dienen in erster Linie zum mikrochemischen Nachweis von Erschwerungsmitteln. Nähere Angaben über ihre Herstellung und Anwendung enthält der Abschnitt: Echte Seide.

K. in Verbindung mit Rutheniumrot nach A. Herzog. Auf dem Objektträger wird ein Tropfen wässeriger Rutheniumrotlösung (vor dem Gebrauch in kleiner Menge herzustellen und zu filtrieren) mit einem Tropfen Kupferoxydammoniak vermengt, die zu prüfenden Fasern eingetragen und gut verteilt. Nach Bedecken mit einem Deckglase wird von der Seite her frisches Kupferoxydammoniak zutreten gelassen bzw. mit einem Streifen Filterpapier unter das Deckglas gesaugt.

23. **Lackmuspapier, rotes und blaues.** Das zu untersuchende Fasermaterial wird in einem trockenen Probeglase, in welches befeuchtetes Lackmuspapier hineinhängt, stark erhitzt. Tierische Seide und Gelatineseide färben rotes Lackmuspapier blau, Kunstseide rötet blaues Lackmuspapier.

24. **Lichtfilter.**

8 g Filtergelatine (Höchst) werden in 100 ccm Wasser vorquellen gelassen und sodann in der Wärme gelöst; die Lösung wird heiß filtriert. Von der mit der entsprechenden Farbstoffmenge versetzten Gelatinelösung werden 700 ccm auf den Quadratmeter verwendet. Der Farbstoff wird am besten in gelöster Form der Gelatinelösung zugefügt. Zu diesem Zweck wird 1 g Farbstoff in 25 ccm Wasser gelöst und die Lösung sorgfältig filtriert. Ist nun die gewünschte Farbstoffdichte des Filters n (d. h. n-Gramm Farbstoff auf den Quadratmeter), so ergibt sich folgende einfache Berechnung des Mischungsverhältnisses von Farbstoff- und Gelatinelösung für zusammen 70 ccm Farbgelatine:

$$
\begin{array}{lr}
\text{Farbstofflösung} \ \dots \dots \dots \dots & 2{,}5 \cdot n \ \text{ccm} \\
\text{Gelatinelösung} \dots \dots \dots \dots \ 70 - & 2{,}5 \cdot n \ \ ,, \\
\hline
\text{Zusammen (Farbgelatine)} \dots \dots \ \ 70 & \text{ccm}
\end{array}
$$

Für eine Platte im Format 9×12 cm (108 qcm) sind 7,6 ccm Farbgelatine zu verwenden. Vor dem Gießen sind die Glasplatten sorgfältigst zu reinigen und tunlichst horizontal auszurichten. Beim Gießen wird die Farbgelatine auf der etwas vorgewärmten Glasplatte mit Hilfe eines an seinem unteren Ende schief gebogenen Glasstabes vollkommen gleichmäßig ausgebreitet. Das Trocknen muß in staubfreier Luft bei Zimmertemperatur erfolgen. Das trockene Filter wird nach Art eines Diapositivs mit einem Deckglase versehen und mit gummierten Einfaßstreifen umrandet. Um vollständig gleichmäßige Filter zu erhalten, empfiehlt es sich, die Farbstoffdichte nur halb so stark zu wählen als gewünscht wird, dafür aber zwei Filter mit der Gelatineseite nach innen in der angegebenen Weise miteinander zu verbinden.

Fertige, nach den Angaben des Verfassers hergestellte Lichtfilter für mikroskopische und photographische Zwecke können von den Lifa-Lichtfilterwerken in Augsburg bezogen werden.

25. **Magnesiumacetat (E).**

26. **Methylenblau, wässerige Lösung.**

27. **Molisch' Reagens.** Gleiche Volumteile konzentrierter Kalilauge und Ammoniak.

28. **Naphthol (α).** 20 gr α-N. in 100 g Alkohol gelöst. Zum Nachweis pflanzlicher Fasern oder aus zellulosehaltigem Material hergestellten Kunstseiden benutzt. In einem Probeglas werden zusammengebracht: etwa 0,1 g Fasern, 1 ccm Wasser, 2 Tropfen Naphthollösung und 1 Tropfen konzentrierter Schwefelsäure. Nach erfolgter Lösung der Fasern tritt beim Schütteln eine tiefviolette Färbung der Flüssigkeit ein. Tierische Fasern und Gelatineseide färben die Flüssigkeit schmutziggelb bis rötlichbraun.

29. **Naphtylaminschwarz 4 B** (Cassella & Co.), wässerige Lösung.

30. **Natriumacetat (E).**

31. **Natriumchlorid (E).**

32. **Natriumkaliumkarbonat (E).**

33. **Natriumsuperoxyd (E).**

34. **Natronlauge (E).**

35. **Natronsalpeter (E).**

36. **Nickeloxydammoniak.** 25 g kristallisiertes Nickelsulfat in 500 ccm Wasser zu lösen und nach Zusatz von Natronlauge zu fällen. Der Niederschlag wird filtriert, gewaschen und in 125 ccm konzentriertem Ammoniak gelöst.
37. **Nitron** (E).
38. **Paraffin,** Schmelzp. etwa 60°.
39. **Paranitrophenylhydrazin** (E).
40. **Phenylhydrazin,** salzsaures (E).
41. **Petroleum** und andere zur Bestimmung der Dichte und Lichtbrechung nötige Flüssigkeiten (Benzol, Anilin, Nelkenöl, Fenchelöl usw.).
42. **Quecksilbersublimat** (E).
43. **Rhodanammonium** (E).
44. **Rubidiumchlorid** (E).
45. **Safranin,** wässerige Lösung.
46. **Salpetersäure** (E).
47. **Seignettesalz** (E).
48. **Schwefelsäure,** konzentrierte und verdünnte.
49. **Silbernitrat** (E).
50. **Thalliumnitrat** (E).
51. **Uranylazetat** (E).
52. **Wasser,** destilliertes.
53. **Xylol,** zur Lösung des Paraffins in Schnittpräparaten.

B. Spezielle Betrachtung der wichtigsten natürlichen und künstlichen Seiden.

17. Verfahren zur Unterscheidung von natürlicher und künstlicher Seide (Gruppentrennung).

a) Physikalische.

1. Rißprobe. Die natürlichen und künstlichen Seiden zeigen besonders im feuchten Zustande große Unterschiede in ihrer Zugfestigkeit. Die Prüfung auf Festigkeit wird am einfachsten so vorgenommen, daß der Faden auf der Zunge genetzt und sodann in der Hand zerrissen wird: Kunstseide (mit Ausnahme von guter Azetatseide) reißt ziemlicht leicht, während Naturseide ihre ursprüngliche hohe Festigkeit beibehält. Diese sehr einfache Probe ist aber für Naturseide nur dann beweisend, wenn diese noch ihre normale Beschaffenheit zeigt, d. h. nicht etwa durch vorangegangene Einflüsse irgendwelcher Art (z. B. durch Erschwerung) in ihrer Festigkeit geschwächt ist.

2. Glanz. In der Regel weist Kunstseide einen beträchtlich höheren Glanz auf als Naturseide. Es kommen aber zurzeit auch Kunstseiden in den Handel, die hinsichtlich ihres Glanzes mit natürlicher Seide nahezu übereinstimmen (z. B. die nach dem Streckspinnverfahren hergestellte „Adlerseide" von Bemberg). Einen ausgesprochen „glasigen" Glanz zeigen solche gröbere Kunstfasern, die einen nahezu kreisrunden Querschnitt haben, während Fasern mit auffallend unregelmäßigen Querschnittformen, die noch dazu fein gezackt sind, einen ruhigen „Finishglanz" aufweisen. Im fertigen Gewebe kann aber, je nach der Beschaffenheit und Bindung der Fäden, der ursprüngliche Glanzcharakter mehr oder weniger verwischt sein, was den praktischen Wert der Glanzprobe erheblich vermindert (vgl. auch Abschnitt 11).

3. Quellung. Sofern man von der nahezu völlig passiven Azetatseide absieht, zeigen alle Seidenfasern eine deutlich nachweisbare Quellung, sobald sie in Wasser eingelegt werden. Bei Kunstseide ist die Quellung so auffallend, daß sie schon ohne besondere Messungen zu erkennen ist (Breitenzunahme mehr als $30\,^0/_0$); natürliche Seide quillt unter denselben Umständen nur um $10\text{—}15\,^0/_0$ in der Dicke an. Die Prüfung erfolgt am besten auf mikroskopischem Wege, wobei das Präparat zuerst in Luft und dann nach Zusatz eines Tropfen Wassers betrachtet wird. Zu bemerken ist noch, daß bei Kunstseide ein starker Rückgang in der Quellung erfolgt, sobald zu der feuchten Faser wasserentziehende Mittel, wie Glyzerin, absoluter Alkohol usw., zugesetzt werden (vgl. auch Abschnitt 5).

4. Feinheit bzw. Breite (Dicke). Im allgemeinen ist die Kunstseide wesentlich breiter als die echte Seide von Bombyx mori (Abb. 70 und 72). Es bleibt aber immer zu berücksichtigen, daß manche Kunstseidefasern in ihren mittleren Durchmessern mit der echten Seide übereinstimmen[1]). Wie z. B. aus der folgenden Zahlentafel 16, die auf Grund eigener Prüfungen entworfen ist, hervorgeht, ist die nach dem Streckspinnverfahren hergestellte Bembergsche „Adlerseide" hinsichtlich ihrer Feinheit von der echten Seide nicht zu unterscheiden (Abb. 71). Ferner ist zu beachten, daß die sogenannte „wilde" Seide (z. B. Tussahseide) aus ziemlich

Abb. 67. Azetatseide, Verbrennungsprobe. Vergr. 3.

breiten Einzelfasern besteht (30—100 μ), deren fibrilläre Streifung nicht immer so in die Augen springend ist, daß sie als Unterscheidungsmerkmal gegenüber der Kunstseide in Frage käme. Dazu kommt noch, daß manche bandartig geformte Viskoseseide oberflächlich zahlreiche Kannelierungen zeigt, die unter Umständen das Vorhandensein von Fibrillen vortäuschen können (vgl. auch Abschnitt 11 und Abb. 53).

Zahlentafel 16.

	1	2	3	4	5
Nitroseide:					
a) nach Berl	22,4	1,48	2,8 — 3,3 — 3,6	4,9	45,3
b) Obourg les Mons	18,3	1,50	1,6 — 3,0 — 5,4	28,6	59,6
Viskoseseide:					
a) „Lanofil".	14,7	1,29	1,5 — 1,8 — 2,9	12,5	67,7
b) „Vistra"	16,6	1,17	1,4 — 2,6 — 3,8	23,1	81,0
Kupferseide:					
a) „Adlerseide" I	11,0	1,20	0,6 — 1,3 — 2,5	19,4	84,6
b) „ II	11,1	1,25	1,1 — 1,4 — 2,5	16,9	83,5
Azetatseide:					
Englische	21,1	3,73	1,8 — 2,9 — 4,3	12,3	28,3
Echte Seide	12,0	1,12	— 1,3 —	—	88,3

Die Ziffern des Kopfes bedeuten:

1 ... mittlerer Durchmesser in μ (arithmetisches Mittel aus der durchschnittlichen Breite und Dicke der in Kanadabalsam eingelegten Faser).

2 ... Verhältnis der Faserbreite und -dicke.

[1]) Herzog, A.: Feinste Kunstseide des Handels. Leipziger Monatsschr. f. Text.-Ind., **7**, 149—150, 1923.

Ferner: Vergleichende Untersuchungen über natürliche und künstliche Seide verschiedener Herkunft. Textile Forschung **4**, 126, 1923.

3 ... Feinheit der Einzelfaser in Deniers; der in der Mitte stehende Wert gibt
   den Durchschnitt an.
4 ... Ungleichmäßigkeit der Querschnittfläche in $^0/_0$.
5 ... Völligkeit des Querschnitts in $^0/_0$.

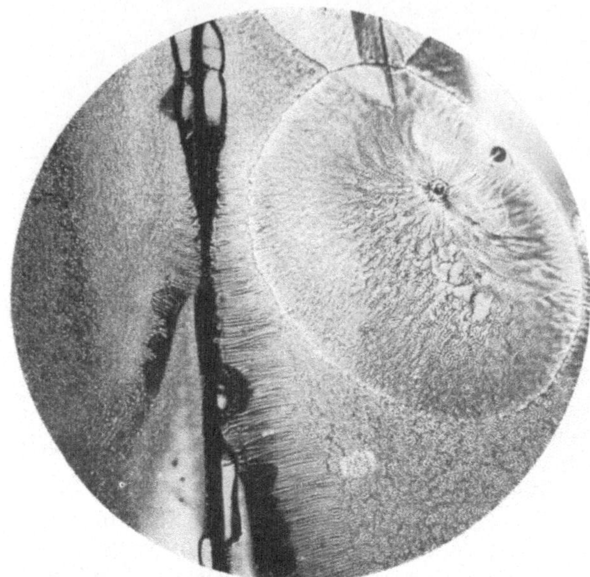

Abb. 68. Blasig aufgetriebene, verkohlte Reste von Kupferseide bei der trockenen Destillation in Gegenwart von
Kanadabalsam. Vergr. 100.

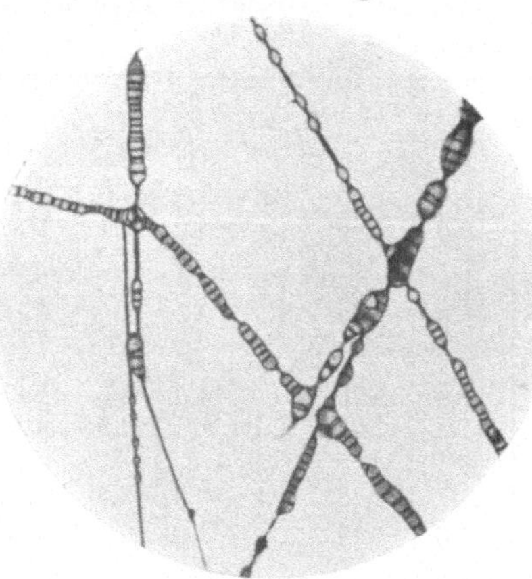

Abb. 69. Echte Seide, Mikrodestillationsprobe. An zahlreichen Stellen sind blasige Auftreibungen der Fasern
sichtbar. Vergr. 40.

5. Griff. Echte Seide zeigt einen weichen, schwellenden und elastischen Griff. Beim Zusammendrücken in der Hand ist nicht selten ein krachendes Geräusch, der sogenannte „Seidenschrei" zu beobachten. Kunstseide ist in der Regel beträchtlich härter und steifer. Ein krachender Griff kann auch hier manchmal, je nach der stattgefundenen Behandlung der Fasern (z. B. mit Seife und Weinsäure), festgestellt werden.

6. Rißenden. Bis zu einem gewissen Grade ist, wie schon v. Höhnel[1]), Hassack[2]) u. a. gezeigt haben, die Form der künstlichen Rißenden der Seidenfasern charakteristisch und für die Unterscheidung brauchbar. Zur Ausführung der Probe wird ein kleines Faserbündel in der Hand zerrissen, und ein Teil der Fasern zur Her-

<hr>

[1]) v. Höhnel, F.: Die Mikroskopie der technisch verwendeten Faserstoffe.
2. Aufl., Wien-Leipzig 1905.
[2]) Hassack, K.: Beiträge zur Kenntnis der künstlichen Seiden. Öst. Chem.-
Ztg., **10—12**, 1900.

stellung eines mikroskopischen Präparats verwendet. Bei ungefärbten Fasern ist es angezeigt, die Rißenden zwischen gekreuzten Nicols oder in schiefer Beleuchtung mikroskopisch zu betrachten. Hierbei zeigt sich nun, daß die Fäden der echten Seide fast immer scharf und senkrecht zur Faserlängsrichtung abreißen; eine Zerfaserung tritt nur bei manchen „wilden" Seiden ein. Dagegen erscheinen die Rißenden der Kunstseide fast ausnahmslos mehr oder weniger scharf gezackt.

7. Spezifisches Gewicht. Zwischen natürlicher und künstlicher Seide bestehen beträchtliche Unterschiede im spezifischen Gewichte (Naturseide etwa 1,37 g, Kunstseide etwa 1,52 g). Für den gefühls-

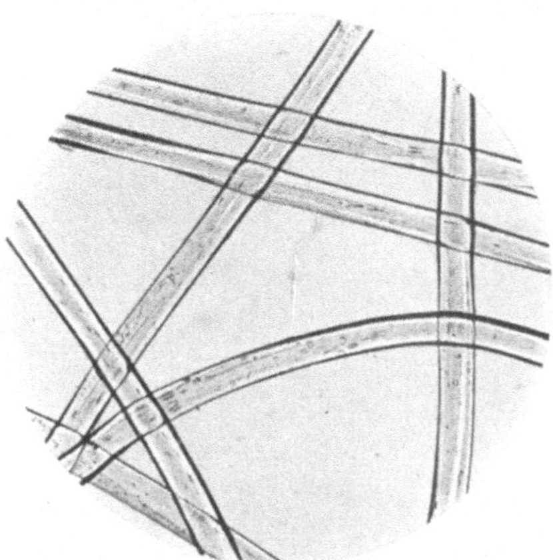 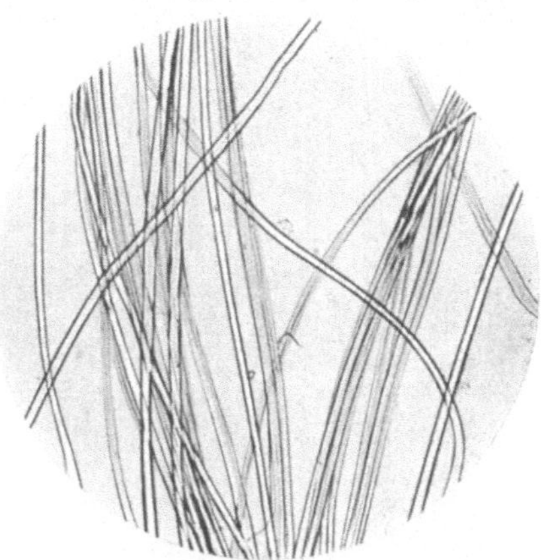

Abb. 70. Kupferseide. Im Verhältnis zur echten Seide (vgl. Abb. 72) sind die Fasern dieser Kupferseide wesentlich gröber, d. h. breiter. Vergr. 100.

Abb. 71. Kupferseide nach dem Streckspinnverfahren hergestellt. Diese Seide kommt in ihrem mittleren Durchmesser der echten Seide gleich. Die Breite der Faser ist demnach nicht immer ein untrügliches Merkmal zur Unterscheidung von natürlicher und künstlicher Seide. Vergr. 100.

mäßigen Vergleich, der hier allein in Frage kommt, ist nur das scheinbare spezifische Gewicht maßgebend. Dieses wird jedoch nach den gemachten Erfahrungen von so zahlreichen Umständen beeinflußt, daß es für die praktische Unterscheidung beider Fasergruppen kaum in Betracht kommt (vgl. auch Abschnitt 6).

8. Kauprobe. Einer freundlichen Mitteilung des Herrn Geheimrats Prof. Dr. E. Müller-Dresden zufolge, leistet natürliche Seide beim Kauen einen sehr beträchtlichen Widerstand, so daß auch nach längerer Zeit ein zusammenhängendes Knäuel von Fasern erhalten bleibt. Kunstseide wird dagegen schon nach kurzer Zeit in ein Haufwerg von kurzen, weichen Faserstücken umgewandelt.

9. Lichtbrechung. Eine einfache Probe zur Unterscheidung von natürlicher und künstlicher Seide hat A. Herzog[1]) angegeben. Sie

---

[1]) Herzog, A.: Zur Unterscheidung der natürlichen und künstlichen Seide. Kunststoffe, **20**, 1917.

gründet sich auf die beträchtlichen Unterschiede im Lichtbrechungsvermögen beider Fasergruppen. Das Nicolsche Prisma in Verbindung
mit dem Mikroskop stellt ein bequemes Mittel dar, die Lichtbrechung
passend eingebetteter Fasern mit einer für technisch-analytische Zwecke
hinreichenden Genauigkeit zu bestimmen (s. Abschnitt „Lichtbrechung“).
Wie nun Herzog nachgewiesen hat, sind die in der Längsansicht der
natürlichen Seidenfaser zur Wirkung gelangenden Hauptlichtbrechungsexponenten wesentlich größer als die der technisch wichtigen Kunst-
seidesorten, ganz abgesehen von der beträchtlich stärkeren spezifischen
Doppelbrechung im ersteren Falle. So zeigt die echte Seide, sofern ihre

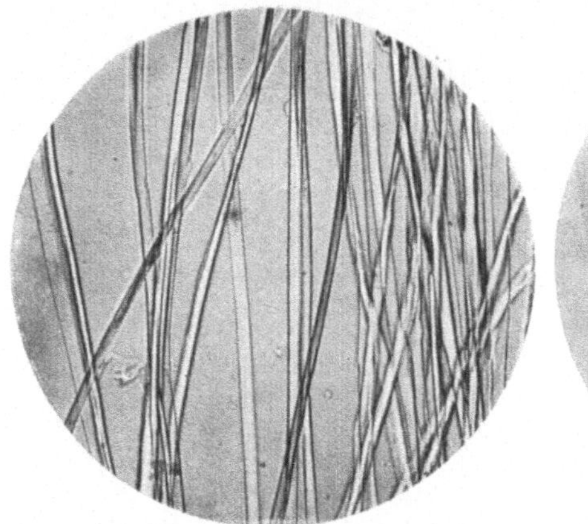 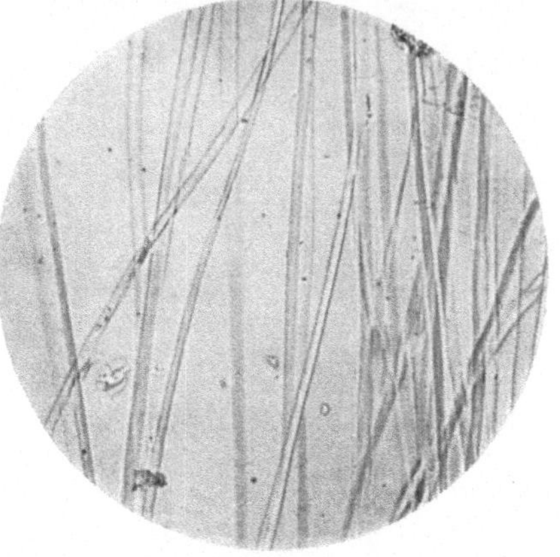

<table>
<tr><td>

Abb. 72. Echte Seide in Anilin nach Ein-
schaltung eines Nicols. Polarisations-
ebene parallel zur Faserlängsrichtung.
Infolge des beträchtlichen Unterschiedes
in der Lichtbrechung der Faser (n = 1,54)
und des Anilins (n = 1,59) tritt die unge-
färbte Seidenfaser im mikroskopischen
Bilde sehr deutlich hervor. Vergr. 100.

</td><td>

Abb. 73. Dieselbe Stelle wie in Abb. 72,
jedoch Polarisationsebene des Nicols
senkrecht zur Faserlängsachse. Wegen
des in dieser Lage fehlenden Unterschie-
des in der Lichtbrechung der Faser und
des Anilins hebt sich die Seide fast gar
nicht vom Untergrund des mikrosko-
pischen Gesichtsfeldes ab. Vergr. 100.

</td></tr>
</table>

Längsrichtung senkrecht zur Polarisationsebene des Objekttischnicols
steht, den Lichtbrechungsexponenten $n = 1,595$, sie stimmt also in
dieser Lage ungefähr mit der Lichtbrechung von Anilin überein. Eine
in Anilin eingebettete Naturseide ist sonach bei der mikroskopischen
Prüfung mit einem Nicol in der genannten Stellung fast unsichtbar
(Abb. 73). Wird sie jedoch durch Drehen des Objekttisches aus
dieser Lage gebracht, so werden ihre Begrenzungen immer deutlicher, bis in der senkrechten Gegenstellung das Maximum der Sichtbarkeit eintritt (Abb. 72). Es ist geradezu überraschend, welche
Gegensätze in der Sichtbarkeit durch eine einfache Drehung des
Präparats in der Tischebene hervorgerufen werden können. In gleicher
Weise untersuchte Kunstseide zeigt ein von dem obigen wesentlich
abweichendes Verhalten, da ihre Hauptlichtbrechungsexponenten in
allen Fällen erheblich unter dem des Anilins liegen, m. a. W., die Fasern
bleiben beim Drehen über dem Nicol in allen Lagen deutlich sichtbar.

Selbstverständlich ist dieses Untersuchungsverfahren, das bei Seidengemengen rasch über etwa vorhandene Naturseide unterrichtet, auch auf gefärbte Fasern anwendbar, sofern deren Färbung nicht gar zu dunkel ist. Infolge der Färbung bleibt natürlich auch die echte Seide in der erstgenannten Stellung sichtbar, indes ist jeder Irrtum ausgeschlossen, da in der Gegenstellung nicht allein die seitliche Begrenzung, sondern auch die zur Faserrichtung parallel verlaufenden Lichtlinien (Beckesche Linien) sehr deutlich in die Erscheinung treten. Eine Farbenwandlung wird beim Drehen der Faser über dem Nicol fast niemals beobachtet, während eine solche bei Kunstseide (ausgenommen Gelatine- und Azetatseide) sehr häufig wahrgenommen werden kann (Pleochroismus).

10. Pleochroismus. Nach Färbung mit Kongorot zeigen Kunstseidefasern (mit Ausnahme der Gelatine- und Azetatseide) beim Drehen über einem Nicol eine sehr deutliche Farbenwandlung, die von Blaßrosa (nahezu farblos) bis Dunkelrot reicht. Bei natürlicher Seide ist eine Änderung des Farbentones nicht festzustellen. Der Pleochroismus der Kunstseide kann selbst dann nachgewiesen werden, wenn die Faser von Haus aus gefärbt zur Untersuchung vorliegt. Eine Überfärbung mit Kongorot genügt in diesem Falle, den Pleochroismus deutlich hervortreten zu lassen. Mikroskopische Vergrößerungen von 50—100 reichen für diese Probe vollständig aus (vgl. auch Abschnitt 10).

b) Chemische Unterscheidungsmerkmale[1]).

11. Verbrennungsprobe. Beim Ansengen eines Fadens von natürlicher Seide bemerkt man, daß das angebrannte Ende kohlig zusammenschmilzt unter Entwicklung übelriechender Gase nach Art anderer Proteinstoffe (Leim, Federn, Leder usw.); außerhalb der Flamme findet ein Weiterbrennen kaum statt. Die zurückbleibende Kohle ist schwer zu veraschen, sehr voluminös und stark stickstoffhaltig. Kunstseide verbrennt dagegen sehr rasch und hinterläßt nur wenig Asche von grauer Farbe. Manche Kunstseiden, z. B. die nach dem Lehnerschen Verfahren hergestellte Nitroseide, liefern eine mit etwas Kohle gemischte Asche, doch sind diese Unterschiede zu geringfügig und von so zahlreichen Nebenumständen abhängig, als daß sie eine Differentialdiagnose gestatteten. Azetatseide zeigt, abgesehen von dem bei der Verbrennung auftretenden anders gearteten, d. h. sauren Geruch, dasselbe Verhalten wie tierische Seide. Zu bemerken ist noch, daß stark beschwerte Seide

---

[1]) Der positive Ausfall der meisten hier angeführten chemischen Reaktionen ist für Naturseide nur dann beweisend, wenn tierische Wollen und Haare nicht zugegen sind. Von dem etwaigen Vorhandensein der letzteren überzeugt man sich durch Vornahme folgender Prüfungen:

1. Da die tierische Seide keinen Schwefel enthält, so färbt sie sich auch nicht, wenn man sie in eine Mischung von Bleizuckerlösung und überschüssiger Kalilauge einlegt; die schwefelhaltigen Wollen und tierischen Haare nehmen hingegen eine ausgesprochene Braunfärbung an (Bildung von Schwefelblei).

2. Kocht man tierische Seide mit Kalilauge und versetzt die verdünnte Lösung mit Nitroprussidnatrium, so tritt keine Violettfärbung ein, was bei tierischen Wollen und Haaren stets der Fall ist.

sich in ihrem Verhalten bei der Verbrennung der Kunstseide sehr nähert.

12. Destillationsprobe. Wertvolle Fingerzeige für die Unterscheidung gibt das Verhalten der bei der trockenen Destillation der Fasern sich entwickelnden gasförmigen Produkte gegen Lackmuspapier. Zu diesem Zweck wird das zu prüfende Fasermaterial in einem trockenen Probeglas, in welches ein befeuchtetes Lackmuspapier hineinhängt, stark erhitzt. Die sich alsbald entwickelnden Gase bewirken bei Gegenwart von tierischer Seide eine Bläuung von rotem Lackmuspapier, im Gegensatz zur Kunstseide, die eine Rötung von blauem Lackmuspapier hervorruft.

13. Mikrodestillation. (Abb. 68 und 69). Die trockene Mikrodestillation wird nach Beutel[1]) am besten in folgender Weise ausgeführt: Man legt die zu untersuchenden Fasern zwischen zwei Deckgläschen aus Quarz- oder gewöhnlichem Glas, klemmt diese in eine Druckpinzette und nähert ihren Rand der Flamme eines kleinen Gasbrenners. Die hauptsächlichsten Unterschiede, die sich hier im Verhalten der natürlichen und künstlichen Seide unter dem schwach vergrößernden Mikroskop zeigen, bestehen in folgendem: 1. Die tierischen Seiden erweichen beim Erhitzen und schmelzen, während die künstlichen starr bleiben. 2. Die tierischen Seiden vergrößern ihren Durchmesser ganz bedeutend, während die künstlichen ihn verringern. 3. In der tierischen Seidenfaser kommt es infolge der bei der trockenen Destillation auftretenden Gasentwicklung in der weichen Masse zu äußerst charakteristischen Blasenbildungen, die bei der Erhitzung von Kunstseide nicht auftreten. 4. Tierische Seiden verschmelzen an den Kreuzungsstellen und bilden daselbst blasig aufgetriebene Massen, während die Kreuzungsstellen bei Kunstseiden scharf bleiben. 5. Die tierischen Seiden liefern einen Koks, der am Deckglase festhaftet, während der Koks der Kunstseide sich leicht entfernen läßt. Die eben beschriebenen Erscheinungen zeigen sich aber nur bei reiner, unbeschwerter oder doch nur wenig beschwerter Naturseide. Stärker beschwerte Seide wird durch das Erhitzen nicht mehr zum Schmelzen gebracht, die Fasern behalten nahezu vollständig ihre Gestalt und zerbrechen schließlich in einzelne Teile mit scharfkantigen Enden.

14. Erhitzungsprobe. Echte Seide verträgt verhältnismäßig hohe Hitzegrade, ohne in ihrem Aussehen verändert zu werden. Erst bei etwa 170—180° C tritt eine deutliche Bräunung bzw. Zermürbung ein. Allerdings gilt dies nur für unbeschwerte Seide, da die beschwerte Faser schon bei 120—130° Veränderungen aufweist. Kunstseide ist schon bei etwa 150° so auffallend verändert, daß die Bräunung klar in die Erscheinung tritt. Diese Probe wird in einem Heißlufttrockenschrank, der auf 150° angeheizt ist, ausgeführt. Nachdem die Fasern etwa 1 Stunde lang dieser Temperatur ausgesetzt waren, werden sie hinsichtlich ihrer Färbung mit dem Originalmuster verglichen.

---

[1]) Beutel: Morphologie einiger Textilfasern bei ihrer trockenen Destillation. Kunststoffe, **10**, 1913.

15. Naphtholprobe. In einem Probeglase werden zusammengebracht: etwa 0,1 g Fasern, 1 ccm Wasser, 2 Tropfen Naphthollösung (20 g α-Naphthol in 100 ccm Alkohol) und 1 ccm konzentrierte Schwefelsäure. Kunstseide wird hierbei rasch gelöst; die Flüssigkeit färbt sich beim Schütteln tiefviolett. Tierische Seide färbt die Flüssigkeit gelb bis rötlichbraun; ebenso verhält sich Gelatineseide.

16. Salzsäureprobe. Konzentrierte Salzsäure löst tierische Seide namentlich beim Erwärmen rasch auf; Kunstseide bleibt ungelöst.

17. Kaliprobe. 40 %ige heiße Kalilauge löst tierische Seide und Gelatineseide nach kurzer Zeit vollständig auf; Kunstseide bleibt ungelöst.

18. Kupferglyzerinprobe. Alkalisches Kupferglyzerin löst in der Hitze nur natürliche Seide (auch Gelatineseide), während künstliche Seide selbst bei längerem Erwärmen nicht gelöst wird.

19. Paranitranilinprobe. Formha[1]) verwendet die folgende Reaktion, die auf der bekannten Färbung der Wolle und Seide mit diazotiertem Paranitranilin beruht; sie ist auch bei stark beschwerter Seide anwendbar: Eine kleine Menge der zu untersuchenden Fasern wird in einem Probeglas kurze Zeit mit etwas konzentrierter Schwefelsäure behandelt und hierauf mit Wasser verdünnt, wobei sowohl Kunstseide als Naturseide in Lösung gehen. Ein Teil dieser Lösung wird mit Natronlauge alkalisch gemacht und mit einer diazotierten Lösung von Paranitranilin versetzt, die man sich im Probeglas mit etwas Paranitranilin, Salzsäure und Natriumnitrit hergestellt hat. Bei Gegenwart von Naturseide färbt sich die alkalische Lösung rot, bei Kunstseide gelb. Diese Reaktion ist auch bei gefärbten Fasern brauchbar.

20. Mandarinprobe. Verdünnte Salpetersäure färbt echte Seide in der Wärme wasserecht gelb; Kunstseide nimmt keine Färbung an.

21. Pikrinsäureprobe. Pikrinsäure färbt tierische Seide gelb; Kunstseide bleibt farblos.

22. Probe mit Chlorzinkjod. Natürliche Seide färbt sich nach Behandlung mit Chlorzinkjod gelb bis gelbbraun, Kunstseide rotviolett bis schwarz. Azetatseide und Gelatineseide verhalten sich so wie Naturseide.

23. Chromsäureprobe. Chromsäure und doppeltchromsaure Salze werden von Naturseide mit gelber Farbe fixiert; Kunstseide verhält sich passiv.

Über das **mikrochemische** und **mikrophysikalische** Verhalten von Natur- und Kunstseide vgl. die Zusammenstellungen auf S. 106—108.

18. Die wichtigsten natürlichen und künstlichen Seiden.

I. Naturseide.

1. Echte Seide (Bombyx mori).

Bei der mikroskopischen Untersuchung dieses wertvollsten Faserstoffs der Textilindustrie ist zwischen rohem und gekochtem Material wohl zu unterscheiden.

---

[1]) Formha, R.: Unterscheidung von natürlicher und künstlicher Seide. Chem.-Ztg., 1920, S. 386.

Chemisches Verhalten der natür-

(Nach eigenen Unter-

| | | Verhalten bei der Verbrennung | | | Chlorzinkjod | Kalte konzentrierte Schwefelsäure | Eisessig | Halbgesättigte Chromsäure |
| | | Rückstand | Verbrennungsgase | | | | | |
			Geruch	Reaktion gegen Lackmuspapier				
1	Echte Seide	blasig-kohlig	auffallend unangenehm (n. verbrannt. Federn)	alkalisch	gelb	rasch gelöst	kalt und warm ohne Einwirkung	in der Wärme rasch gelöst
2	Wilde Seide	dgl.	dgl.	dgl.	dgl.	dgl.	dgl.	in der Wärme sehr langsam gelöst. Fibrillen sehr deutlich
3	Muschelseide	dgl.	dgl.	dgl.	dgl.	dgl.	schwache Quellung	deutliche Längsstreifung, in der Wärme vollständige Lösung
4	Spinnenseide	dgl.	dgl.	dgl.	dgl.	dgl.	kalt: starke Quellung, Längsschrumpfung u. Kräuselung; warm: teilweise Lösung	in der Kälte starke Verkürzung, in der Wärme nach einiger Zeit gelöst
5	Nitroseide	sehr wenig Asche	wenig ausgeprägt (w. b. Baumwolle)	sauer	rot-violett	dgl.	wie bei 1	kalt: allmähliche Lösung; warm: rasche Lösung
6	Kupferseide	dgl.	dgl.	dgl.	dgl.	etw. langsamer gelöst; anfangs deutliche Längsstreifung	dgl.	dgl.
7	Viskoseseide	dgl.	dgl.	dgl.	dgl.	rasch gelöst	dgl.	dgl.
8	Azetatseide	blasig-kohlig Abb. 67	auffallend unangenehm, sauer	dgl.	gelb	langsam gelöst	in der Kälte rasch gelöst	kalt und warm: starke Quellung ohne Lösung
9	Gelatineseide	dgl.	wie bei 1	alkalisch	gelbbraun	sehr langsam gelöst	kalt: starke Querzerklüftung; nach längerem Kochen Lösung	in der Wärme rasch gelöst

lichen und künstlichen Seide.

suchungen des Verfassers)

40% Kalilauge (heiß)	Kupferoxydammoniak (kalt)	Nickeloxydammoniak	Alkalisches Kupfer-Glyzerin	Diphenylamin und Schwefelsäure
rasch gelöst	Fibroin rasch gelöst; Serizin stark quergefaltet, ungelöst	in der Kälte rasch gelöst, Färbung hellbräunlich. Serizin ungelöst	in der Kälte Fibroin gelöst, Serizin ungelöst. Flüssigkeit violett gefärbt	unverändert
erst nach längerem Kochen Zerfall u. teilweise Lösung	wie bei 1, jedoch langsamer, Quetschstellen zuerst gelöst. Fibrillen sehr deutlich	erst beim Erwärmen starke Quellung und teilweise Lösung, Farbe der Lösung hellbräunlich	kalt: ohne Einwirkung, heiß: Zerklüftung und Lösung; Flüssigkeit violett gefärbt	dgl.
wie bei 2, deutliche Längsstreifung	starke Quellung ohne Lösung	kalt u. warm starke Quellung ohne Lösung. Längsstreifung	kalt und warm: schwache Quellung ohne Lösung	dgl.
Trübung der Faser und langsame Lösung	rasch gelöst, stellenweise längsgestreift	starke Kräuselung u. Quellung, schließlich Lösung. Braunfärbung wie bei 1	wie bei 1, jedoch starke Kräuselung	dgl.
starke Quellung ohne Lösung	starke Quellung und langsame Lösung	wie bei 3, jedoch keine Längsstreifg.	auch nach längerem Kochen ungelöst	intensiv blau
wie bei 5	wie bei 5	wie bei 3, manchmal Längsstreifung	wie bei 5	unverändert
dgl.	dgl.	wie bei 5	dgl.	dgl.
mäßige Quellung ohne Lösung	starke Quellung ohne Lösung	kalt und warm: schwache Quellung ohne Lösung	dgl.	dgl.
rasch gelöst	blauviolett gefärbt, ungelöst	starke Kräuselung u. Bräunung ohne Lösung	in der Wärme rasch gelöst	dgl.

Physikalisches Verhalten der natürlichen und künstlichen Seide.

(Nach eigenen Untersuchungen des Verfassers)

		Form des Querschnitts der Einzelfaser	Aussehen der künstlichen Rißenden	Quellung in Wasser	Zugfestigkeit in kg für den qmm (rund)	Mittleres spezifisches Gewicht in g	Mittlere Lichtbrechung (n_D)	Doppelbrechung				Ultramikroskop. Verhalten		Anmerkung
								im allgemeinen	Spezifische	Vorherrschende Interferenzfarben zwischen gekreuzten Nicols	Pleochroismus	Lichtstärke	Art der Struktur	
1	Echte Seide . .	rundlich	fast gar nicht zerfasert	schwach (unter 20 %)	40	1,37	1,57	sehr stark	+ 0,057	Weiß I bis Indigo II	fehlt	—[1]	schwache Parallelstruktur Abb. 65	
2	Wilde Seide . .	schmal dreieckig	häufig stark zerschlitzt	wie bei 1	—	—	—	dgl.	—	wie bei 1, jedoch stark wechselnd	,,	+	sehr auffallende Parallelstruktur, Abb. 66	braune Naturfärbung
3	Muschelseide . .	elliptisch bis zweieckig	glatt	dgl.	—	—	—	schwach	—	—	,,	—	wie bei 1	braune bis olivgrüne Naturfärbg.
4	Spinnenseide . .	rund	,,	stark (etwa 40 %)	38	1,28	1,56	sehr stark	+ 0,039	Weiß I bis Gelb I	,,	—	dgl.	
5	Nitroseide . . .	unregelmäßig, z. T. gelappt Abb. 18, 20, 21 u. 37	gezackt	stark (über 30 %) Abb. 37	4	1,52	1,53	stark	+ 0,031	Farben 1. u. 2. Ordng., parallel abgesetzt Abb. 50	stark	+	Netzstruktur, Maschen längsgestreckt. Abb.64	
6	Kupferseide . .	rund Abb. 28	,,	wie bei 5	4	1,52	1,54	,,	+ 0,021	Weiß I bis Gelbbraun I	,,	+	Netzstruktur, Maschen quergestreckt. Abb. 58 u. 61	
7	Viskoseseide . .	teils rund, teils unregelmäßig u. gelappt Abb. 22, 23, 28 u.29	,,	dgl.	6	1,52	1,54	,,	+ 0,024	wie bei 5 oder 6 (je nach der Querschnittform)	,,	±	wie bei 5. Abb. 59, 62 u. 63	
8	Azetatseide . .	wie bei 7 Abb. 24	glatt oder gezackt	sehrschwach (unter 5 %)	6	1,25	1,48	schwach	— 0,005	Grau I Abb. 48 u. 49	fehlt	—	dgl.	
9	Gelatineseide . .	kreisrund Abb. 25 u. 46	glatt	sehr stark (über 80 %) Abb. 35 u. 36	0,2	1,36	1,54	außerord. schwach	+ 0,001	Dunkelgrau I	,,	—	optisch leer Abb. 60	

[1] — ...lichtschwache Struktur. + ...lichtstarke Struktur.

A. Rohseide. Diese besteht aus zwei, von einer gemeinschaftlichen Hülle (Serizin, Leim, Gummi, Bast) umgebenen Einzelfasern (Fibroïnfäden). Abb. 52. Infolge der spröden Beschaffenheit der Hüllsubstanz kommt es natürlich häufig vor, daß die Einzelfasern stellenweise bloßgelegt oder nur noch mit Resten des Serizins bedeckt sind. Durch wiederholtes Reiben und Ziehen des Rohfadens kann man die Zerklüftung befördern und mikroskopisch in Form von quer zum Faden verlaufenden Streifen und feinen Linien nachweisen. Je nach der Kokonschicht, welcher der Faden entstammt, ist auch dessen Bau verschieden. Bei der mittleren, abhaspelbaren Schicht, welche die feinste Seide liefert, ist die Leimhülle ziemlich gleichmäßig dünn und der Fibroïnfaden mehr oder weniger rundlich, d. h. nur wenig abgekantet oder abgeplattet. Die wolligflockige Außenschicht enthält dagegen weniger regelmäßig gebaute Fäden, die schon deutlich abgeplattet sind und in ihrer absoluten Querschnittfläche ziemlich beträchtliche Abweichungen erkennen lassen. Das gleiche ist der Fall bei den Fasern der eine gelblich zähe Haut bildenden Innenschicht, in der die flach zusammengepreßten Fibroïnfäden in eine Grundmasse von Serizin eingebettet erscheinen. Dieser nicht abhaspelbare Teil wird, ebenso wie der flockige äußere, nach entsprechender chemischer und mechanischer Vorbereitung durch Verspinnen weiter verarbeitet (Bourette-, Florettseide usw.). Auch die von kranken Raupen stammenden Kokons, deren Fäden nicht ohne weiteres durch Abhaspeln gewonnen werden können, ebenso wie Doppelkokons oder Kokons, aus welchen die Schmetterlinge ausgekrochen sind, werden in der letztangegebenen Weise auf Gespinste minderen Grades verarbeitet.

Läßt man Kupferoxydammoniak auf den Rohseidenfaden einwirken, so tritt eine sehr starke Quellung des Fibroïns ein, die sich in einer auffallenden Verdickung des Einzelfadens bemerkbar macht. Hand in Hand geht eine starke Verkürzung in der Längsrichtung. Das die Hüll- und Einbettungsmasse bildende Serizin wird hierbei nicht sichtbar verändert, so daß es der Verkürzung der beiden Fibroïnfäden unter Bildung von zahlreichen quer verlaufenden Falten nachgibt. In dem Maße als das Kupferoxydammoniak weiter einwirkt, geht sämtliches Fibroïn in Lösung, während der Seidenleim in Form von leeren Schläuchen ungelöst zurückbleibt. Besonders belehrende Bilder werden erhalten, wenn gleichzeitig Rutheniumrot in wässeriger Lösung zur Anwendung gelangt (s. Reagenzien). Das Fibroïn färbt sich hierbei prachtvoll karmoisinrot, während das Serizin nur rosa gefärbt erscheint. Mit Hilfe dieser Reaktion läßt sich der noch teilweise vorhandene Seidenleim der halbgekochten Seide, ja selbst Spuren in abgekochter Seide jederzeit leicht nachweisen.

B. Gekochte Seide (degommierte, entleimte, entbastete Seide). Beim Behandeln der Rohseide mit kochendem Wasser, schwachen Seifenlösungen, kalten verdünnten Alkalien, kochender verdünnter Essigsäure usw. geht der Seidenleim in Lösung, während der Fibroïnfaden unverändert zurückbleibt bzw. sich nunmehr in zwei Einzelfäden trennt. Der Einzelfaden ist von großer Feinheit (durchschnittlich

13—15 μ), an der Oberfläche vollkommen glatt und daher stark glänzend, durchsichtig und strukturlos, sofern man von vereinzelt vorkommenden feinen Längsstreifungen absieht (Abb. 72). Zweifellos gehört die Seide zu den feinsten technisch verwendeten Fasern, indessen bietet der geringe Fadendurchmesser ebensowenig ein absolut brauchbares Unterscheidungsmerkmal der übrigen Seide (Kunstseide nach dem Streckspinnverfahren hergestellt, Spinnenseide usw.) gegenüber, wie etwa die rundliche Querschnittform oder die glasig durchsichtige, strukturlose Beschaffenheit der Fasermasse.

Zwischen gekreuzten Nicols zeigt der Einzelfaden wegen seiner beträchtlichen spezifischen Doppelbrechung (vgl. Abschnitt 10) gleichmäßig bläuliche oder gelblichweiße, seltener rote oder violette Farbentöne, die der 1. und 2. Farbenordnung angehören. Über die Lichtbrechung und ihre Verwertung bei der Unterscheidung der echten Seide von der Kunstseide enthalten die Abschnitte 9 und 17 ausführliche Angaben.

Im Ultramikroskop nach Siedentopf zeigt die in Wasser liegende Seidenfaser eine zwar lichtschwache, aber deutlich ausgeprägte Parallelstruktur. Zwischen den hellen Linien ist viel optisch leere Substanz vorhanden. In einzelnen Fällen ist auch eine außerordentlich zarte Netzstruktur nachzuweisen. Verunreinigungen sind nur sehr selten anzutreffen (Abb. 65). Schon v. Höhnel[1]) hat angenommen, daß jeder Fibroïnfaden der echten Seide aus zahlreichen, miteinander fest verklebten Fibrillen zusammengesetzt sei, die ohne Zwischenräume zusammenstoßen. Der ultramikroskopische Befund liefert eine experimentelle Bestätigung der v. Höhnelschen Vermutung.

Das chemische Verhalten der rohen und gekochten Seide ist aus der auf Seite 106 befindlichen Zusammenstellung zu ersehen. Auch die im Abschnitt 17 angeführten chemischen Proben zur Unterscheidung der echten und künstlichen Seide mögen im Bedarfsfalle eingesehen werden. Von H. Behrens[2]), dem um die Mikrochemie hochverdienten Forscher, stammen verschiedene Vorschriften zur Färbung der Seide behufs mikroskopischer Unterscheidung von anderen tierischen, pflanzlichen und Kunstfasern, die aber m. E. hier übergangen werden können, da sie für praktische Zwecke kaum in Frage kommen. Zum mindesten leisten sie nicht mehr, als die in den oben erwähnten Zusammenstellungen berücksichtigten Reaktionen, die an Einfachheit nichts zu wünschen übrig lassen.

Seidenshoddy. Nach v. Höhnel „enthält Seidenshoddy stets einzelne Baumwoll- und Schafwollhaare, ferner häufig verschiedene Seidenarten gemengt. Dann kommen gekochte, halbgekochte und Rohseidenfäden, ferner Feinseiden- und Florettseidenabfälle gemengt vor. Überdies treten verschiedene Farben auf. Die Fäden sind dabei nur kurz, einige Zentimeter lang. Man wird daher Seidenshoddy unter dem Mikroskop als solche leicht erkennen können". Der Verfasser der vor-

---

[1]) Höhnel, F. v.: Mikroskopie der techn. verwendeten Faserstoffe, Abschn. Seide. 2. Aufl., 1905.

[2]) Behrens, H.: Mikrochem. Analyse. H. 2., 1895.

liegenden Schrift möchte sich dieser Ansicht seines um die Erforschung der Mikroskopie der Faserstoffe hochverdienten Lehrers nicht ohne weiteres anschließen, ja er hält es sogar in vielen Fällen für unmöglich, Seidenshoddy auf mikroskopischem Wege mit Sicherheit nachzuweisen. Auch H. Behrens hebt in seiner Mikrochemie der Faserstoffe hervor, daß für geringwertige Seidenstoffe beträchtliche Mengen kurzfaseriger, durch Zerreißen hergestellter Abfallseiden verarbeitet werden, die nicht auf den ersten Blick von im Gewebe ausgenutzten und wiederverarbeiteten Seiden zu unterscheiden sind. Nur in solchen Fällen, wo die von Höhnel hervorgehobenen fremden Fasern in z. T. verschiedener Färbung nachgewiesen werden können, ist man berechtigt, auf das Vorliegen von Seidenshoddy zu schließen.

Erschwerung.

Das Gewicht der echten Seide wird vielfach absichtlich erhöht durch gewisse auf die Faser aufziehende Stoffe. Im Gegensatz zur gewöhnlichen Beschwerung von Fasern, etwa durch Appretieren, ist die Beschwerung der Seide dadurch gekennzeichnet, daß sie durch indifferente Abziehmittel nicht entfernbar ist; zur Lösung der festen Bindung zwischen Faser und Erschwerungsmittel sind hier bereits chemisch sehr stark wirkende Mittel erforderlich. Mit Recht betont deshalb Heermann[1]), daß man grundsätzlich zwischen der Beschwerung (z. B. bei der Baumwollappretur) und der gänzlich wesensverschiedenen Erschwerung (bei der Seide) unterscheiden sollte. Erschwerte Seide ist entgegen vielfachen Angaben mikroskopisch nicht immer als solche zu erkennen. Nur bei einem beträchtlich hohen Gehalte an Fremdstoffen erscheint der Seidenfaden von einer rindenartigen Hülle umkleidet, die fast dicker ist als die Faser selbst. Erschwerte Seide zeigt auch beim Erhitzen und Verbrennen andere Erscheinungen als die reine Seide: Die Zersetzung der erschwerten Seide beginnt schon beim Erhitzen auf etwa 120⁰ und macht sich bei hellen Fasern durch deutliche Bräunung kenntlich, während reine Seide erst bei Temperaturen über 180⁰ in chemisch einfacher zusammengesetzte Körper abgebaut wird. Da die meisten Erschwerungsmittel anorganischer Natur sind, hinterläßt beschwerte Seide eine mehr oder weniger zusammenhängende Asche (nicht kohlig); reine Seide schmilzt blasigkohlig zusammen (Aschengehalt etwa 0,5—1 %).

Bei couleurten Seiden kommen nach O. Steiger und H. Grünberg[2]) als Erschwerungsmittel hauptsächlich in Frage:

Zinn, Phosphorsäure, Kieselsäure, Tonerde, Zink, Blei, Antimon, Gerbsäure, Leim, Wolframsäure, Zucker, Stärke, Dextrin, Glyzerin, Gummi, Öl und Wasser. Bei schwarzen Seiden ist besonders auf folgende Erschwerungsstoffe zu achten: Zinn, Phosphorsäure, Kieselsäure,

---

[1]) Heermann, P.: Färberei- und textilchemische Untersuchungen. Berlin 1918.

[2]) Steiger, O. u. Grünberg, H.: Qualitativer und quantitativer Nachweis der Seidenchargen. Zürich 1897.

Eisenoxyd, Chromoxyd, Ferrozyanwasserstoffsäure, Blei, Tonerde, Zink, Wolframsäure, Zucker, Glykose, Glyzerin, Öl, Seife, Gummi, Gerbstoffe, Wasser usw. Manche dieser Stoffe, wie Öl, Glyzerin, Seife usw. können auch von der vorgenommenen Avivage stammen. Die Feststellung der qualitativen und quantitativen Zusammensetzung der Seidenerschwerung ist Aufgabe der chemischen Analyse. Ausführliche Angaben über die hierbei in Betracht kommenden Verfahren enthalten die folgenden Schriften, die im Bedarfsfalle heranzuziehen sind:

Heermann, P.: Färberei- und textilchemische Untersuchungen. Berlin 1918. — Steiger, O., und Grünberg, H.: Qualitativer und quantitativer Nachweis der Seidenchargen. Zürich 1897. — Massot, W.:

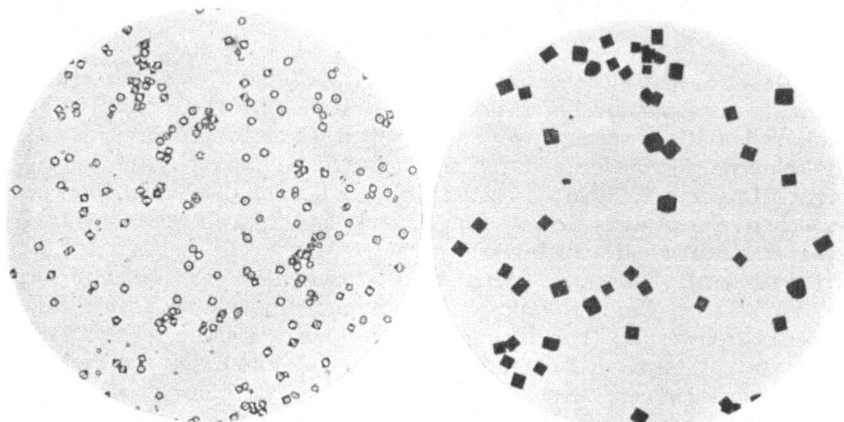

<table>
<tr><td>Abb. 74.   Mikrochemischer   Nachweis von Zinn als Rubidiumchlorostannat (Rb_2SnCl_6). Vergr. 115.</td><td>Abb. 75.   Mikrochemischer   Nachweis von Blei als Kaliumkupferbleinitrit [$K_2CuPb(NO_2)_6$]. Vergr. 115.</td></tr>
</table>

Appretur- und Schlichtanalyse. 2. Aufl. Berlin 1911. — Lunge-Berl: Chemisch-technische Untersuchungsmethoden. 4. Band, Abschnitt „Gespinstfasern", bearbeitet von A. Herzog. Daselbst auch ausführliche Literaturangaben. Berlin 1922.

Zur raschen Orientierung über die Art einer etwa vorliegenden Erschwerung sind mikrochemische Reaktionen häufig von Nutzen. Da die in Frage kommenden Stoffe nicht gleichzeitig, sondern in engbegrenzter Auswahl vorliegen (z. B. Zinn, Phosphorsäure, Kieselsäure), kann die Prüfung in den meisten Fällen ohne verwickelte Scheidungen mit den Fasern selbst oder deren Asche vorgenommen werden. Die folgenden Angaben sollen an Hand der beigefügten Abbildungen nur einen Anhaltspunkt geben, wie in solchen Fällen zu verfahren ist.

Zinn: Die mit Natriumsuperoxyd gut gemengte und sodann auf einem Platindraht zum Schmelzen gebrachte Asche (etwa 10 Minuten im Fluß zu erhalten) wird nach dem Erkalten mit starker Salzsäure angesäuert und mit etwas Rubidiumchlorid versetzt. Es entstehen gut entwickelte kleine Oktaeder und Hemïedrien von diesen, ferner Tetraëder und solche mit abgestumpften Ecken. Rb_2SnCl_6. Empfindlichkeitsgrenze etwa 0,2 μg Zinn (Abb. 74).

Blei: Zum essigsauren Auszug der Asche fügt man etwas Kupferazetat und einen reichlichen Überschuß von Kaliumnitrit hinzu. Bei Gegenwart von Blei entstehen sofort schwarze Würfel, von denen die dünnsten Exemplare häufig dunkelrot durchscheinend sind. $K_2CuPb(NO_2)_6$. E. G. = 0,03 μg Blei (Abb. 75).

Antimon: Die Asche wird am Platindraht mit Ätzkali und etwa Kaliumchlorat bis zur Rotglut erhitzt (nicht zu lange, da teilweise Verflüchtigung des Antimons eintritt!). Die Schmelze wird sodann in wenig Wasser gelöst, und nach dem Aufkochen mit Natriumchlorid versetzt. Die Bildung von Kristallen des Natriumpyroantimoniats

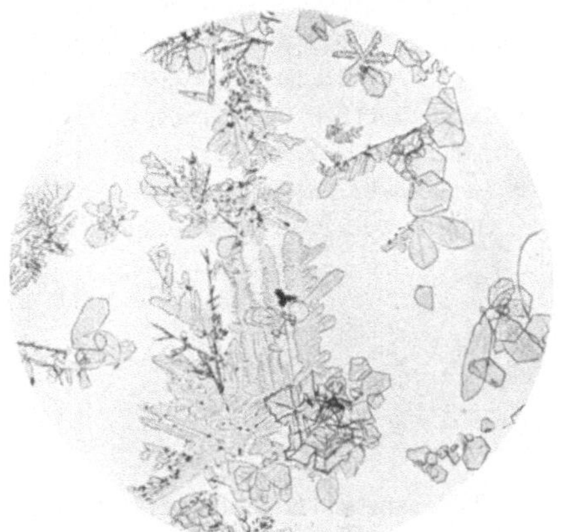

Abb. 76. Mikrochemischer Nachweis von Wolfram als Thallowolframat (Tl_2WO_4). Vergr. 115.

Abb. 77. Mikrochemischer Nachweis von Zink als Merkurithyocyanat $[Zn(CNS)_2Hg(CNS)_2]$. Vergr. 115.

$(Na_2H_2Sb_2O_7 + 6\,H_2O)$ kann durch Reiben des Glases mit dem Platindraht beschleunigt werden. Man erhält entweder farblose linsenförmige Gebilde oder tetragonale Prismen. E.-G. = 0,5 μg Antimon.

Wolfram: Man versetzt den mit Natriumhydrat erhaltenen Auszug der Faser mit einem Körnchen Thalliumnitrat. Es erscheinen mehr oder weniger glänzende, farblose oder blaßgelbe sechseckige Blättchen, die in auffallendem Lichte sehr oft lebhafte Interferenzfarben zeigen. Bisweilen entstehen auch zierlich gegitterte sechsstrahlige Sterne. Tl_2WO_4. E.-G. = 0,08 μg Wolfram (Abb. 76).

Aluminium: Die Asche wird in einem Porzellanschälchen mit etwas konzentrierter Salzsäure versetzt und zur Trockene eingedampft. Nach Filtrieren des mit Wasser aufgenommenen Rückstandes wird mit einem Tropfen Zäsiumbisulfat versetzt. Letzteres wird so bereitet, daß Zäsiumchlorid in einem Schälchen mit konzentrierter Schwefelsäure so weit abgeraucht wird, daß nach völligem Erkalten eine breiige Kristallmasse entsteht; diese wird unter Hinzufügen von einigen Tropfen Wasser gelöst. Eine Spur dieser Lösung gibt bei Gegenwart von Aluminium in dem Probetropfen alsbald große, klare Kristalle von Zäsium-

Abb. 78. Mikrochemischer Nachweis von Kalzium bzw. Schwefelsäure als Kalziumsulfat (Gips, $CaSO_4 + 2H_2O$). Vergr. 115.

alaun (Oktaeder mit Würfeln kombiniert). Auch dendritische Formen werden, namentlich bei hoher Konzentration des Aluminiums im Probetropfen, beobachtet. $Cs_2SO_4 \cdot Al_2(SO_4)_3 + 24\ H_2O$. E.-G. = 0,08 μg Aluminium.

Chrom: Die Asche wird am Platindraht etwa 15 Sekunden mit Natriumsuperoxyd bei Rotglut geschmolzen. Die Schmelze wird mit Wasser und etwas Salpetersäure ausgezogen und mit einem Tropfen salpetersäurehaltigen Silbernitrats versetzt. Das entstehende Silberchromat kristallisiert in großen prismatischen Formen von lebhaft gelbroter bis

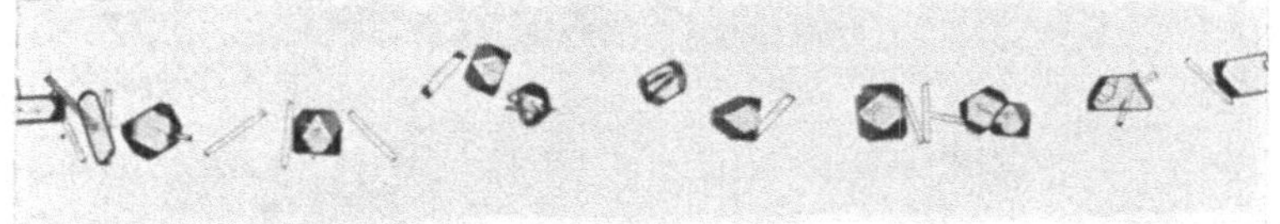

Abb. 79. Mikrochemischer Nachweis von Kalzium als Kalziumtartarat $(CaC_4H_4O_6 + 4\ H_2O)$. Vergr. 115.

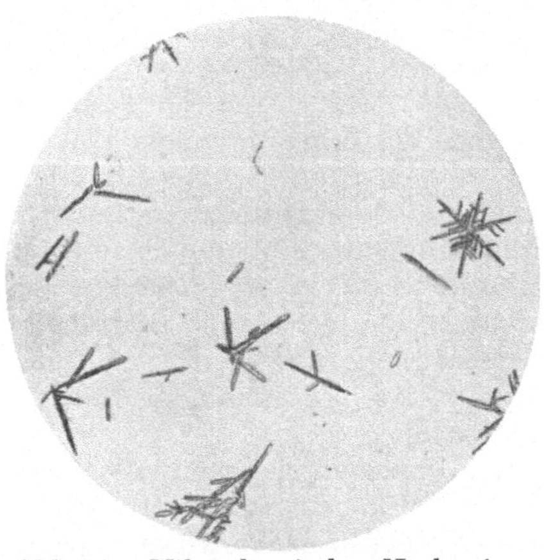

Abb. 80. Mikrochemischer Nachweis von Phosphorsäure als Ammoniummagnesiumphosphat $(NH_4MgPO_4 + 6H_2O)$. Vergr. 115.

dunkelblutroter Farbe. $Ag_2Cr_2O_7$. E.-G. = 0,03 μg Chrom.

Zink: Die Asche wird mit Essigsäure ausgelaugt und bei Zimmertemperatur mit einem Tropfen Ammoniummerkurithiosulfat versetzt (3 g Sublimat, 2,3 g Rhodanammonium, 5 ccm Wasser). In der Regel erscheinen gegabelte und verzweigte, oft sonderbar gekrümmte und gefiederte Gebilde, seltener rechtwinkelige Stäbchen des rhombischen Systems. $Zn(CNS)_2$ $\cdot Hg(CNS)_2$. E.-G. = 0,1 μg Zink (Abb. 77).

Kalzium: Die mit verdünnter Schwefelsäure versetzte Asche

läßt alsbald dünne monokline Prismen (z. T. auch in Form der sogenannten Schwalbenschwanzzwillinge) erkennen. Stärkere Schwefelsäure ruft in der Regel die Bildung von nadelförmig spießigen, drusig angeordneten Kristallen hervor. $CaSO_4 + 2 H_2O$. Abb. 78. Durch Zugabe von verdünnter Essigsäure und überschüssigem Seignettesalz in fester Form verschwinden nach einiger Zeit die Gipsnadeln vollständig und an ihrer Stelle erscheinen sehr gut ausgebildete Kristalle von Kalziumtartarat. $CaC_4H_4O_6 + 4 H_2O$. E.-G. $= 0,04\ \mu g$ Kalzium (Abb. 79). Extrahiert man die Asche mit verdünnter Essigsäure und behandelt die filtrierte Lösung mit einem Gemenge von Natriumbikarbonat und Ammoniumkarbonat, so scheiden sich beim gelinden Erwärmen kleine Rhomboëder von Kalziumnatriumkarbonat aus. $CaCO_3 \cdot Na_2CO_3 + 5 H_2O$.

Schwefelsäure: Die Asche wird am Platindraht mit einem Gemenge von Natrium-Kaliumkarbonat und Salpeter aufgeschlossen. Die

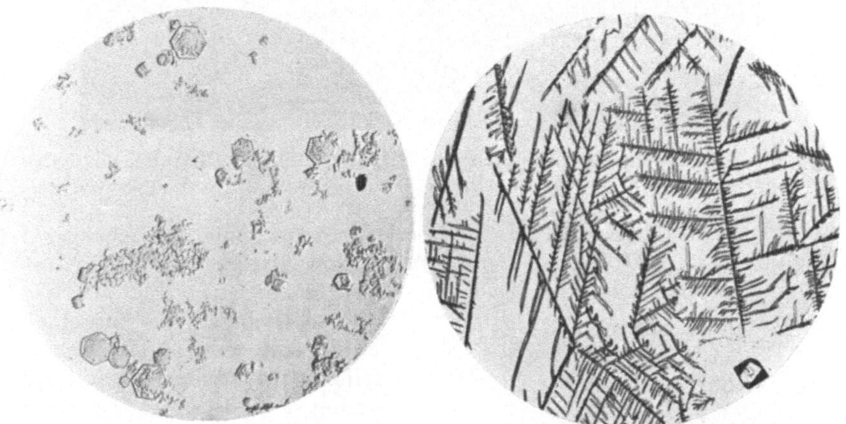

Abb. 81. Mikrochemischer Nachweis von Kieselsäure als Natriumfluorsilikat (Na_2SiF_6). Vergr. 115.

Abb. 82. Mikrochemischer Nachweis von Salzsäure als Thallochlorid (TlCl). Vergr. 115.

Schmelze wird mit Wasser ausgelaugt, mit Essigsäure unter Erwärmen neutralisiert und mit Kalziumazetat versetzt. Es entstehen bei Gegenwart von schwefelsauren Salzen die beim Kalzium beschriebenen Gipsformen (Abb. 78).

Phosphorsäure: Ein Teil der Asche wird, wie vorstehend erwähnt, aufgeschlossen, und die Schmelze mit Wasser ausgelaugt. Neben einen Probetropfen bringt man einen Ammoniumchlorid und etwas Magnesiumazetat haltigen Tropfen und vereinigt beide durch ein Tröpfchen Ammoniak. Anfangs entstehen meist Kristallskelette, später auch gut ausgebildete hemimorphe rhombische Kristalle (sehr häufig „sargdeckelartige" Formen) von phosphorsaurer Ammonmagnesia. $NH_4MgPO_4 + 6 H_2O$. E.-G. $= 0,02\ \mu g$ Phosphorsäure (Abb. 80).

Kieselsäure: Ein Teil der Asche wird in einem Platintiegelchen, dessen Deckel innen einen kleinen, außen einen großen Tropfen Wasser aufgesetzt erhält, mit Flußsäure befeuchtet und bis etwa 140° erhitzt (der kleine Tropfen dient zum Auffangen des flüchtigen Siliziumfluorids, der große zur Kühlung). Der innere Tropfen wird sodann mit etwas Natriumchlorid versetzt und eindunsten gelassen. Die entstehenden Kristalle des Natriumsiliziumfluorids (SiF_6Na_2) sind sechsseitige Tafeln oder Sterne von blaßroter Farbe und geringer Lichtbrechung (daher schiefe Beleuchtung bei der mikroskopischen Betrachtung anwenden!). Selbstverständlich

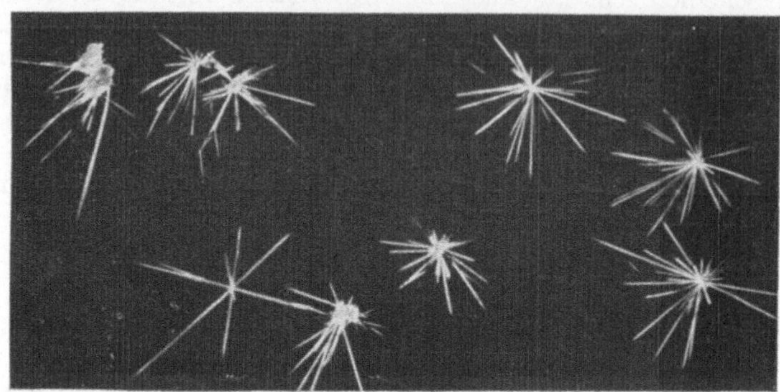

Abb. 83. Mikrochemischer Nachweis von Salpetersäure bzw. Nitraten mit Nitron (Diphenylanilodihydrotriazol). Dunkelfeldbeleuchtung. Vergr. 115.

muß das Aufschließen der Asche unter einem gut ziehenden Abzug vorgenommen werden; bei der Herrichtung des mikroskopischen Präparats verwendet man zweckmäßig einen Objektträger aus Zelluloïd. Das Mikroskopobjektiv ist durch ein mit Wasser aufgeklebtes dünnes Zelluloidplättchen gegen Anätzung sorgfältig zu schützen. E.-G. = 0,005 μg Silizium (Abb. 81). In den meisten Fällen wird das Kieselskelett der Phosphorsalzperle zum Nachweis des Siliziums ausreichen bzw. die beschriebene mikrochemische Prüfung entbehrlich machen.

Salzsäure: Der mit destilliertem Wasser erhaltene Auszug der Probe wird mit einem Körnchen Thalliumnitrat versetzt. Es fällt schwer lösliches Thallochlorid (TlCl) aus, das in der Regel kreuzförmige Rosetten (50—100 μ)

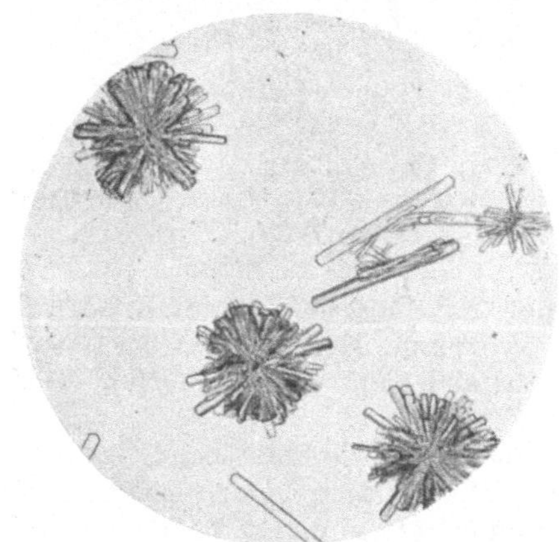

Abb. 84. Mikrochemischer Nachweis von Milchsäure als Kobaltlaktat. Vergr. 115.

oder schöne Kristallskelette darstellt, die im auffallenden Licht weiß, im durchfallenden schwarz erscheinen. Nur aus sehr verdünnten Lösungen werden auch gut ausgebildete, durchsichtige Kristalle (zumeist Würfel) erhalten. E.-G. = 0,1 μg Cl (Abb. 82).

Salpetersäure: Die nur selten in Frage kommenden Nitrate werden im wässerigen Auszuge mit Nitron (Reagens von Busch, Diphenylanilodihydrotriazol) nachgewiesen. Zu diesem Zweck wird die mit etwas Essigsäure angesäuerte Lösung mit einigen Körnchen Nitron versetzt und gegebenenfalls die Ausscheidung aus einem großen Tropfen Wasser umkristallisiert. Es entstehen lange feine Nadeln bzw. Nadelbüschel, die besonders scharf im Dunkelfeld hervortreten (Abb. 83). Auch die Reaktion mit Diphenylaminschwefelsäure (beschrieben unter „Reagenzien") kann zum Nachweis von Nitraten vorteilhaft herangezogen werden.

Milchsäure: Zum Nachweis der in der Avivage der Seide ab und zu angewandten Milchsäure bzw. ihrer Salze behandelt man den mit verdünnter Natronlauge erhaltenen Auszug mit Kobaltnitrat. Es entstehen Büschel rötlicher Kristallnadeln von Kobaltlaktat (Abb. 84).

Glyzerin: Der wässerige Auszug der Seide wird zur Trockene verdampft. Nur wenn ein klebriger feuchter Rückstand bleibt, wird dieser mit der 8—10 fachen Menge feinzerriebenen Kaliumbisulfats gemengt und die breiige oder krümelige Masse in einem trockenen Probeglase so lange erhitzt, bis sich deutliche Dämpfe zu entwickeln beginnen. Diese läßt man gegen ein aufgesetztes Uhrglas streichen, dessen Unterseite ein Tropfen einer klaren Lösung von Paranitrophenylhydrazin aufgesetzt wird. Bei der mikroskopischen Prüfung des auf einem Objektträger abgestrichenen Tropfens erscheinen bei Gegenwart von Glyzerin feine, nadelförmige

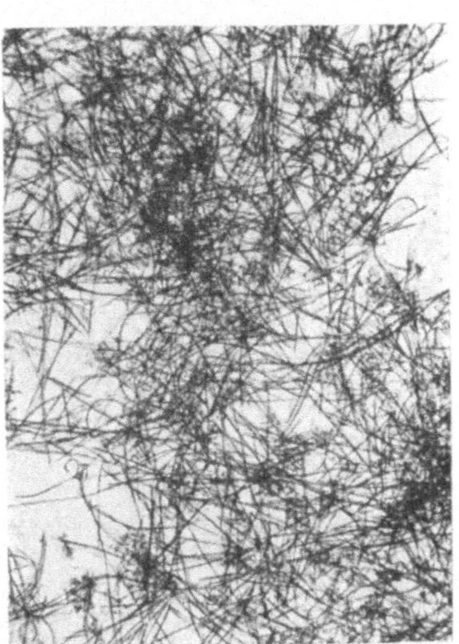

Abb. 85. Mikrochemischer Nachweis von Glyzerin mit Paranitrophenylhydrazin. Vergr. 115.

Kristalle, die oft gruppenförmig angeordnet sind (Abb. 85).

Fette und fettartige Körper: Ein Teil der Probe wird mit Äther ausgezogen und der Rückstand mikroskopisch geprüft. Fette und fettartige Körper sind an ihrem hohen Lichtbrechungsvermögen und ihrer schmierigen Form ohne Schwierigkeit zu erkennen. Ein Teil dieser Probe wird mit einem Tropfen Kalilauge-Ammoniak (Molischs Reagens) versetzt und nach längerer Zeit beobachtet, ob der fettige Tropfen Änderungen seiner Form und seines Lichtbrechungsvermögens erlitten hat (Verseifungsprobe, nur bei Fetten positiv ausfallend). Unverseifbare Stoffe von fettartiger Beschaffenheit (z. B. Vaselin) bleiben hierbei vollständig unverändert (Abb. 86). Fette geben auch die für Glyzerin angegebene Reaktion mit Kaliumbisulfat und Paranitrophenylhydrazin (Abb. 85).

Seife: Der wässerige Auszug gibt nach Zusatz eines löslichen Kalksalzes (z. B. Kalziumazetat) einen schmierigen, mehr oder weniger krümeligen Belag von Kalkseife (Abb. 87). Nach Kochen mit Salz- oder Schwefelsäure sind zahlreiche Fettröpfchen (Fettsäuren) nachzuweisen. Die Asche des Auszuges ist erforderlichenfalls auch auf Natrium zu prüfen (Abb. 88).

Zucker (Traubenzucker usw.): Der Nachweis erfolgt in dem wässerigen Auszug. Vorher stellt man zwei Lösungen her: eine Lösung von salzsaurem Phenylhydrazin in Glyzerin und eine zweite von Natriumazetat, gleichfalls in Glyzerin, beide im Verhältnis 1:10. Die Lösungen sind getrennt im Dunklen aufzubewahren. Auf dem Objektträger wird je ein Tropfen beider Flüssigkeiten gemischt und mit dem auf Zucker zu prüfenden Tropfen vereinigt. Nach dem Erwärmen kommt es bei Gegenwart von Zucker zur Bildung von schwer löslichen, gelb gefärbten Osazonen, die in der Regel aus büschelförmig vereinigten oder sphäroïdisch ausgebildeten Kristallen bestehen (Abb. 89).

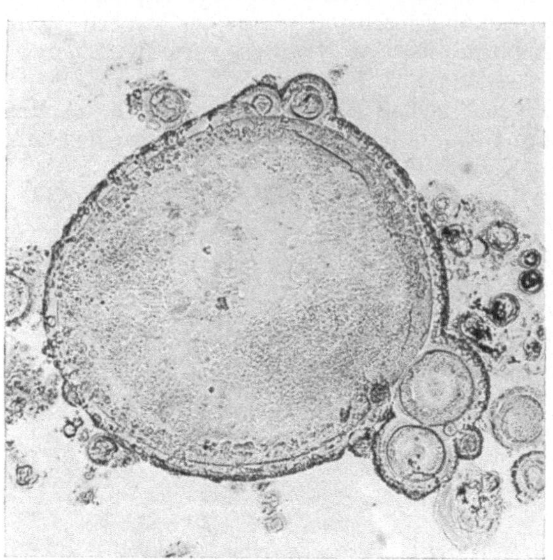

Abb. 86. Verseifungsprobe nach Molisch zum Nachweis von Fetten. Vergr. 110.

Stärke: Wird am einfachsten makrochemisch mit wässeriger Jod-

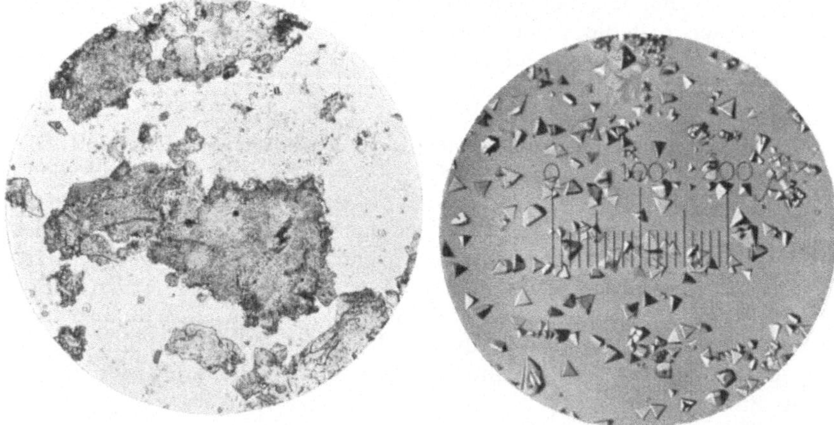

Abb. 87. Mikrochemischer Nachweis von Seife mit Kalziumazetat als Kalkseife. Vergr. 115.

Abb. 88. Mikrochemischer Nachweis von Natrium in der Asche von Kernseife als Natriumuranylazetat [$Na_2C_2H_3O_2 \cdot UO_2(C_2H_3O_2)_2$]. Vergr. 115.

lösung nachgewiesen (Blaufärbung). Manchmal läßt sich aus der Form von der Verkleisterung entgangenen Stärkekörnchen mikroskopisch noch die in Frage kommende Stärkeart feststellen (Abb. 90).

Die vorstehenden Angaben über den mikrochemischen Nachweis einiger bei der Erschwerung der Seide in Frage kommenden Stoffe machen selbstverständlich keinerlei Anspruch auf Vollständigkeit; sie mögen nur als Anregung zu weiteren Arbeiten aufgefaßt werden. Zum eingehenderen Studium mikrochemischer Reaktionen seien insbesondere die Werke von H. Behrens[1]) und F. Emich[2]) empfohlen, wo auch die einschlägige Literatur sorgfältig berücksichtigt ist.

Abb. 89. Mikrochemischer Nachweis von Zucker (Traubenzucker usw.) mit salzsaurem Phenylhydrazin und Natriumazetat-Glyzerin. Osazonreaktion. Vergr. 115.

Ein sehr einfaches Verfahren zur annähernden quantitativen Feststellung der Seidenerschwerung hat E. Ristenpart[3]) angegeben; es kommt besonders dann in Betracht, wenn die Kleinheit des zu untersuchenden Musters die Benutzung einer der exakteren chemischen Methoden ausschließt. Da durch die Erschwerung des Fadens keine nennenswerte Verkürzung verursacht ist (im Höchstfall $5\,^0/_0$), kann der erschwerte Faden als gleichlang mit dem unerschwerten Rohseidenfaden angenommen werden. Aus dem Gewicht der Längeneinheit bzw. aus dem Verhältnis der beiden Gewichtszahlen kann die Höhe der Erschwerung unmittelbar abgeleitet werden. Das Gewicht eines Meters erschwerten Kokonfadens wird ermittelt in der Weise, daß man 10 Meter des zu untersuchenden

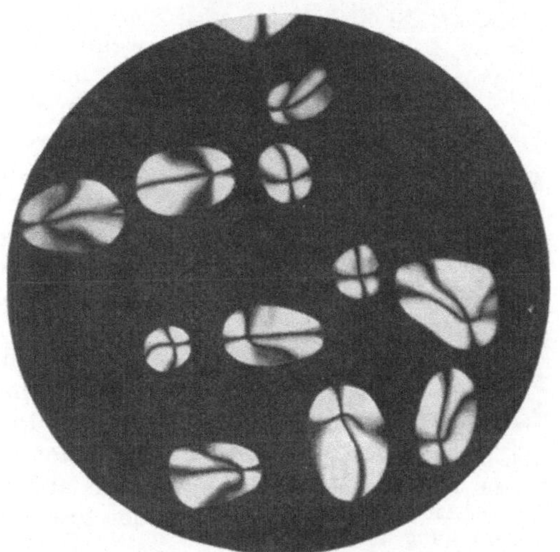

Abb. 90.   Kartoffelstärke zwischen gekreuzten Nicols. Vergr. 260.

[1]) Behrens-Kley: Mikrochemische Analyse. Leipzig und Hamburg 1915.
[2]) Emich, F.: Lehrbuch der Mikrochemie. Wiesbaden 1911.
[3]) Ristenpart, E.: Färber-Ztg., 1907, 297.

Seidenfadens genau abmißt, auf einer Wage mit 1 mg Genauigkeit abwiegt und die gefundene Gewichtszahl einerseits durch 10, andererseits durch die Zahl der mikroskopisch gezählten Kokonfasern teilt. Die Metergewichte in Milligramm für die rohe Kokonfaser verschiedener Seidensorten, die in der Erschwerungspraxis eine Rolle spielen, betragen im Durchschnitt:

Mail. Organzin	0,160
„ Tram	0,151
Jap. Organzin	0,151
„ Tram	0,147
Canton Organzin	0,102
„ Tram	0,088
China Organzin	0,111

Wo über den Charakter der Rohseide nichts Näheres bekannt ist, kann die Methode allerdings nicht angewandt werden.

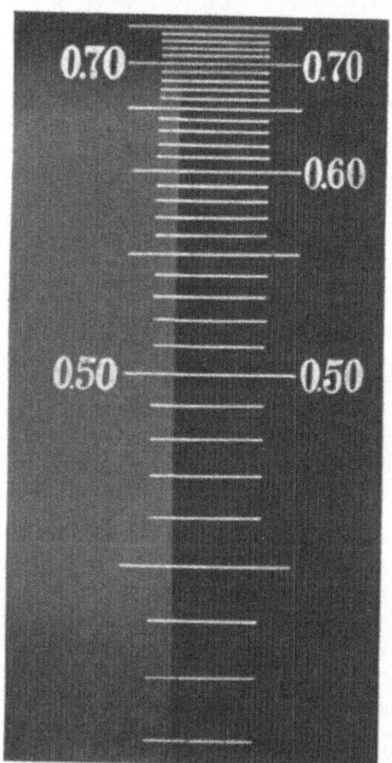

Abb. 91. Mikrospektralaufnahme. Die im Bilde sichtbare Skala gehört der Angströmschen Wellenlängenteilung eines Abbeschen Mikrospektralokulars an. Vergr. 150.

Färbung.

Die Feststellung der Natur einer etwa vorliegenden künstlichen Färbung erfolgt in der Regel auf chemischem Wege. Bei der Fülle von diesbezüglichen Möglichkeiten muß auf die einschlägigen Handbücher verwiesen[1]) werden. Selbstverständlich kann die Prüfung auch mikrochemisch vorgenommen werden, was namentlich dann in Frage kommt, wenn die vorliegende Probe zu klein ist, um die Ausführung von Reagenzglasversuchen zu gestatten. Sehr nützlich erweist sich manchmal schon die einfache Mikrosublimation. So gelang es dem Verfasser mehrfach, Indigo von alten Seidengeweben auf ein aufgelegtes Deckgläschen zu sublimieren, teils in wohlausgebildeten Kristallen, teils in spießiger Form (Abb. 35 und 92). Die mit dem Sublimat nachher ausgeführten mikrochemischen und mikrophysikalischen Prüfungen gaben viel klarere Reaktionen auf Indigo, als dies bei dem noch auf der Faser sitzenden Farbstoff der Fall war.

Auch die spektroskopische Untersuchung gefärbter Fasern erweist sich vielfach von Nutzen, da auf diesem Wege

---

[1]) Heermann, P.: Färberei- und textilchemische Prüfungen. Berlin 1918. — Green: Zeitschr. f. Farbenind., 1905, S. 510 und 1908, S. 73; ferner: Journ. Soc. Dyers and Col. 1905 und 1908.

zum mindesten ein Anhaltspunkt für die Bestimmung der vorliegenden Farbstoffgruppe erhalten werden kann, was immerhin schon wertvoll ist. Formánek hat hierüber in seinem Werke: Untersuchung und Nachweis organischer Farbstoffe auf spektroskopischem Wege, Berlin 1911, zahlreiche, ausführliche Angaben gemacht. Am besten bedient man sich bei derartigen Arbeiten eines Mikrospektralokulars in der von Abbe angegebenen Ausführung. Die Angströmsche Wellenlängenskala gibt ein bequemes und in den meisten praktischen Fällen ausreichendes Maß für die ziffermäßige Festlegung der Absorption im Spektrum (Abb. 91). Für quantitative Arbeiten kann das nach den Angaben von Engelmann gebaute Mikrospektralphotometer zweckmäßig Verwendung finden.

Bei Färbungen mit natürlichen Farbstoffen ist auch auf etwa vorhandene zellige „Leitelemente" genau zu achten, da so häufig wertvolle Fingerzeige für die Natur des vorliegenden Farbstoffs zu erhalten sind. Zum Beweise dessen sei hier als Beispiel angeführt, daß der Verfasser bei der materiellen Prüfung der von Stein-Oxford in Zentralasien gemachten Seidengewebefunde in mehreren, teils rot, teils gelb gefärbten Geweberesten stachelige Pollenkörner nachweisen konnte, die nach der vorgenommenen mikroskopischen Vergleichsprüfung mit solchen der Safflorblüte (Carthamus tinctorius) übereinstimmten. Bei der daraufhin ausgeführten mikrochemischen Prüfung der gefärbten Seidenfasern erwies sich der Farbstoff in der Tat als von Safflor herrührend. In einem dieser Fälle (schlechte Färbung mit Safflorgelb, z. T. schon in kaltem Wasser löslich) wurden stellenweise auch zahlreiche Flügelschuppen eines offenbar zufällig in die Farbbrühe gelangten Seidenschmetterlings vorgefunden, die nach der ausgeführten Vergleichsprüfung von Bombyx mori herrührten. Es konnte hieraus gefolgert werden, daß Bombyx mori schon etwa ein Jahrhundert v. Chr. in Zentralasien bekannt war und als Lieferant von Seide in Betracht kam, ein Umstand, der im Hinblick auf die heute noch vielfach auseinander gehenden Ansichten vieler Forscher immerhin von Interesse ist. Es ist natürlich nicht möglich, an dieser Stelle eine Anleitung zur systematischen Untersuchung und Bestimmung etwa vorkommender Leitelemente zu geben; mit dem oben Gesagten sollte nur auf die Wichtig-

Abb. 92. Indigokristalle aus einem altchinesischen Seidengewebe auf ein Deckglas sublimiert. Bezeichnung wie in Abb. 42. Die großen spießigen Kristalle bestehen aus Indigrubin, die zahlreichen kleinen Kristalle des Untergrundes aus Indigblau. Vgl. auch Abb. 35. Vergr. 130.

keit ihrer Berücksichtigung bei mikroskopischen Prüfungen hingewiesen werden.

Vielfach ist man auch bei forensischen Untersuchungen auf die Vornahme mikrochemischer und mikrophysikalischer Reaktionen angewiesen, weil das zu prüfende Objekt entweder nicht beschädigt werden darf oder der in Frage kommende Stoff nur örtlich, etwa in Form von Flecken und Spritzern, in sehr geringer Menge vorliegt.

2. Wilde Seide.

Außer dem echten Seidenspinner (Bombyx mori) gibt es noch eine große Zahl von Spinnern, die aber nicht wie jener in Kultur genommen sind, sondern wild leben; sie werden höchstens durch Anbau ihrer Nahrungspflanzen und Schutz vor äußeren Feinden in ihrem Gedeihen gefördert. Das fadenförmige Erzeugnis dieser Spinner wird mit dem Sammelnamen wilde Seide belegt. Silbermann[1]) teilt die wilden Spinner in drei Gruppen ein:

1. Die Kokons sind ziemlich regelmäßig gesponnen und in der Regel ohne besondere Schwierigkeiten abhaspelbar. Es gehören hierher die wilden Maulbeerspinner, Vertreter der Familien Antherea (Tussah-, Yamamayspinner), Moonga und Actias.

2. Die Kokons sind offen und nicht abhaspelbar, wie z. B. bei Vertretern der Familie Attacus (Ricinus- und Ailanthusspinner, welche die sogenannte Eriaseide liefern, Atlasspinner, dessen Fäden als Fagaraseide bekannt sind) u. a.

3. Verschiedene Saturnidenarten, die zurzeit keine technische Bedeutung haben.

Mikroskopisch sind die wilden Seiden sehr ähnlich gebaut, so daß die sichere Unterscheidung nicht unerheblichen Schwierigkeiten begegnet. Praktisch ist dies kein großer Mangel, da es in der Regel ausreichen wird, eine Faser als zur Gruppe der wilden Seide gehörig zu bestimmen. Die Verhältnisse liegen hier etwa so, wie bei den zu Papierzwecken hergestellten verschiedenartigen Holzzellstoffen, bei welchen die mikroskopische Unterteilung in Laubholz- und Nadelholzzellstoffe in den meisten praktischen Fällen genügt.

Die wilden Seiden, die im rohen Zustand eine mehr oder weniger dunkle Färbung aufweisen, sind stark flachgedrückt, z. T. bandartig und von flach keilförmigem Querschnitt. Sie bestehen wie die echte Seide aus zwei Einzelfäden, die von einer im trockenen Zustand sehr spröden Leimmasse (Serizin) umgeben, ja sogar z. T. von dieser durchdrungen sind. Der Einzelfaden ist in allen Fällen erheblich breiter wie der der echten Seide (vgl. die folgende Zusammenstellung). Besonders auffallend ist die Längsstreifung des Fadens, die namentlich nach Einwirkung von Chromsäure noch deutlicher wird. Nach v. Höhnel[2]) besteht der Fibroïnfaden aus einer geringen Menge einer Grundmasse,

---

[1]) Silbermann, H.: Die Seide. Bd. 1, S. 285, Dresden 1897.
[2]) Höhnel, F. v.: Mikroskopie d. techn. verwendeten Faserstoffe. 2. Aufl. S. 205, Wien-Leipzig 1905.

in welcher zahlreiche dichtere und festere, sehr feine Fäden (Fibrillen) eingelagert sind. Die Grundmasse ist gegen auflösende und mazerierende Mittel (wie z. B. Chromsäure) weniger widerstandsfähig als die Fibrillen. Sie kommt dadurch zustande, daß jede Fibrille schon bei ihrer Ausscheidung aus der Drüse von einer dünnen Hülle umgeben ist, welche Hüllen zu der Grundmasse zusammenfließen. Die Fibrillen sind nach dem genannten Forscher nur 0,3—1,5 μ dick, von rundlichem Querschnitt und parallelem Längsverlauf. Außen zeigt der Faden meist eine rindenartige dünnere Schicht, in welcher die Fibrillen feiner und dichter gelagert sind. Neben solchen mehr oder weniger hell erscheinenden Streifen kommen noch in sehr großer Menge sehr scharfe dunkle vor, die von zahlreichen feineren und gröberen Luftkanälen herrühren, die zu mehreren Hunderten vorhanden sein können. Manche wilde Seiden, insbesondere die Tussahseide, zeigen deutliche Kreuzungsstellen, die dadurch entstehen, daß sich zwei im Kokon befindliche schräg verlaufende Fäden unmittelbar nach ihrer Bildung gegenseitig etwas abplatten. An solchen Stellen erscheint der Faden auch etwas verbreitert und auffallend hell. Besonders gut sind die Quetschstellen zwischen gekreuzten Nicols wahrzunehmen, weil sie den anderen Teilen des Fadens gegenüber niedrigere Polarisationsfarben aufweisen. Auch nach Einwirkung von Kupferoxydammoniak treten sie scharf hervor und lassen erkennen, daß die Lösung des Fadens bei ihnen den Anfang nimmt. Über das Verhalten der wichtigsten wilden Seiden im Polarisationsmikroskop gibt die folgende Zusammenstellung Aufschluß, die auf Grund der von v. Höhnel gemachten Angaben entworfen ist.

| | | Vorherrschende Polarisationsfarben für die | |
| | | Schmal- | Breit- |
		seite der Faser	
Tussahseide	B. Selene	Sehr ungleichmäßig und rasch wechselnd; Farben höherer Ordnungen treten in länglichen schmalen Flecken auf (hellrosa, hellgrün)	Stark leuchtend; die dicksten Stellen rote und blaue Farbentöne (2. Ordng.), die dünnsten gelblichweiß bis orange I
	B. Mylitta	Wie bei B. Selene	Bläulich milchweiß, auch bräunliche bis schwärzliche Töne. Flecken (dickste Stellen) hellorange bis bräunlich und rot
Yamamayseide A. Yamamaya		Verschiedene leuchtende Farben neben dunkleren Tönen. Dieselbe Farbe nur auf kurze Stellen beschränkt	Bläulich milchweiß neben anderen reinen Farben der 1. Ordnung
Ailanthusseide A. Cynthia		Farbenbild sehr bunt, jedoch stark gedämpft, sonst wie bei Yamamayseide	Glänzend gelblichweiß, daneben verschiedene bräunliche, wenig leuchtende Töne
Senegalseide Faidherbia Bauhini		Matt und unrein grau, braun bis schwärzlich, hellere Farben selten	Glänzend gelb oder bräunlich weiß oder mattgelb, grau bis braun

Ultramikroskopisch geprüft, erweist sich die gebleichte wilde Seide als sehr rein; sie zeigt dabei eine besonders schön ausgeprägte

Parallelstruktur, wie sie sonst bei keiner anderen natürlichen oder künstlichen Seide beobachtet werden kann (Abb. 66). Offenbar handelt es sich hier um die schon erwähnten Fibrillen, die auch bei gewöhnlicher mikroskopischer Betrachtung, namentlich nach Einwirkung von halbgesättigter Chromsäure, in den meisten Fällen sichtbar sind. In mikrochemischer Hinsicht ist zu erwähnen, daß die wilde Seide sich nach der Einwirkung von Chlorzinkjod gelb bis gelbbraun färbt. Mit kochender Salzsäure färben sich die meisten Seiden dieser Art schmutzig- bis reinviolett, um sich nach etwa zwei Minuten während dem Kochen aufzulösen. Das Serizin bleibt hierbei ungelöst, ebenso wie bei der echten Seide, es quillt aber stark an und erscheint in diesem Zustand ausgesprochen glasig. Nach v. Höhnel ist halbgesättigte Chromsäure ein ausgezeichnetes Trennungsmittel für echte und wilde Seide. Jene löst sich in etwa 1 Minute vollständig auf, während diese erst nach längerer Einwirkung und auch dann nur unvollständig in Lösung geht. Dieses unterschiedliche Verhalten ist auch zur quantitativen Bestimmung beider Fasergruppen in Gemengen brauchbar. Kupferoxydammoniak löst vollständig, wenn auch langsamer wie bei echter Seide. Weitere mikrochemische Reaktionen sind in der Zusammenstellung auf Seite 106 angegeben.

Formverhältnisse einiger wilder Seiden.

	Allgemeine Formverhältnisse		Größte auffindbare Breite d. Einzelfaser in μ	Fibrillärstreifung	Kreuzungsstellen	Aussehen der Fadenenden nac Zerreißen eines Faserbüschels
	Längsansicht	Querschnitt				
Tussahseide { B. Mylitta	bandartig flach, breit, wenig durchsichtig	flach zusammengepreßt, häufig schmal dreieckig	60—100	sehr deutlich	sehr häufig	wenig oder gar nicht zerfasert
B. Selene			50—55	dgl.	dgl.	wie bei B. Mylitt
Yamamayseide Antherea Yamamaya			40—50	wie bei Tussahseide, jedoch etwas schwächer	dgl.	dgl.
Ailanthusseide Attacus Cynthia			40—50	besonders auffallend	selten	fast jede zweite Faser zerschlitz
Senegalseide Faidherbia Bauhini			30—35	dgl.	dgl.	fast alle Faser zerschlitzt

3. Afrikanische oder Nesterseide (Anapheseide).

Im Gegensatz zu den bisher besprochenen Seidenspinnern, deren Raupen sich vor der Verwandlung in Puppen je einzeln in einen Kokon einspinnen, haben wir es hier mit Familienspinnern zu tun, deren Raupen zu Hunderten in einem gemeinschaftlichen Nest leben, in dem sie sich auch verpuppen. Es handelt sich um verschiedene Arten der Gattung Anaphe, die in ganz Zentralafrika in großer Menge verbreitet sind. Eine genaue Beschreibung der Eigenschaften und des Verhaltens bei der Verarbeitung verdanken wir H. Zeising[1]). Nach ihm sind die

---

[1]) Zeising, H.: Anapheseide. Leipz. Monatsschr. f. Textilind., 8, 1910.

Fasern bandartig flach und von unregelmäßiger Querschnittform. In
Entfernungen von je 100 μ weisen sie charakteristische Ringe auf, die
durch Verschiebungen der inneren Struktur bedingt sind, ferner sind
auch stets auffallende Längsstreifen und Spaltrisse zu beobachten.
Der Kokonfaden hat eine Breite von 32—40 μ und eine Dicke von
20—28 μ. Er besteht ebenfalls aus zwei Einzelfäden, deren entsprechende
Maße 22—26 μ bzw. 9—10 μ sind; die Einzelfaser ist also etwa 2,5 mal
so breit als dick. Die Farbe des Bastes und der Faser selbst ist dunkelbraun. Der Glanz tritt erst nach dem für das Verspinnen nötigen Ent-
basten hervor, ohne jedoch den der Maulbeerseide zu erreichen. Das
spezifische Gewicht beträgt nach E. Müller 1,282 g, ist also niedriger
wie bei der echten Seide von Bombyx mori (s = 1,37 g). Im nassen
Zustand beträgt die Festigkeit nur etwa die Hälfte jener, die die Anaphe-
faser im trockenen Zustand aufweist. In mikrochemischer Hinsicht ist
das gleiche Verhalten wie bei der wilden Seide zu beobachten. Nach
den an der Höh. Spinn- und Webschule in Krefeld ausgeführten praktischen Versuchen läßt sich die Anapheseide bis zu 400er Garn (metr.)
verspinnen. Ein derart hergestelltes und geprüftes Gespinst zeigte folgende Festigkeitsverhältnisse:

(Nr. 200/2, Temperatur 20°, relative Luftfeuchtigkeit 45%)

	Festigkeit in g	Dehnbarkeit in %
trocken	211,75	7,8
naß	128,50	10,1
wieder getrocknet	212,50	6,7

4. Spinnenseide.

Das fadenförmige Sekret der Spinnen, welches diese zur Herstellung von Fangnetzen für Insekten, zum Schutze ihrer Eier gegen
äußere Einflüsse oder als Halteleine bei ihren Luftwanderungen gebrauchen, wurde wiederholt zu technischen Zwecken, insbesondere zur
Erzeugung feinster Web- und Wirkwaren anzuwenden versucht. Die
Fachliteratur enthält zahlreiche Angaben über Abstammung, Eigenschaften und Geschichte dieses Faserrohstoffes. Es sei hier insbesondere
auf die ausgezeichnete monographische Bearbeitung, welche die Spinnenseide durch Fr. Dahl[1]) erfahren hat und auf die grundlegende Arbeit
von E. Fischer[2]), welche der chemischen Seite des Gegenstandes ge-
widmet ist, verwiesen.

Die Spinnenseide von Nephila madagascariensis[3]) stellt
einen sehr feinen, glänzenden Faserstoff von weißer oder orangegelber
Farbe dar (Abb. 2). Wie die mikroskopische Untersuchung lehrt, ist
die Einzelfaser massiv, nahezu vollkommen durchsichtig und von annähernd kreisrundem Querschnitt. Eine besondere innere Struktur
fehlt, da es sich, ebenso wie bei den verschiedenartigen Raupenseiden,
lediglich um ein geformtes Ausscheidungsprodukt des Tierkörpers

---

[1]) Dahl, Fr.: Seidenspinne und Spinnenseide. 1912.
[2]) Fischer, E.: Über Spinnenseide in: Sitzungsber. d. preuß. Akad. d. Wiss.,
24, 440—450. Berlin 1907.
[3]) Herzog, A.: Zur Kenntnis der Spinnenseide. Kunststoffe, 3 u. 4, 1915.

handelt. Nur ab und zu kann eine sehr feine Längsstreifung der Faser wahrgenommen werden. Besonders bemerkenswert ist die große Feinheit, die hauptsächlich den weißen Fäden zukommt. Messungen von in Luft liegenden Fasern ergaben, wie aus der beigegebenen Zahlentafel 17 hervorgeht, einen mittleren Durchmesser von nur 6,9 μ! Hiernach stellt die weiße Spinnenseide das feinste tierische Seidenprodukt überhaupt dar. Aber auch unter den künstlichen Seiden sucht die weiße Spinnenseide ihresgleichen. Vgl. Zahlentafeln 16 u. 18. Der Längsverlauf der Spinnenseide ist sehr gleichmäßig; auch im Fadendurchmesser kommen nur unbedeutende Schwankungen vor (5,4 und 6,1 %). Verunreinigungen in Form von hellbräunlich gefärbten Schüppchen finden sich nur in sehr geringer Menge vor. Eine dem Leim der Raupenseide entsprechende Hüllsubstanz fehlt. Das spezifische Gewicht beträgt 1,28 g. Die Kunstseiden zeigen bekanntlich ein viel höheres spezifisches Gewicht (etwa 1,5 g), welches mit dem der Zellulose annähernd übereinstimmt.

Mit dem geringen Faserdurchmesser und dem niedrigen spezifischen Gewicht geht natürlich auch eine hohe Feinheitsnummer des Einzelfadens Hand in Hand. Wie aus der Zahlentafel 17 ersichtlich, kommt der weißen Spinnenseide im Sinne der Textilindustrie die außerordentlich hohe metrische Nummer 20 892 (!) zu. Die gelbe Spinnenseide zeigt eine Nummer von 7522 Einheiten. Um einen Begriff von der außerordentlichen Feinheit des weißen Fadens zu erhalten, diene folgende einfache Betrachtung: Nach Bessel beträgt der Äquatorialhalbmesser der Erde 6377,5 km, was einem Äquatorialumfang von 40071,11 km entspricht. Legt man letztere Zahl und die oben angeführte Feinheitsnummer des weißen Spinnenfadens zugrunde, so läßt sich ohne weiteres berechnen, daß einer Fadenlänge vom Äquatorialumfang der Erde bloß ein Gewicht von 1,9 kg zukommt!

In Wasser quillt die Spinnenseide beträchtlich an. Wie aus der Zahlentafel 17 ersichtlich, beträgt die Breitenzunahme 37—42 %. In dieser Hinsicht neigt also die Spinnenseide mehr zu den Kunstseiden als zu den Raupenseiden, deren Quellungsgröße nur etwa 17 % beträgt. Besonders auffallend ist die starke Längsverkürzung der Spinnenseide in Wasser (34—36 %), während die übrigen Faserstoffe des Handels im unverarbeiteten Zustande wenig oder gar nicht schrumpfen, ja sogar in einzelnen Fällen eine mäßige Verlängerung erfahren[1]). Die Verkürzung des Spinnenfadens erfolgt so rasch, daß dieser in eine auffallende Bewegung gerät, was bei anderen Faserstoffen nur bei Verwendung von sehr starken Quellungsmitteln, wie Kupferoxydammoniak, konzentrierter Schwefelsäure usw. beobachtet werden kann.

Die Erklärung für dieses eigentümliche Verhalten dürfte wohl darin zu finden sein, daß der aus einer zähflüssigen Masse entstehende Spinnenfaden beim Herausziehen aus dem Tierleib sehr starken Dehnungen unterworfen ist, und daß die infolge der raschen Erhärtung des Fadens an der Luft und beim Trocknen entstandenen dauernden Span-

---

[1]) Höhnel, v.: Mikroskopie der technisch verwendeten Faserstoffe. 2. Aufl. 1905.

nungen erst beim Einlegen in Wasser und anderen Quellungsmitteln rückgängig gemacht werden.

Chemisches Verhalten. Die ausgezeichneten Untersuchungen E. Fischers[1]) haben gelehrt, daß der Spinnenfaden (Nephila madagascariensis) chemisch sehr große Ähnlichkeit mit dem Seidenfibroïn von Bombyx mori aufweist, denn er löst sich wie dieses in starker Salzsäure und gibt beim Fällen mit Alkohol einen Stoff von ähnlichen Eigenschaften wie das Sericoin. Ferner enthält er annähernd die gleiche Menge an Glykokoll, Alanin, Tyrosin und Leucin. Etwas größer ist die Menge des Prolins und der Diaminosäuren. E. Fischer hebt als besonderen Bestandteil der Spinnenseide die Glutaminsäure hervor, die bisher im Seidenfibroïn nicht nachgewiesen wurde. Ein weiterer Unterschied besteht in dem Gehalt an Serin, das einen beträchtlichen Teil des Seidenfibroïns ausmacht, aber in der Spinnenseide bisher nicht gefunden wurde und nach den Angaben Fischers jedenfalls nicht in erheblichen Mengen zugegen ist. Der genannte Forscher hat auch den schönen orangegelben Farbstoff der Spinnenseide geprüft und gefunden, daß er sich wie ein Indikator der Alkalimetrie verhält (durch Alkalien verstärkt, durch Säuren entfärbt, ohne jedoch im letzteren Falle zerstört zu werden).

In Übereinstimmung mit dem Vorangeführten steht das mikrochemische Verhalten, welches ich eingehend geprüft und mit dem der echten Seide in Vergleich gezogen habe. Aus der nachfolgenden Zusammenstellung geht die außerordentliche Ähnlichkeit des Spinnenfadens mit dem Fibroïn der echten Seide ohne weiteres hervor. Unterschiede bestehen nur in der größeren Empfindlichkeit der Spinnenseide gegen verdünnte Mineralsäuren und in der stärkeren Quellung beim Einlegen in Wasser und andere Reagenzien. Bezüglich der Quellung in Wasser wurde das Nötige bereits oben auseinandergesetzt.

Ich bemerke noch, daß sich die mikrochemischen Reaktionen der echten Seide nur auf den gekochten, also von Seidenleim befreiten Faden beziehen, da die Spinnenseide keinen Seidenleim enthält. Nach E. Fischer erleidet die Spinnenseide beim Kochen mit Wasser (115 bis 120 ° C) nur einen Gewichtsverlust von etwa 3 %, während die gewöhnliche lombardische Rohseide unter den gleichen Verhältnissen etwa 30 % verliert.

Chlorzink, konz.

Echte Seide: in der Kälte ohne Einwirkung, in der Hitze rasch gelöst.

Spinnenseide: wie bei echter Seide.

Chlorzinkjod:

Echte Seide: goldgelb bis gelbbraun gefärbt. Dichroïsmus nicht vorhanden.

Spinnenseide: wie bei echter Seide.

---

[1]) S. a. a. O.

Papierjod und Papierschwefelsäure.
   Echte Seide: schwach gelb, ohne Dichroïsmus.
   Spinnenseide: wie bei echter Seide.

Schwefelsäure, konz.
   Echte Seide: augenblicklich gelöst.
   Spinnenseide; wie bei echter Seide.

Schwefelsäure, verd. (1:3).
   Echte Seide: in der Kälte nicht verändert, in der Hitze starke Quellung und unvollständige Lösung.
   Spinnenseide: in der Kälte auffallende Längsschrumpfung und starke Quellung, stellenweise blasenartige Anschwellung und Lösung, manchmal deutliche Querfalten sichtbar. Die meisten feinen Fasern bleiben ungelöst. In der Wärme vollständige Entfärbung der gelben Fasern, Lichtbrechungsvermögen vor der Lösung stark herabgedrückt.

Salpetersäure, $s = 1,4\,g$.
   Echte Seide: rasches Zusammenziehen der Fasern in der Längsrichtung und langsame Lösung unter Gelbfärbung.
   Spinnenseide: wie bei echter Seide, jedoch ohne Gelbfärbung.

Salpetersäure, verd.
   Echte Seide: in der Kälte und Wärme ohne bemerkenswerte Einwirkung bis auf eine deutliche Gelbfärbung (Wärme).
   Spinnenseide: in der Kälte werden die gelben Fasern unter mäßiger Quellung entfärbt. In der Wärme quellen die gröberen Fasern stark an und gehen sehr langsam in Lösung. Gelbfärbung sehr deutlich. Zarte Längsstreifung sichtbar.

Chromsäure.
   Echte Seide: in der Kälte ohne Einwirkung, beim Kochen erst nach längerer Zeit zerstückelt und gelöst.
   Spinnenseide: in der Kälte sehr starke Verkürzung bei mäßiger Quellung, in der Wärme sehr starke Quellung der gröberen Fasern und schließlich Lösung. Die feinen Fasern zeigen eine auffallende Widerstandsfähigkeit.

Eisessig.
   Echte Seide: kalt und warm ohne sichtbare Einwirkung.
   Spinnenseide: in der Kälte starke Längsschrumpfung und Kräuselung sowie Quellung, in der Wärme sehr starke Quellung und teilweise Lösung.

Pikrinsäure.
   Echte Seide: Gelbfärbung.
   Spinnenseide: wie bei echter Seide.

Ammoniak.
   Echte Seide: in der Kälte und Wärme ohne sichtbare Wirkung.
   Spinnenseide: in der Kälte starke Verkürzung, in der Wärme mäßige Quellung und Entfärbung der gelben Fasern.

Kalilauge, 40%ig.

Echte Seide: in der Kälte nur mäßige Quellung, in der Hitze zuerst auffallend glasig, dann rasch gelöst.

Spinnenseide: in der Kälte starke Verkürzung und rostbraune Verfärbung der gelben Fasern. In der Hitze tritt erst nach längerem Kochen der vollständig farblos gewordenen Fasern Lösung ein, vorher auffallende Trübung des Faserinnern. Die feinen Fasern sind durch große Widerstandsfähigkeit ausgezeichnet.

Kupferoxydammoniak.

Echte Seide: in der Kälte ziemlich rasch gelöst, vorher deutlich fliederblau gefärbt.

Spinnenseide: wie bei echter Seide, stellenweise deutliche Längsstreifen.

Nickeloxydammoniak.

Echte Seide: in der Kälte starke Verkürzung und Quellung, zum Teil Lösung. Fasern und Lösung braun gefärbt, in der Hitze rasch gelöst.

Spinnenseide: in der Kälte lebhafte Kräuselung und besonders starke Quellung der gröberen Fasern, schließlich Lösung; Braunfärbung wie bei echter Seide, jedoch etwas heller.

Kupferglyzerin.

Echte Seide: schon in der Kälte ziemlich rasch gelöst. Fasern und Lösung deutlich violett gefärbt.

Spinnenseide: wie bei echter Seide, jedoch sehr starke Bewegung und Kräuselung. Die gelben Fäden etwas widerstandsfähiger. In der Hitze rasche Lösung.

Safranin.

Echte Seide: Rotfärbung, ohne Dichroismus.

Spinnenseide: wie bei echter Seide.

Rutheniumrot.

Echte Seide: Rotfärbung.

Spinnenseide: Rotfärbung.

Beim Ansengen verkohlt die Spinnenseide unter Hinterlassung eines blasig aufgetriebenen Rückstandes. Der hierbei auftretende unangenehme Geruch ist der gleiche wie bei anderen tierischen Faserstoffen. Nach vorsichtigem Glühen des kohligen Rückstandes bleibt eine nahezu weiß aussehende Asche zurück (in einem Falle bestimmte ich den Aschengehalt der gelben Seide zu 0,7 %).

Ultramikroskopie. Mit Hilfe des Ultramikroskopes von Siedentopf läßt sich feststellen, daß die Spinnenseide zu der Gruppe der Fasern mit ausgesprochener Parallelstruktur gehört. Die Helligkeit des ultramikroskopischen Bildes ist ungefähr die gleiche wie bei der echten Seide. In bezug auf die Feinheit und Zahl der Fibrillen einerseits und die Reinheit der Parallelstruktur andererseits übertrifft jedoch die Spinnenseide die echte Seide ganz erheblich. Verunreinigungen im Innern des Spinnenfadens sind nur außerordentlich selten nachzuweisen.

Lichtbrechung. Die Spinnenseide ist doppelbrechend. Sofern es sich nur um einen rohen Anschauungsversuch handelt, läßt sich leicht zeigen, daß die beiden in der Längsansicht des Spinnenfadens zur Wirkung gelangenden Hauptlichtbrechungsexponenten wesentlich voneinander abweichen. So wird unter anderem die Faser in verdicktem Nelkenöl ($n_D = 1,54$) fast unsichtbar, wenn ihre Längsrichtung zur Polarisationsebene des verwendeten Objekttischnicols parallel steht; sie tritt jedoch sofort wieder deutlich in die Erscheinung, wenn der erwähnte Parallelismus, etwa durch Drehen des Präparates in der Objekttischebene, aufgehoben wird. Die Faser zeigt aber auch ein Minimum der Sichtbarkeit, wenn sie in Anilin ($n_D = 1,59$) eingebettet wird, vorausgesetzt, daß in diesem Falle die Längsrichtung der Faser zur Polarisationsebene senkrecht steht. Für genaue Bestimmungen des Lichtbrechungsvermögens sind naturgemäß Flüssigkeiten mit gesetzmäßig abgestufter Lichtbrechung zu verwenden. Von größter Wichtigkeit ist auch die Einhaltung einer bestimmten Versuchstemperatur sowie die Verwendung monochromatischen Lichtes. Ich habe die Hauptlichtbrechungsexponenten der Spinnenseide unter genauer Innehaltung aller in Betracht kommenden Umstände bestimmt und die gefundenen, auf die Na-Linie bezogenen Werte in den Zahlentafeln 11 und 17 vereinigt.

Hieraus ist ersichtlich, daß die Spinnenseide eine sehr hohe mittlere Lichtbrechung aufweist und daß ihr auch eine beträchtliche spezifische Doppelbrechung zukommt. Als Maß für die spezifische Doppelbrechung gilt die Differenz der Hauptlichtbrechungsexponenten. Die Spinnenseide nähert sich in beiden Fällen sehr stark der Raupenseide von Bombyx mori. Die Kunstseiden sind, wie aus der Zahlentafel 11 hervorgeht, wesentlich schwächer lichtbrechend.

Verhalten im Polarisationsmikroskop. Im Einklang mit der bedeutenden Differenz der Hauptlichtbrechungsexponenten steht die Tatsache, daß die Spinnenseide trotz ihrer sehr geringen optischen Dicke das Gesichtsfeld des Polarisationsmikroskops (Nicols gekreuzt) deutlich aufhellt. Je nach der Dicke der eingestellten Fäden werden Polarisationsfarben bis zum Gelb I beobachtet. In den beiden Orthogonalstellungen (0 und 90°) ist keine Aufhellung des Gesichtsfeldes wahrzunehmen. Nach Einschaltung eines verzögernden Gipsplättchens läßt sich feststellen, daß die Fasern unter $+ 45°$ in Addition, unter $- 45°$ in Subtraktion sind. Dies gilt sowohl für den Rand wie für die Flächenteile der Faser. Das angegebene Verhalten ist ein Fingerzeig dafür, daß die längere Achse der in der Faserlängsansicht wirksamen Elastizitätsellipse (Rand und Fläche) mit der Faserlängsrichtung zusammenfällt. Entsprechend dieser Orientierung der Elastizitätsellipse ist die Lichtbrechung der Faser in der Längsrichtung größer als in der senkrechten Gegenstellung.

Mit Jodpräparaten, Kongorot, Benzoazurin, Safranin, Methylenblau und anderen hierfür geeigneten Farbstoffen behandelte Spinnenfäden zeigen keine Spur von Dichroïsmus.

Festigkeit und Elastizität. Von größter Wichtigkeit für die Beurteilung des praktischen Gebrauchswertes der Spinnenseide sind die folgenden Angaben über die Festigkeits- und Elastizitätsverhältnisse. Vgl. Zahlentafel 17. Die Rißfestigkeit des Einzelfadens ist natürlich im Hinblick auf die Kleinheit der tragenden Querschnittsfläche nur gering. Berechnet man jedoch aus der Fadenfestigkeit und der weiter oben angegebenen metrischen Fadennummer die Reißlänge, so kommt man zu erstaunlich hohen Werten, die denen der echten Seide fast vollständig gleichkommen.

$$
\begin{array}{lr}
 & \text{Reißlänge} \\
 & \text{in km} \\
\text{Spinnenseide (Mittel)} \ldots \ldots \ldots \ldots & 29{,}6 \\
\text{Raupenseide (B. mori)} \ldots \ldots \ldots \ldots & 32{,}5
\end{array}
$$

In bezug auf Elastizität (Bruchdehnung) ist die Spinnenfaser der echten Seide weit überlegen. Es geht dies schon aus rohen Dehnungsversuchen deutlich hervor, die erkennen lassen, daß der Spinnenfaden um etwa $^1/_3$ seiner ursprünglichen Länge gedehnt werden kann, bevor der Riß eintritt. Genauere Angaben sind in den Zahlentafeln 17 und 18 zu finden.

Zahlentafel 17.

	gelb	weiß
1. Durchmesser der Faser in μ^1)		
a) in Luft gemessen Mittel	11,5	6,9 (!)
Maximum	12,0	7,3
Minimum	11,0	6,1
b) in Wasser gemessen Mittel	15,8	9,8
Maximum	16,7	10,4
Minimum	15,1	9,0
2. Ungleichmäßigkeitsgrad des Durchmessers in Prozent	5,4	6,1
3. Quellung in Wasser (Mittel)		
a) Dickenzunahme in Prozent	37	42
b) Längenabnahme „ „	34 (!)	36 (!)
4. Dichte	1,28	1,28
5. Metrische Nummer des Einzelfadens (Mittel)	7522	20892 (!)
6. Fadenfestigkeit in g Mittel	3,8	1,5
Maximum	4,3	1,7
Minimum	3,6	1,3
7. Ungleichmäßigkeit in der Festigkeit in Prozent	5,8	6,3
8. Reißlänge in km (Mittel)	28,5	30,6
9. Bruchdehnung in Prozent Mittel	32,8	34,9
Maximum	41,4	42,7
Minimum	25,6	27,5
10. Form des Faserquerschnittes	rund	rund
11. Mittlere Querschnittsfläche in $q\mu^2$)	103,87	37,39
12. Interferenzfarben zwischen gekreuzten Nicols	Weißgelb I	Hellgrau I
13. Charakter der Interferenzfarben $+45^0$	Addition	Addition
-45^0	Subtraktion	Subtraktion
14. Pleochroïsmus nach Färbung mit Jod, Kongorot usw.	nicht vorhand.	nicht vorh.
15. Lichtbrechungsvermögen (Na)		
// zur Faserlängsachse		1,542
$\perp$ „ „ „		1,581
Differenz der Lichtbrechung		$+0{,}039$

---

^{1}) $1\ \mu = 0{,}001$ mm. ^{2}) $1\ q\mu = 0{,}000001$ qmm.

Zahlentafel 18.

Faserart	Dicke der Faser in μ (Kanadabalsam)	Querschnittsfläche d. Faser in qμ (Kanadabalsam)	Metrische Nummer der Faser	Quellung in Wasser in Proz.	Reißlänge in km	Bruchdehnung in Proz.
Spinnenseide, weiß	6,9	37,4	20 892	42,1	30,6	34,9
„ gelb	11,5	103,9	7 522	37,4	28,5	32,8
Echte Seide . . .	15,0	176,8	4 526	16,8	32,5[1])	25,0[1])
Feinst. Glanzstoff[2])	9,5	70,9	9 280	57,9	16,4	22,5
Ananasfaser . . .	5,0	18,0	36 364	23,5	18,9	3,8

Die vorstehenden Zahlenangaben beziehen sich auf die lufttrockenen Fasern.

$$1 \ \mu = 0{,}001 \text{ mm.} \qquad 1 \ \text{q}\mu = 0{,}000001 \text{ qmm.}$$

5. Muschelseide.

Diese von verschiedenen Steckmuscheln (hauptsächlich Pinna nobilis und P. rudis) herrührende Faser wird nach den Angaben Silbermanns[3]) vorzugsweise in Italien gewonnen und verarbeitet. Mit Hilfe dieser Fäden ist das Tier befähigt, sich an Fremdkörper anzuheften. Der Faserbart besteht aus einem von einer mehr oder minder großen Anzahl einzelner Fäden gebildeten Bündel und umschließt gewöhnlich eine ganze Reihe von Muscheln. Die aus Muschelseide angefertigten Shawls, Strümpfe, Trikots, Handschuhe usw. sollen sehr dauerhaft sein und schweißverhindernd wirken.

Die Einzelfäden sind olivbraun gefärbt, ziemlich ungleichmäßig im Durchmesser (10—100 μ) und ab und zu um ihre Längsachse gedreht. Nicht selten ist auch eine zarte Längsstreifung zu beobachten. Diese tritt besonders deutlich hervor, wenn die Faser vorher mit halbgesättigter Chromsäure, 40 %iger Kalilauge oder mit Kupferoxydammoniak behandelt wird. Die durchschnittliche Länge der Fäden beträgt etwa 3—6 cm. Die feineren Fasern sind nach v. Höhnel[4]) fast glatt, die gröberen, die nicht selten auch bandartig dünn sind, stellenweise rauh und am Rande zerfressen. Die spezifische Doppelbrechung ist nur gering. Alkalisches Kupferglyzerin bewirkt sowohl in der Kälte als auch in der Wärme nur eine schwache Quellung; auch Kupferoxydammoniak wirkt nur quellend, wenn auch wesentlich stärker als Kupferglyzerin ein, ohne aber selbst nach längerer Einwirkung zu lösen. Ebenso verhält sich Nickeloxydammoniak.

---

[1]) Angaben nach Heermann: Mechanisch- und Physikalisch-technische Textiluntersuchungen. Berlin 1912.

[2]) Kupferoxydammoniakseide nach dem Streckspinnverfahren hergestellt.

[3]) Silbermann, H.: Die Seide. Bd. 1, S. 337, Dresden 1897.

[4]) Höhnel, Fr. v.: Mikroskopie der Faserstoffe. 2. Aufl., S. 219, Wien-Leipzig 1905.

6. Pflanzenseide.

Die Samenhaare verschiedener Apocyneen und Asclepiadeen
werden wegen ihres hohen Glanzes im Handel als Pflanzenseide (Cotton-
silk, Akon usw.) bezeichnet. Sie dienen fast ausschließlich als Ersatz
für tierische Daunen und als Füllmaterial für Rettungs- und Schwimm-
gürtel. Für textile Zwecke kommen sie, trotz vielfacher Bemühungen
und unbeschadet ihres bestechenden Aussehens, kaum in Frage, weil sie
zu glatt und zu wenig fest sind, um einen nur einigermaßen feineren
Faden von genügender Festigkeit zu liefern. Auch zur gleichzeitigen
Verarbeitung mit Baumwolle sind sie, wie die Erfahrung gezeigt hat,
nur wenig geeignet, da sie bei der Verspinnung aus der Mischung leicht
herausfallen oder in fertigen Gespinsten und Geweben schon bei schwachen mechanischen und chemischen Beanspruchungen zersplittern.
Eine lesenswerte Studie über alle einschlägigen Fragen hat H. Meitzen[1]
bereits im Jahre 1862 veröffentlicht, ohne daß aber seine wichtigen
Feststellungen später gebührende Beachtung gefunden hätten. Mit
Recht bemerkt auch J. v. Wiesner[2] in seinen „Rohstoffen": „Die
Versuche mit diesem Spinnstoff (Pflanzenseide) ziehen sich mehr als
ein Jahrhundert hindurch. Obschon die Unbrauchbarkeit dieser Faser
schon vor längerer Zeit erwiesen wurde, ist man wieder auf sie zurück-
gekommen, und es hat den Anschein, als würde die Sache noch immer
nicht abgetan sein, da man bei den neuen Experimenten auf die schon
gemachten Erfahrungen keine Rücksicht nimmt, und diejenigen, welche
die neuen Versuche anstellen, sich gewöhnlich von ihren sanguinischen
Hoffnungen nicht trennen können." In neuester Zeit hat man die Verspinnung der Pflanzenseide wieder aufgenommen; ob aber damit ein
wesentlicher Schritt nach vorwärts zu verzeichnen ist, möchte der Verfasser nach den von ihm ausgeführten Untersuchungen von Gespinsten
und Geweben dieser Art dahingestellt sein lassen.

Es liegt natürlich nicht im Rahmen dieser Arbeit, auf die Mikroskopie der Pflanzenseiden näher einzugehen. Mikrophotographien zahlreicher Fasern dieser Art enthält der vom Verfasser herausgegebene
Atlas. Als gemeinsame Kennzeichen führt v. Höhnel[3] folgende an:
„Die Fasern sind 1—6 cm lang, seidenglänzend, weiß bis schwach-
gelblich oder rötlichgelb gefärbt und steif. Sie sind bis 80 μ (meist
35—60 μ) dick und relativ dünnwandig; die Wandung zeigt innen
zwei bis fünf, oft sehr auffallende, der Länge nach verlaufende, im Querschnitte halbkreisförmige bis ganz flache und dabei breite Verdickungsleisten. Deshalb erscheint die Wandung ungleichmäßig verdickt. Wenn
die Verdickungsleisten in Mehrzahl vorhanden sind, sind sie oft netz-
förmig anastomosiert. Der Querschnitt ist kreisrund, die Wandung

---

[1] Meitzen, H.: Über die Fasern von Asclepias Cornuti. Dissertat. Göt-
tingen 1862.

[2] Wiesner, J. v.: Die Rohstoffe des Pflanzenreiches. 3. Aufl., Bd. 3, S. 147.
Abbildungen mehrerer Pflanzenseiden enthält: Herzog, A.: Mikrophotographischer Atlas der technisch wichtigen Faserstoffe. München 1908.

[3] Höhnel, F. v.: Mikroskopie der techn. verwendeten Faserstoffe. 2. Aufl.
Wien-Leipzig 1905.

ist verholzt." In manchen Fällen sind auch fensterartige Tüpfel in der Zellwand vorhanden. Eine vom Verfasser[1]) näher geprüfte Pflanzenseide, die unter der Bezeichnung „Akon" zu den oben erwähnten Spinnversuchen Verwendung gefunden hatte, erwies sich als Samenfaser einer Calotropisart (wahrscheinlich Calotropis procera R. Br.) und zeigte folgende Abmessungen:

Mittlere Faserlänge in cm	. . . .	4,0
„ Faserdicke in μ	. . . .	24,0
„ Wandstärke in μ	. . . .	1,6
„ Gesamtquerschnittfläche in qμ	. . . .	445,0

$$\text{Von der Gesamtquerschnittfläche entfallen auf} \begin{cases} \text{die Wandung} \begin{cases} \text{q}\mu \cdot \cdot 111,0 \\ \text{\%} \cdot \cdot 24,9 \end{cases} \\ \text{das Lumen} \begin{cases} \text{q}\mu \cdot \cdot 334,0 \\ \text{\%} \cdot \cdot 75,1 \end{cases} \end{cases}$$

Man beachte insbesondere die geringe Wandstärke des Haares bzw. den verhältnismäßig geringen Anteil der Wandung an der Gesamtquerschnittfläche.

7. Glasseide (Glaswolle, gesponnenes Glas).

Bei nicht zu hoher Hitze erweichtes Glas läßt sich in feine Fäden von prächtigem Glanze ausziehen. Nach Ed. Hanausek[2]) hat man Glasfäden in solcher Feinheit hergestellt, daß 50000 km erst 1 kg wiegen. Glaswolle wird als solche oder im versponnenen bzw. verwebten Zustand hauptsächlich als Filtermaterial für chemische Zwecke verwendet. Sie wird aber auch zur Herstellung von Posamenterieartikeln, Litzen, Borten und Geweben herangezogen, wenngleich ihr bezügliches Verwendungsgebiet schon mit Rücksicht auf die Sprödigkeit der Einzelfaser immerhin nur sehr beschränkt ist. Gemusterte Glasgewebe dienen hauptsächlich zur Anfertigung von Lampenschirmen, Hüllen für Kaffeekannen und andere untergeordneten Zwecke, wo eine starke mechanische Beanspruchung nicht in Frage kommt. Ab und zu wird gesponnenes Glas auch als Zierfaden in Seidenstoffen verwendet, wobei es nicht nur durch Glanz und Farbe, sondern auch durch den erhöhten steifen Faltenwurf wirkt.

Eine von P. Krais im Dresdner Forschungsinstitut für Textilindustrie kürzlich geprüfte Glasfaser ergab folgendes Ergebnis:

Dicke der Einzelfaser 10,8 μ (Mittel aus 18 Messungen, von denen 12 genau 10 μ gaben).

Reißfestigkeit der Einzelfaser 7,5 g (Mittel aus 12 Messungen, die zwischen 1,7 und 12,7 g schwankten).

Bruchdehnung der Einzelfaser 2,6 % (Mittel aus 8 Messungen, die zwischen 2 und 5 % schwankten). Bei einigen Fasern war die Elastizität so gering, daß sie nicht gemessen werden konnte.

Reißlänge 3,6 km. Diese wurde an dem aus vielen Fasern bestehenden Faden bei einer Einspannlänge von 5 cm gemessen, während bei

---

[1]) Herzog, A.: Textile Erzeugnisse aus Kapok. Tropenpflanzer 4, 1912.
[2]) Erdmann-König: Grundriß der allgemeinen Warenkunde. 14. Aufl., bearb. von E. Hanausek. S. 762, Leipzig 1906.

den Messungen der Einzelfasern die Einspannlänge 1 cm betragen hat. Die Bruchdehnung des Fadens betrug 5,6%.

Wie aus diesen Angaben hervorgeht, läßt die Glasfaser an Festigkeit noch sehr viel zu wünschen übrig, um ihre Verwendung als Textilfaser in weiterem Umfang zu rechtfertigen.

II. Kunstseide.

8. Nitroseide.

Die mikroskopischen Formverhältnisse der Nitroseide sind je nach dem zu ihrer Herstellung gewählten Verfahren beträchtlichen Schwankungen unterworfen. In der Längsansicht zeigen die meisten Fasern, d. h. solche mit ausgesprochen unregelmäßigen Querschnittformen, auffallend stark ausgeprägte Lichtlinien, die je nach der mikroskopischen Einstellung bald hell, bald dunkel erscheinen. Entsprechend der Furchung des Querschnitts bzw. der über den Rinnen z. T. zusammenschließenden Ränder hat es nicht selten den Anschein, als ob die Faser hohl wäre (Abb. 18, 20, 21, 26, 37, 50 u. 64). Die Täuschung ist um so vollkommener, als bei der Präparation häufig Luftblasen in den Rinnen zurückgehalten werden. Die Breite der Faser schwankt naturgemäß beträchtlich; nach den Untersuchungen des Verfassers beträgt sie etwa 30—40 μ (in Kanadabalsam gemessen), ist also verhältnismäßig groß. Es sind aber auch Nitroseiden im Handel, deren Breite annähernd mit jener der echten Seide übereinstimmt. Vgl. die Zahlentafeln 19—22, die sich auf Prüfungen verschiedener Nitroseiden beziehen. Wesentliche Schwankungen in der Breite sind selbst bei ein und derselben Probe, ja selbst bei der Einzelfaser in der Regel festzustellen. Nach den Untersuchungen des Verfassers beträgt der Ungleichmäßigkeitsgrad mehr als 25%, was gegenüber den übrigen Kunstseiden immerhin ins Gewicht fällt. Verunreinigungen fester und gasförmiger Art sind fast stets, ebenso wie bei allen anderen Kunstseiden, nachzuweisen; für die Erkennung der Nitroseide spielen sie naturgemäß keine Rolle. In der Querschnittform sind, wie schon erwähnt, je nach dem Herstellungsverfahren große Unterschiede zu verzeichnen. Von ausgesprochen bandartig flachen, mehr oder weniger bisquitähnlichen Formen (Abb. 20) bis zu auffallend unregelmäßig sternartigen Querschnitten mit tief reichenden Einbuchtungen (Abb. 21) kommen alle nur erdenklichen Übergänge vor. Auch knochenähnliche und V-förmige Querschnitte sind nicht selten zu beobachten. Dagegen kommen nach den Beobachtungen des Verfassers niemals der Kreisform angenäherte Formen vor. Entsprechend der sehr wechselnden Querschnittform ist auch der Völligkeitsgrad der Nitroseide sehr verschieden und daher für die Erkennung belanglos. In ihren Formverhältnissen kommt die Nitroseide der aus stark salzhaltiger Lösung gesponnenen Viskosekunstseide (vgl. den folgenden Abschnitt) und manchen Azetatseiden sehr nahe, so daß sie auf Grund dieses Verhaltens von den genannten Fasern nicht zu unterscheiden ist.

Zahlentafel 19.
Nitroseide verschiedener Herkunft (1922).

	Probe Nr.					
	16	17	18	19	20	21 S. K. Z.
Breite in μ { Mittel . .	34,3	33,7	29,8	33,7	40,9	21,9
{ Maximum	56,2	45,0	45,3	49,2	51,1	27,0
{ Minimum	24,2	21,2	19,3	19,4	32,1	14,8
Ungleichm. in % .	19,5	18,0	20,1	16,4	11,8	24,8
Dicke in μ { Mittel . .	24,3	25,7	19,2	18,5	27,5	14,6
{ Maximum	40,1	34,0	24,2	25,4	34,0	19,1
{ Minimum	14,3	14,5	14,1	11,2	16,0	10,1
Ungleichm. in % .	22,2	24,9	17,0	17,2	18,2	13,1
Mittl. Faserdurchm. in μ	29,3	29,7	24,5	26,1	34,2	18,3
Breite:Dicke	1,41	1,31	1,55	1,82	1,49	1,50
Mittlere Querschnittfläche in qμ . . .	570	598	418	430	728	225
Ungleichm. in % .	34,6	28,4	25,6	24,5	15,9	28,6
Völligkeit des Querschnitts in % . .	62	67	60	48	55	60
Feinheit in Deniers .	8,00	8,40	5,87	6,04	10,22	3,04
Anzahl der Einzelfasern im Faden (Mittel)	9	9	21	21	24	16
Spezif. Gewicht in g .	—	—	—	—	1,56	1,50
Wassergehalt in %[1])	—	—	—	—	11,6	10,8
Lichtbrechung $\perp$ zur Faserlängsachse			1,549			1,548
// „ „			1,515			1,515
Mittl. Lichtbrech.			1,532			1,537
Spezif. „			$+34$			$+33$

Interferenzfarb. zwischen gekr. Nicols (zumeist) . . . .
16–20: stark wechselnd; neben Farben der 1. Ordnung auch solche der 2. Ordnung; zur Faserlängsrichtung auffallend // abgesetzte Farbenstreifen
21: in zur Längsachse // abgesetzten, stark wechselnden Streifen, Farben 1. u. 2. Ordnung

Ultramikroskopie . .
16–20: längsgestreckte Netzmaschen von sehr geringer Lichtstärke
21: längsgestr. Netzmaschen von geringer Lichtstärke

Infolge der bei den meisten Nitroseiden stark wechselnden optischen Dicke unmittelbar nebeneinander liegender Faseranteile entsteht bei der Betrachtung zwischen gekreuzten Nicols ein sehr charakteristisches buntes Farbenbild (Abb. 50). Die Interferenzfarben treten hierbei häufig in zur Längsrichtung der Faser scharf abgesetzten parallelen Bändern auf, so daß der Faden aus lauter farbigen Streifen zusammengesetzt erscheint. Die auftretenden Farben gehören infolge der starken spezifischen Doppelbrechung der Faser ($+ 0,033$; vgl.

---

[1]) Zur Zeit der Bestimmung des spezifischen Gewichts.

Zahlentafel 20.
Nitroseide (Verfahren Prof. Dr. E. Berl).
Ergebnis der Ausmessung von 10 Einzelfaserquerschnitten.

Laufende Nr.	Faser- Breite	Dicke	Querschn.- Fläche in	Feinheit in Deniers
	in μ		qμ	
1	36	17	276	.
2	23	18	267	.
3	20	18	240	.
4	27	16	253	.
5	22	18	262	.
6	31	17	284	3,6
7	24	17	222	2,8
8	23	18	240	.
9	23	23	249	.
10	38	18	244	.
Mittel	26,7	18,0	253,7	3,3
Ungleichheit in $^0/_0$ . .	15,7	6,7	4,9	—
Mittl. Durchm. in μ . .	22,4		—	—
Breite: Dicke	1,48			
Völligkeit des Querschnitts in $^0/_0$ . . .	45,3			

Die Einzelfaser hat die Form eines an beiden Seiten eingerollten Bandes (mittlere Dicke des Bandes: 5 μ); ab und zu ist das Band auch vollständig flachgestreckt (daher beträchtliche Abweichungen in der Faserbreite). Zwischen gekreuzten Nicols treten infolge der geringen optischen Dicke nur niedere Interferenzfarben der ersten Ordnung auf (vorherrschend Weiß I).

Besonders auffallend ist der hohe Gleichmäßigkeitsgrad in der Querschnittfläche bzw. Feinheit der Einzelfaser.

auch die Ausführungen im Abschnitt 10: „Untersuchungen im polarisierenden Licht"), sowohl der ersten, als auch der zweiten Farbenordnung an und sind durch besondere Reinheit ausgezeichnet. Dort, wo die z. T. bandartige Faser ihre Schmalseite nach oben kehrt, erscheinen infolge der größeren optischen Dicke naturgemäß auch die höchsten Interferenzfarben. Hinsichtlich ihres polariskopischen Verhaltens ist die Nitroseide von den mit unregelmäßigen Querschnittformen ausgestatteten Viskoseseiden kaum mit Sicherheit zu unterscheiden. Dagegen sind Verwechslungen mit Azetatseide ausgeschlossen, da bei dieser Faser infolge der wesentlich niedrigeren spezifischen Doppelbrechung nur die wenig bunten Farben der ersten Ordnung (vorherrschend Grau—Weiß I) auftreten und zudem die Längsachse der wirksamen Elastizitätsellipse gegenüber der Nitroseide entgegengesetzt gelagert ist. Vgl. Azetatseide.

Kupferseide kommt hier nicht in Betracht, da sie stets nahezu kreisrunde Querschnittsformen aufweist und zudem das Farbenbild zwischen gekreuzten Nicols niemals regellos bunte Streifen erkennen läßt.

Im Ultramikroskop zeigt die Nitroseide in allen Fällen lichtschwache, durch mehr oder weniger häufige Verunreinigungen gestörte Netzstrukturen. Die Maschen des Netzwerks sind stets längsgestreckt (Abb. 64). Zu Unterscheidungszwecken kann das ultramikroskopische Verhalten kaum herangezogen werden, da es dem der Viskoseseide und

Zahlentafel 21.

Nitroseide der Kunstseidefabrik Schwetzingen (Baden).

Untersuchung der Einzelfaser auf	Probe Nr.			
	1	2	3	4
Breite in μ:				
Mittel.	32,1	36,1	35,0	38,4
Maximum	43,0	46,0	55,0	63,0
Minimum	23,0	30,0	27,0	27,0
Ungleichmäßigkeit $\%$.	20,2	8,2	14,6	22,7
Dicke in μ:				
Mittel.	23,4	25,2	23,6	24,2
Maximum	33,0	34,0	34,0	32,0
Minimum	18,0	17,0	16,0	19,0
Ungleichmäßigkeit $\%$.	15,4	13,2	11,4	12,0
Mittl. Durchmesser in μ	27,8	30,7	29,3	31,3
Breite : Dicke	1,37	1,43	1,48	1,59
Querschnittfläche in qμ				
Mittel.	613,4	613,5	630,1	684,0
Maximum	977,8	853,3	1093,3	1197,8
Minimum	311,1	337,8	386,7	360,0
Ungleichmäßigkeit $\%$.	28,5	17,0	16,3	28,8
Völligkeit des Querschnitts in $\%$ . . .	75,8	59,9	65,5	59,1
Feinheit in Deniers:				
Mittel.	7,8	7,8	8,0	8,7
Maximum	12,5	10,9	14,0	15,3
Minimum	4,0	4,3	4,9	4,6

Alle Messungen beziehen sich auf in Kanadabalsam eingelegte Fasern.

Azetatseide außerordentlich ähnelt (Abb. 62 und 63). Die von Gaidukov[1]) beschriebene und abgebildete Struktur der Chardonnetseide (Nitroseide) konnte der Verfassser niemals beobachten; dagegen stimmt sie in jeder Hinsicht mit der noch zu besprechenden Struktur der Kupferseide überein, so daß höchstwahrscheinlich in der Gaidukovschen Arbeit eine Verwechslung beider Kunstseiden vorliegt.

Von besonderer, d. h. für die sichere Erkennung der Nitroseide entscheidender Wichtigkeit ist das Verhalten gegen Diphenylamin und Schwefelsäure. Infolge der in der Faser noch enthaltenen Salpetersäurereste (0,05—0,15 $\%$) tritt nach dem Betupfen mit dieser Lösung eine auffallend dunkelblaue Färbung ein, die selbst an gefärbter Nitroseide fast stets noch zu erkennen ist. Da keine andere künstliche und natürliche Seide dieses Verhalten zeigt, kommt der Diphenylaminreaktion bei der Feststellung von Nitroseide die erste Stelle zu. Mit Chlorzinkjod wird die Faser violett gefärbt. Andere makro- und mikrochemische Reaktionen sind in der Zusammenstellung auf Seite 106 angegeben. Auch das im folgenden Abschnitt noch zu erwähnende Reduktionsvermögen der Nitroseide gegenüber Fehlingscher Lösung (Reaktion nach Schwalbe) verdient hier her-

---

[1]) Gaidukov, N.: Dunkelfeldbeleuchtung und Ultramikroskopie. S. 66. Jena 1910.

Zahlentafel 22.
Nitroseide der Kunstseidefabrik Schwetzingen (Baden).
Festigkeitsprüfungen[1]).

Untersuchung des Gespinstes auf	Probe Nr.			
	1	2	3	4
e trische Nummer . .	120,0	111,1	105,9	92,0
Denierangabe	75	81	85	97
Festigkeit in g:				
a) trocken:				
Mittel	106,4	115,6	119,8	137,9
Maximum . . .	130,0	127,5	140,0	155,0
Minimum. . . .	82,5	97,5	70,0	122,5
Ungleichmäßigkeit % .	12,0	6,8	8,2	5,4
Mittl. Reißlänge in km	12,8	12,8	12,8	12,7
b) feucht:				
Mittel	—	—	72,9	88,1
Maximum . . .	—	—	102,5	125,0
Minimum. . . .	—	—	62,5	67,5
Ungleichmäßigkeit % .	—	—	7,4	10,0
Mittl. Reißlänge in km	—	—	8,2	7,7
Festigkeitsverlust durch Befeuchten % . . .	—	—	39,2	36,1
Bruchdehnung in %:				
a) trocken:				
Mittel	8,3	8,8	8,8	8,7
Maximum . . .	10,0	11,0	12,0	10,0
Minimum. . . .	6,0	8,0	7,0	7,0
Ungleichmäßigkeit % .	15,1	6,6	8,3	9,9
b) feucht:				
Mittel	—	—	8,2	8,0
Maximum . . .	—	—	10,5	9,0
Minimum. . . .	—	—	6,0	5,0
Ungleichmäßigkeit % .	—	—	9,5	8,7
Dehnungsänderung durch Befeuchten %	—	—	— 6,8	— 8,0

vorgehoben zu werden. Nach J. H. Beltzer[2]) bewirkt Rutheniumrot eine starke Rotfärbung der Nitroseide im Gegensatz zu Kupferund Viskoseseide, die nur schwach rosa gefärbt werden. An Schärfe kann sich aber diese Reaktion bei weitem nicht mit der mit Diphenylamin und Schwefelsäure messen.

9. und 10. Viskose- und Kupferseide.

Die sichere Unterscheidung der technisch so bedeutsamen Viskose- und Kupferseide begegnet selbst bei eingehender mikroskopischer, optischer und chemischer Prüfung nicht unerheblichen Schwierigkeiten. Es geht dies schon daraus hervor, daß immer wieder neue Vorschläge gemacht werden, die diesem zweifellos vorhandenen Mangel abhelfen

---

[1]) Sämtliche Mittelwerte sind aus je 20 Reißversuchen abgeleitet. Hydraulischer Apparat von Schopper. Zerreißgeschwindigkeit 100 mm in der Minute. Die naß geprüften Proben lagen vorher 3,5 Stunden in 10 %igem Glyzerinwasser.
[2]) Beltzer, J. H.: Die Unterscheidung der Natur- und Kunstfasern mit Rutheniumrot. Mon. scientif., Okt. 1911, S. 633.

sollen. Mit Rücksicht auf die Wichtigkeit des Gegenstandes sind im folgenden die zur Unterscheidung der genannten Seiden empfohlenen Verfahren gesichtet und auf ihre praktische Brauchbarkeit geprüft. Gleichzeitig ist das Ergebnis der eigenen Untersuchungen des Verfassers[1]) auf diesem Gebiete mitgeteilt.

Mikroskopische Prüfung der Formverhältnisse.

A. Längsansicht.

Beide Fasern sind, abgesehen von unvermeidlichen Verunreinigungen fester und gasförmiger Art, vollkommen durchsichtig (Abb. 45). Manche Viskoseseiden, deren Querschnitte unregelmäßlg gestaltet sind, lassen je nach der Einstellung der Mikrometerschraube mehrere unter sich und zur Längsrichtung der Faser parallel verlaufende Lichtlinien erkennen, die der Kupferseide und solchen Viskosen, die eine langsame Fällung durchgemacht haben, fehlen. Häufig, aber durchaus nicht immer, zeigt die Kupferseide an ihrer Oberfläche eine außerordentlich zarte Längskannelierung, die bei Viskoseseide nicht wahrgenommen werden kann (Abb. 27). Bei sorgfältigster Handhabung der Mikrometerschraube kann ferner im Inneren des Kupferseidenfadens nicht selten eine außerordentlich zarte Querlamellierung wahrgenommen werden, die höchstwahrscheinlich auf Spannungen während der Fällung bzw. Härtung des Fadens zurückzuführen ist. Weitere Angaben über diese charakteristische Struktur und ihre bequeme Sichtbarmachung folgen später bei Besprechung der ultramikroskopischen Prüfung.

Die durchschnittliche Breite beider Fasern zeigt, wie aus den Angaben der Zahlentafeln 23, 24 und 27 hervorgeht, keinerlei analytisch brauchbare Unterschiede. Etwas günstiger liegen die Verhältnisse bei den zu beobachtenden Abweichungen im Gleichmäßigkeitsgrade, obzwar auch ihnen keine besondere Bedeutung in diagnostischer Hinsicht beizumessen ist.

Alles in allem, reicht die Prüfung der Längsansicht bei weitem nicht aus, um beide Seiden voneinander zu unterscheiden.

B. Queransicht.

Sehr wertvolle und in manchen Fällen entscheidende Anhaltspunkte für die Unterscheidung liefert die Querschnittform beider Fasern. Verhältnismäßig einfach liegen die Dinge bei der Kupferseide, welcher in allen Fällen etwas abgeplattete, aber stets runde Formen eigentümlich sind. Es geht dies schon aus dem hohen Völligkeitsgrade dieser Seide hervor, der nach den Angaben der Zahlentafel 27 durchschnittlich 93 % beträgt. Auch die nach dem Streckspinnverfahren hergestellte feinste Kupferseide weist, wie aus der Zahlentafel 28 hervorgeht, eine Völligkeit von über 80 % auf. Die schon oben erwähnte sehr zarte Kannelierung mancher Kupferseiden kommt auf der Quer-

---

[1]) Herzog, A.: Zur Unterscheidung der Viskose- und Kupferseide. Textile Forsch., **1**, 1, 1921.

schnittansicht in Form einer feinen Zähnelung der äußeren Begrenzung zum Ausdruck (Abb. 27).

Viel mannigfacher sind die Querschnittbilder der im Handel vorkommenden Viskoseseiden. Nach den vergleichenden Untersuchungen von Bronnert[1]) ist die Querschnittform der Viskoseseide wesentlich abhängig von der qualitativen Zusammensetzung des Spinnbades. Fäden, die in Schwefelsäure allein oder in Natriumbisulfat oder in diesem Salz bei Gegenwart von freier Schwefelsäure gesponnen werden, zeigen etwas unregelmäßige, aber ausgesprochen runde Querschnittformen (Abb. 27 und 96). Fäden in neutralen oder schwach angesäuerten Ammonsalzbädern haben eine nahezu vollkommen kreisrunde Begrenzung. Dagegen liefern saure Bäder, die einen Überschuß eines Neutralsalzes enthalten, infolge der plasmolytischen Wirkung des Salzes Fäden von sternförmiger oder bandartiger Querschnittform mit mehr oder weniger tief reichenden Furchen. Je mehr Salz zugegen ist, desto mehr herrschen bandartige Formen vor. Bronnert führt dies auf die langsamere Fällung der Viskose und auf mechanische Ursachen beim Aufwickeln der Fäden zurück. Solche Seide hat sehr hohe Deckkraft und wird für Webzwecke bevorzugt.

In der Regel kommen bei den technisch wichtigen Viskoseseiden sehr unregelmäßig gestaltete, d. h. stark gelappte oder gekerbte Formen vor, die für jedes Fabrikat als konstant und daher als kennzeichnend angesehen werden können. So z. B. gelingt es auf den ersten Blick, die in Abb. 22 vorgeführte Seide, die einen mehr oder weniger bandartigen Charakter (Völligkeitswert der Querschnittfläche etwa 50 %) und zahlreiche feine Einkerbungen der zum Teil nierenförmig gestalteten Querschnitte aufweist, als Küttnersche Viskose zu erkennen. Wieder ein anderes Bild, zeigt die in Abb. 23 dargestellte Elberfelder Seide, deren Einkerbungen zwar auch in großer Zahl vertreten sind, aber wesentlich tiefer reichen als bei der vorerwähnten Seide, so daß sie dem Schnitte ein gelapptes oder sternförmiges Aussehen verleihen. Auch die Viskoseseide von Sydowsaue ist an den groben Lappen bzw. dem fast völligen Fehlen der feinen Einkerbungen zu erkennen und von der Küttnerschen und Elberfelder Viskoseseide leicht zu unterscheiden. Selbstverständlich ist nicht jede Kunstseide mit unregelmäßigen Querschnittformen ohne weiteres als Viskoseseide anzusprechen, da auch die Nitro- und die Azetatseide in vielen Fällen ähnliche Formen aufweisen können (vgl. z. B. Abb. 21 und 24); indessen bereitet es erfahrungsmäßig keine Schwierigkeiten, die letztgenannten Seiden auf mikrochemischem und optischem Wege mit Sicherheit als solche zu erkennen bzw. von der Viskoseseide zu unterscheiden.

Neben den erwähnten gelappten oder gekerbten Formen kommen aber, wie schon erwähnt, auch mehr oder weniger rundliche oder deutlich abgekantete Querschnitte vor (Abb. 27 und 96). Berücksichtigt man, daß nach dem oben Gesagten derartige Querschnitte auch der Kupferseide eigentümlich sind (vgl. Abb. 27), so heißt dies mit

---

[1]) Bronnert, E.: Progress in the Artificial Silk Industry. Journ. of the Society of Dyers and Colourists, 6, 153, 1922.

andern Worten, daß hier die Prüfung der Querschnittansicht zur Unterscheidung beider Arten nicht ausreicht.

Es kann demnach das Ergebnis der mikroskopischen Prüfung der Querschnitte nur dann eindeutig sein, wenn auffallend unregelmäßige, d. h. gelappte oder gekerbte Formen vorliegen; in diesem Falle ist man berechtigt, auf Viskoseseide zu schließen, vorausgesetzt, daß die Vorprüfung die Abwesenheit von Nitro- und Azetatseide ergeben hat.

Optische Prüfungen.

Früher vom Verfasser ausgeführte Untersuchungen haben gezeigt, daß das mittlere Lichtbrechungsvermögen der Kupfer- und Viskoseseide nahezu das gleiche ist. Auch hinsichtlich der Hauptlichtbrechungsexponenten bestehen, wie die Zahlentafel 11 lehrt, keine nennenswerten Unterschiede. Aus diesem Grunde muß es als aussichtslos bezeichnet werden, beide Seiden etwa durch Einbetten in Flüssigkeiten von passend gewähltem Brechungsexponenten unterscheiden zu wollen, wie dies z. B. bei der echten Seide, der Azetatseide usw. mit Vorteil möglich ist.

Für die technische Prüfung kommt eigentlich nur die spezifische Doppelbrechung in Frage, als deren Maß die Differenz der Hauptlichtbrechungsexponenten anzusehen ist (Index der Doppelbrechung). Nach den in der Zahlentafel 12 gemachten Angaben beträgt diese $+ 0,021$ Einheiten für die Kupferseide und $+ 0,024$ Einheiten für die Viskoseseide. Ein direkter Vergleich der spezifischen Doppelbrechung, die sich bei der Prüfung der Fasern im Polarisationsmikroskop an dem Auftreten von Interferenzfarben und an dem charakteristischen Verhalten gegen verzögernde Gips- und Glimmerplättchen zu erkennen gibt, ist natürlich, strenge genommen, nur unter der Voraussetzung gleicher optischer Faserdicken zulässig. Da jedoch nach dem früher Gesagten die Unterschiede in der Dicke der beiden Seiden nicht beträchtlich sind und zudem die spezifische Doppelbrechung in beiden Fällen nur mittelgroße Werte zeigt, kann von der strengen Bedingung gleicher optischer Dicken praktisch Abstand genommen werden.

Kupferseide. Infolge der ziemlich gleichmäßig stielrunden Form dieser Seide ist vom Rande nach der Mitte der Faser hin ein stetiges gesetzmäßiges Anwachsen in der Höhe der auftretenden Interferenzfarben zu verzeichnen; in der Hauptsache herrscht zwischen gekreuzten Nicols ein orangebrauner Farbenton der 1. Ordnung vor. Seltener beobachtet man Rot I oder gar noch höhere Farben. Der Rand zeigt in der Regel Hellgelb I. Auffallend ist das Farbenbild zwischen parallelen Nicols, das ein ziemlich gleichmäßiges Graublau I darstellt. In den beiden Orthogonalstellungen tritt stets vollkommene Verdunklung der Fasern ein, es sei denn, daß gewaltsame Störungen im Gefüge, etwa Quetschungen, vorliegen. Mit verzögernden Plättchen läßt sich nachweisen, daß die Faser unter $+ 45^{\circ}$ Additionsfarben, unter $- 45^{\circ}$ Subtraktionsfarben zeigt, oder mit andern Worten, daß die in der Längsansicht der Rand- und Flächenteile in Frage kommende

„wirksame Elastizitätsellipse" so orientiert ist, daß ihre längere Achse mit der Faserrichtung zusammenfällt.

Viskoseseide. Ein etwas lebhafteres Farbenbild zeigt die Viskose, nicht allein wegen ihrer etwas stärkeren spezifischen Doppelbrechung, sondern auch weil die optische Dicke unmittelbar benachbarter Stellen, besonders bei den Fasern mit stark gelappten Querschnittformen, großen Schwankungen unterliegt. In diesem Falle treten die Interferenzfarben in zur Faserlängsrichtung parallelen Streifen auf. Der Menge nach kommen die Farben der 1. Ordnung gleichberechtigt nebeneinander vor. Häufig tritt auch Violett II, seltener Grün II oder gar noch höhere Farben auf. In einzelnen Fällen ist zu beobachten, daß die Faser in den beiden Orthogonalstellungen zahlreiche feine buntgescheckte Flecken aufweist, also nicht völlig verdunkelt ist. Offenbar hängt dies mit Störungen in der Lage der Mizelle zusammen, die durch Einlagerung von Fremdkörpern bedingt sind. Bei gewöhnlicher Betrachtung in starker Vergrößerung zeigen Seiden dieser Art eine eigentümlich feingriesige Beschaffenheit ihrer Fasermasse (Abb. 99). Das Verhalten gegen verzögernde Kristallplatten ist das gleiche wie oben für die Kupferseide angegeben.

Mit Rücksicht darauf, daß Viskoseseide von rundlichen Querschnittformen in der Höhe und Verteilung der auftretenden Interferenzfarben sich sehr stark der Kupferseide nähert, gilt auch hier die Regel, daß die polariskopische Untersuchung nur dann positive Anhaltspunkte für das Vorhandensein von Viskoseseide liefert, wenn die Interferenzfarben in deutlich voneinander abgesetzten, zur Faserlängsrichtung parallelen Streifen auftreten. Voraussetzung bleibt ferner, daß Nitroseide und Azetatseide nicht in Frage kommen. In allen andern Fällen ist das Ergebnis der polariskopischen Prüfung nicht eindeutig.

Ultramikroskopisches Verhalten.

Von größter diagnostischer Wichtigkeit ist das ultramikroskopische Verhalten beider Seiden. Schon früher hat der Verfasser darauf hingewiesen, daß die Kupferseide eine höchst charakteristische Ultrastruktur aufweist, die von der der Viskoseseide grundverschieden ist. Jene zeigt mehr oder weniger querverlaufende Netzmaschen, die dem Faden eine eigentümliche Zeichnung erteilen (vgl. Abb. 58 und 61), während diese nur grobe, lichtschwache und längsgestreckte Maschen erkennen läßt (Abb. 62 und 63). Außerdem ist zu bemerken, daß in der Viskoseseide stets viel Verunreinigungen von mikroskopischer und submikroskopischer Größe vorhanden sind, die die von Haus aus lichtschwache Ultrastruktur zum Teil überstrahlen. In einzelnen Fällen ist auch eine sehr zarte Parallelstruktur wahrzunehmen. Wird Viskoseseide vor der ultramikroskopischen Untersuchung stark gerieben und dann gerissen, so tritt wohl auch eine der Kupferseide ähnliche Querlamellierung auf, diese ist aber örtlich begrenzt, d. h. sie beschränkt sich auf einzelne Stellen, die zumeist in der Nähe der Rißenden liegen. In den letzten Jahren hat der Verfasser viele hundert Proben beider

Seiden auf diesem Wege geprüft und das angegebene Verhalten stets bestätigt gefunden, so daß er nicht ansteht, die ultramikroskopische Struktur als wichtigsten Anhaltspunkt zur sichern Unterscheidung beider Seiden zu bezeichnen.

Schon K. Hassack[1]) hat gezeigt, daß manche Kupferseiden in ihrem Innern zahlreiche Querlinien erkennen lassen, deren Entstehung höchstwahrscheinlich auf Spannungsunterschiede des Fadens im Fällungsbade zurückzuführen ist. Man kann sie in der Tat manchmal schon bei gewöhnlicher mikroskopischer Betrachtung wahrnehmen. Eine auffallende Verstärkung läßt sich durch Reiben der Faser hervorrufen. Der Rand zeigt diese Erscheinung nicht.

Wie der Verf. gefunden hat, leistet auch die von Mineralogen und Petrographen zu Dichtebestimmungen von Mineralien vielfach benutzte Goldschmidtsche Lösung vorzügliche Dienste zur Sichtbarmachung der erwähnten Struktur der Kupferseide. Diese in der Kälte nur mäßig quellend wirkende Lösung ruft schon bei schwacher Erwärmung eine sofortige starke Quellung hervor, die erst bei stärkerem Erhitzen ein völliges Verquellen und teilweises Zerfließen der Faser im Gefolge hat. Bei nicht zu weit getriebener Erwärmung bleibt im Faserinnern ein durch starke Lichtbrechung gegenüber den nunmehr schwach lichtbrechenden Randteilen hervortretender Kern sichtbar, der häufig die angegebenen Querlamellen sehr deutlich erkennen läßt. Besonders gut eignet sich natürlich auch hier die Betrachtung im Dunkelfeld, wobei aber schon die einfache Sternblende oder gar der auf den Spiegel gelegte Finger ausreicht. Bei Versuchen mit andern, ähnlich zusammengesetzten Flüssigkeiten, z. B. Bariumquecksilberjodid, Kleinscher Lösung usw., erhielt der Verfasser zwar ähnliche Bilder, aber bei weitem nicht so deutlich wie nach Anwendung der Goldschmidtschen Lösung. Bei Viskoseseide konnte er, abgesehen von der starken Quellung, Erscheinungen dieser Art nicht feststellen.

Chemische Prüfungen.

Der besseren Übersicht wegen sind die zur Unterscheidung von Zelluloseseide und Viskose in Gebrauch stehenden Reaktionen in der folgenden Tafel vereinigt und auch die sonstigen bei der Prüfung der Kunstseiden in der Regel ausgeführten Reaktionen berücksichtigt. Wie nun aus dieser Zusammenstellung hervorgeht, handelt es sich im besondern fast ausschließlich um sogenannte Farbenreaktionen, die jedoch hinsichtlich ihrer praktischen Ausführung und Beurteilung dem Ermessen des Einzelnen einen sehr großen Spielraum lassen und daher als nicht unbedingt verläßlich zu bezeichnen sind.

Dazu kommt noch, daß die stenosierte Viskoseseide in ihrem Verhalten gegen die meisten Farbstoffe ziemlich indifferent ist und von der stenosierten und nichtstenosierten Kupferseide kaum unterschieden werden kann. Auch das von J. F. Beltzer in diesem Falle warm empfohlene Rutheniumrot kann meiner Erfahrung nach daran

---

[1]) Hassack, K.: Beiträge zur Kenntnis der künstl. Seiden. Öst. Chem.-Ztg., **10—12**, 1900.

Mikrochemisches Verhalten der Viskose- und Kupferseide.

	Kupferseide	Viskoseseide
Chlorzinkjod	Rotviolett	Rotviolett
Jod und Schwefelsäure	Blau mit Rotstich, deutliche Quellung	Blau mit Rotstich, deutliche Quellung
Konz. kalte Schwefelsäure	Langsam gelöst, ab u. zu Längsstreifung	Rasch gelöst
4 %ige heiße Kalilauge	Starke Quellung ohne Lösung	Starke Quellung ohne Lösung
Halbgesättigte Chromsäure	In der Kälte langsam, in der Wärme rasch gelöst	In der Kälte langsam, in der Wärme rasch gelöst
Kupferoxydammoniak	Starke Quellung und schließlich Lösung	Starke Quellung und schließlich Lösung
Nickeloxydammoniak	Starke Quellung ohne Lösung	Starke Quellung ohne Lösung
Alkal. Kupferglyzerin (Silbermann)	Auch nach langem Kochen keine Lösung	Auch nach langem Kochen keine Lösung
Methylenblau	Schwache Blaufärbung	Starke Blaufärbung
Kristallgrün	Schwache Grünfärbung	Deutliche Grünfärbung
Kongorot	Schwache Rotfärbung	Deutliche Rotfärbung
Naphthylaminschwarz 4 B (L. Cassella & Co.)	Dunkelblau	Hellblau
Rutheniumrot (J. H. Beltzer)	Schwache Rosafärbung, nach 12 Std. unverändert	Deutliche Rosafärbung, nach 12 Std. noch verstärkt
Rutheniumrot und Natronlauge (J. H. Beltzer)	Blaßrosafärbung, starke Quellung	Rosafärbung, starke Quellung
Fuchsinschwefligesäure	Fast farblos, höchstens schwache Rötung	Rötlich bis ausgesprochen Rot
Kalte konz. Schwefelsäure (Reagenzglasversuch: 0,2 g Seide + 0,2 g Schwefelsäure) (Maschner)	Zunächst gelb, später wie bei Viskoseseide	Bräunlich bis Braun
Warme Lösung nach Goldschmidt (Herzog)	Starke Quellung; der innere Kern mit auffallender Querlamellierung (Dunkelfeldbeleuchtung!)	Starke Quellung; der innere Kern ohne Querlamellierung

nicht viel ändern. Schwalbe (Färber-Ztg. 1907, S. 273; Fischer, Jahresber. Bd. 2, S. 406, 1907) bedient sich zur Unterscheidung der wichtigsten Kunstseiden (Nitro-, Viskose-, Kupferseide) folgender chemischer Reaktionen: Erwärmt man etwa 0,2 g der Probe mit (ca. 2 ccm) Fehlingscher Lösung im Wasserbad etwa 10 Minuten lang, so zeigt beim Auffüllen der Probegläser mit Wasser nur die Flüssigkeit in dem mit Nitroseide beschickten Glase eine Grünfärbung, während die Flüssigkeit in den Viskose- und Kupferseide enthaltenden Probegläsern reinblau geblieben ist. An den Fasern der Nitroseide beobachtet man außerdem deutlich Abscheidung von gelbem bis rötlichem Kupferoxydul. Die Reaktion beruht auf dem verschiedenen Reduktionsvermögen der Kunstseiden. Nur bei Nitroseide ist das Reduktionsvermögen einigermaßen erheblich. Zur weiteren Unterscheidung der Kupfer- und Viskoseseide übergießt man gleiche Mengen dieser Kunstseiden mit Chlorzinklösung, gießt nach wenigen Augenblicken den Überschuß des Reagens ab, füllt die Probegläser mit Wasser auf, gießt dieses wieder ab und wiederholt diese Waschprozedur, bis das Wasser nur noch ganz hellgelb gefärbt oder farblos ist. Kupferseide hat sich unter diesen Umständen nur sehr schwach angefärbt und verliert die bräunliche Tönung wieder sehr rasch beim Waschen, während Viskoseseide die blaugrüne Färbung längere Zeit bewahrt.

A. Lehne (Z. ges. Textilind., Bd. 25, S. 491, 1922) gibt folgendes Unterscheidungsverfahren an: Die Kunstseideproben werden im Probierglas mit der 60fachen Menge Wasser unter Zusatz von $50\,\%$ Glaubersalz mit je $2{,}5\,\%$ Benzoreinblau, Oxydiaminschwarz A oder Kongobraun G in demselben Wasserbade von kalt auf 70^0 gebracht, eine halbe Stunde gefärbt und dann ohne Spülen auf Filterpapier getrocknet. Am dunkelsten färbt sich Glanzstoff, merklich heller Nitroseide, viel heller Viskoseseide und ungefärbt bleibt Azetatseide. Die Unterschiede beruhen auf der verschiedenen Quellung.

K. Lang (Melliands Textilber., Bd. 5, 1924) bedient sich zum Nachweis der Kupferseide folgender Lösungen: 1. Eisenchloridlösung, $32{,}4$ g $FeCl_3$ im Liter. 2. Ammoniumrhodanidlösung, $76{,}1$ g NH_4SCN im Liter. 3. Thiosulfatlösung, 75 g $Na_2S_2O_3$ im Liter. In einem Erlenmeyerkolben wird die zu untersuchende Kunstseide, sowie in zwei anderen Kolben Viskose- und Kupferoxydammoniakzellulose mit je 15 ccm Salpetersäure übergossen. Nach etwa einer halben Stunde verdünnt man mit je 200 ccm dest. Wasser. In drei gleiche, geräumige Bechergläser gibt man mit Hilfe einer Pipette je 50 ccm dieser Lösungen, fügt je 25 ccm Eisenchlorid und 2 ccm Rhodanid zu. Dann füllt man die Bechergläser mit destilliertem Wasser auf gleiche Höhe (400 ccm) auf. In drei Reagenzgläser gibt man je 15 ccm Thiosulfat; den Inhalt dieser drei Reagenzgläser gießt man gleichzeitig in die drei Bechergläser. Schon nach kurzer Zeit bemerkt man, wie die Lösung, die Kupferoxydammoniakzellulose enthält, sich viel schneller aufhellt. Wenn die viskoseseidehaltige Lösung noch tiefrot gefärbt ist, ist jene schon längst entfärbt.

An dieser Stelle sei noch des in der ungebleichten Viskoseseide in Form von mikroskopischen und submikroskopischen Teilchen enthaltenen Schwefels gedacht. Die größeren Teilchen, die infolge ihres hohen Lichtbrechungsvermögens sowohl in Hellfeldbeleuchtung als im Dunkelfelde sehr deutlich hervortreten, sind von kugliger bis ellipsoidischer Gestalt (Abb. 59). Für schwache Vergrößerungen eignet sich besonders der Zeißsche Planktonkondensor, der, in die Schiebehülse des Greenoughschen Mikroskops gesteckt, gestochen scharfe Bilder liefert. Überraschend schöne Bilder erhält man bei Einwirkung von Kupferoxydammoniak auf die Faser. Je nach der Konzentration der Flüssigkeit, geht die Viskoseseide rascher oder langsamer in Lösung, wobei die ungelösten Schwefelkörnchen in Freiheit gesetzt werden. Die gallertartige Beschaffenheit der stark gequollenen bzw. in Lösung übergehenden Faser mit den in ihr eingebetteten, stark leuchtenden Schwefelkörnchen tritt besonders gut bei Benutzung eines Stereookulars[1]) plastisch in die Erscheinung. Nach erfolgter Auflösung des Viskosefadens bleiben die Schwefelkörnchen unverändert zurück. Sehr häufig hängen ihnen noch kurze fadenförmige Teile von nicht näher bekannter Zusammensetzung an, so daß in Sporenbildung begriffene Bakterien vorgetäuscht werden: das Schwefelkörnchen, das hierbei teils mittel-, teils endständig angeordnet ist, entspricht der Spore, das Anhängsel dem vegetativen Bakterienstäbchen. Ab und zu sind auch zwei, durch ein kurzes Fäserchen verbundene Schwefelkörner wahrzunehmen. Im Dunkelfelde bei starker Vergrößerung betrachtet, leuchten die Schwefelteilchen bei hoher Einstellung lebhaft rot (Apochr. 2 mm mit Einhängeblende).

Verhalten von Viskose- und Kupferseide bei der trockenen Destillation. Die Prüfung der sichtbaren Veränderungen, die bei der trockenen Destillation beider Fasern unter dem Mikroskop vor sich gehen, liefert kein befriedigendes Ergebnis hinsichtlich der Unterscheidungsmöglichkeit. Die verhältnismäßig größten Gegensätze werden dann erhalten, wenn die auf einer Glimmerplatte liegenden, mit einem Deckglase bedeckten Fasern gleichzeitig mit Kanadabalsam bis zur Rotglut erhitzt werden. Nach erfolgter Abkühlung zeigt die verkohlte Kupferseide zahlreiche blasige Auftreibungen, wie dies auch aus der beigefügten Abb. 68 ersehen werden kann. Viskoseseide läßt diese Erscheinung nur in viel schwächerem Maße erkennen. Der noch vorhandene, mit teerigen Teilchen durchsetzte, z. T. verkohlte Kanadabalsam weist hierbei sehr schöne, zierlich gestaltete Erstarrungsformen auf.

Da diese Probe nur graduelle Unterschiede liefert und auch von zahlreichen Nebenumständen abhängt, kann sie zur Unterscheidung beider Fasern nicht empfohlen werden.

Mechanische bzw. mechanisch-technische Prüfung.

Verhalten beim Reiben, Quetschen und Reißen. Im feuchten Zustand in der Achatreibschale gedrückt und gerieben, erweist sich die Kupferseide als etwas weicher und dementsprechend mechanisch weniger widerstandsfähig als die Viskoseseide. Die Unterschiede sind aber so geringfügig, daß sie zur analytischen Bestimmung nicht herangezogen werden können. In beiden Fällen tritt schon nach kurzem Reiben eine Zerstückelung oder Zerquetschung der Fasern in gänzlich formlose Massen ein. Im Polarisationsmikroskop geprüft, zeigen die noch einigermaßen erhaltenen Faserstücke der Kupferseide nurmehr Grau I bis Weiß I, während bei Viskose zu gleicher Zeit noch höhere Interferenzfarben, insbesondere Orange I neben Grau I und Weiß I, wahrgenommen werden können.

Wird ein Faserbündel in der Hand rasch zerrissen, so zeigen die Rißenden sowohl bei der Kupferseide als auch bei der Viskoseseide eine zarte, mehr oder weniger feinzackige Begrenzung. Unterschiede von diagnostischem Wert können hierbei niemals festgestellt werden.

Mechanisch-technische Prüfungen. An Hand der in den Zahlentafeln 23—28 angegebenen Werte, die der Verfasser auf Grund

---

[1]) Herzog, A.: Über die Verwendung des Reichertschen Stereookulars bei textilen Prüfungen. Leipz. Monatsschr. f. Textilind., 8, 175, 1923.

eigener Prüfungen ermittelt hat, ist es möglich, sich u. a. eine Vorstellung über die **Festigkeitsverhältnisse der Kupfer- und Viskoseseide im feuchten und trockenen Zustand zu bilden.** Wie nun besonders aus den angeführten Durchschnittswerten hervorgeht, zeigen beide Fasern eine praktisch sehr weitgehende Übereinstimmung in der Festigkeit und Elastizität, so daß also auch auf dem **Wege der üblichen mechanisch-technischen Untersuchung oder gar auf dem von Handproben kein Anhaltspunkt für die Unterscheidung zu erwarten ist.**

Schlußfolgerungen.

Wie aus den gemachten Ausführungen hervorgeht, kommt für die sichere Unterscheidung von **Kupfer - und Viskoseseide** in erster Linie das **Ultramikroskop** praktisch in Frage (Paraboloidkondensor), in zweiter Linie ist auch die mikroskopische Untersuchung der **Querschnittform** zu berücksichtigen, da auf diesem Wege wertvolle Anhaltspunkte, namentlich über die Herkunft etwa vorliegender Viskoseseide erhalten werden können. Andere Prüfungsverfahren kommen nur insofern in Betracht, als sie zum Auseinanderhalten der genannten Fasern von etwa noch in Frage kommenden sonstigen Kunstseiden erforderlich sind.

Zahlen-

Viskosekunst-

		1	2	3	4	5	6	7	8	9
Einzelfaser — Breite in μ — trocken	1 Mittel	40,0	38,5	38,6	30,5	—	—	36,0	35,3	—
	2 Maximum	48,8	48,8	48,7	33,0	—	—	61,0	63,0	—
	3 Minimum	34,8	27,4	29,3	25,6	—	—	24,7	23,9	—
Breite in μ — feucht	4 Mittel	62,3	52,0	57,9	41,6	—	—	57,8	53,3	—
	5 Maximum	68,1	65,2	69,5	55,3	—	—	80,6	59,8	—
	6 Minimum	35,2	33,0	36,7	30,9	—	—	36,4	31,7	—
	7 Ungleichheit in %, trocken	13,7	11,3	8,9	10,8	—	—	13,3	13,9	—
	8 „ in %, feucht	13,9	12,5	10,3	11,3	—	—	13,7	14,3	—
	9 Lineare Quellung in %	55,8	35,1	50,0	36,4	—	—	60,6	51,0	—
	10 Mittl. Querschnittfläche in $q\mu$	605	709	535	505	714	—	670	590	750
	11 Völligkeit des Querschnitts in %	48	61	46	69	—	—	46	47	—
	12 Feinheit in Deniers[1]	8,3	9,7	7,3	6,9	9,9	—	9,2	8,1	10,3
	13 „ „ „ [2]	8,0	9,4	7,1	6,7	9,6	—	—	—	10,3
Ganzer Faden	14 Zahl der Einzelfasern	15	17	17	18	15	15	—	—	14
	15 Metrische Nummer	75,0	56,4	75,2	74,5	62,4	—	—	—	62,4
	16 Feinheit in Deniers	120	160	120	121	144	—	—	—	144
Festigkeit in g — trocken	17 Mittel	189,5	218,0	157,0	171,7	225,9	178,0	—	—	206,8
	18 Maximum	200,0	227,8	163,0	185,0	240,0	—	—	—	217,5
	19 Minimum	178,0	215,5	150,4	160,0	215,0	—	—	—	192,5
Festigkeit in g — feucht	20 Mittel	72,2	75,1	48,9	59,5	82,0	91,0	—	—	58,7
	21 Maximum	76,0	84,0	52,0	62,0	90,0	—	—	—	62,0
	22 Minimum	67,0	70,0	46,0	56,0	75,0	—	—	—	55,0
	23 Ungleichheit in %, trocken	2,4	0,8	2,4	3,8	3,0	—	—	—	3,7
	24 „ in %, feucht	5,1	3,3	3,9	3,2	6,1	—	—	—	4,6
	25 Verlust durch Befeuchten in %	61,9	65,5	68,9	64,9	63,8	48,9	—	—	71,6
	26 für 1 qmm in kg, trocken	21,7	18,8	18,1	19,6	21,6	—	—	—	19,7
	27 Mittlere Reißlänge in km, trocken	14,2	12,3	11,8	12,8	14,1	—	—	—	12,9
	28 „ Bruchdehnung in %, trocken	11,7	16,5	10,9	15,3	13,5	—	—	—	14,4
	29 „ „ in %, feucht	10,7	18,7	16,9	14,0	13,4	—	—	—	18,3
	30 Änderg. d. „ b. Befeuchten in %	− 8,5	+ 13,3	+ 55,1	− 8,5	− 0,7	—	—	—	+ 27,1

[1]) Aus der mittleren Querschnittfläche berechnet; spezifisches Gewicht in allen Fällen zu 1,52 g
[2]) Berechnet aus dem Fadentiter und der Zahl der Einzelfasern.

11. Azetatseide.

Hinsichtlich ihrer augenblicklichen technischen Bedeutung, steht die Azetatseide weit hinter den bisher behandelten Kunstseiden zurück. In der Regel handelt es sich um gröbere Einzelfasern, die je nach dem gewählten Herstellungsverfahren große Unterschiede in ihren Formverhältnissen erkennen lassen. Die Faserquerschnitte sind teils rundlich, teils auffallend unregelmäßig gelappt (Abb. 24). Hier und da werden auch ausgesprochen bandartig flache Formen beobachtet.

Quellung. In reinem Wasser quillt die Azetatseide fast gar nicht (nur bei dem von den Spondon Works hergestellten Fabrikat ist eine merkliche Quellung vorhanden). Wie schon Massot[1]) nachgewiesen hat, unterscheidet sich die Azetatseide durch dieses auffallende Verhalten wesentlich von allen übrigen, stark quellungsfähigen Kunstseiden.

Dagegen tritt eine starke Quellung ein, wenn dem Wasser organische Stoffe beigemengt sind. So z. B. beträgt die Volumvergrößerung der Azetatseide

---

[1]) Massot: Zur Kenntnis einiger Erzeugnisse der Kunstseidenindustrie. Chem.-Zg., **65**, 1906.

tafel 23.

seide (1903—1921).

10	11	12	13	14	15	16	17	18	19	20	21	22	Mittel bzw. extreme Werte
—	—	—	—	—	27,3	28,4	33,2	33,3	35,4	31,6	42,7	26,7	*34,1*
—	—	—	—	—	41,6	32,5	42,9	37,7	46,8	38,5	54,6	31,5	*63,0*
—	—	—	—	—	22,1	24,7	23,4	28,6	27,3	21,3	31,2	23,4	*21,3*
—	—	—	—	—	35,0	39,3	48,4	45,8	44,2	45,1	57,7	38,8	*46,7*
—	—	—	—	—	44,1	44,2	67,6	52,1	52,2	56,1	68,1	42,9	*80,6*
—	—	—	—	—	29,9	36,4	33,8	39,0	28,6	28,6	49,4	35,9	*28,6*
—	—	—	—	—	12,7	10,0	19,7	8,6	14,7	17,0	13,4	4,9	*12,4*
—	—	—	—	—	5,7	4,6	17,8	5,7	17,7	13,9	9,0	4,0	*11,0*
—	—	—	—	—	28,2	38,4	45,5	37,6	24,9	42,7	35,2	45,3	*41,9*
739	600	619	448	631	520	512	780	660	780	650	583	560	*627*
—	—	—	—	—	89	81	90	76	80	83	41	100	*68*
10,1	8,2	8,5	6,1	8,6	7,1	7,0	10,7	9,0	10,7	8,9	8,0	7,7	*8,6*
10,1	8,1	8,4	6,1	8,5	6,1	7,1	8,9	9,3	10,8	8,0	8,1	7,9	*8,3*
14	15	14	14	13	14	14	18	14	12	15	15	14	*14,9*
63,2	74,0	77,0	106,2	81,1	106,5	89,9	56,2	69,4	69,0	74,9	74,1	81,8	*75,2*
142	122	117	85	111	85	100	160	130	130	120	121	110	*123*
197,3	182,5	185.8	96,0	175,1	123,0	109,0	208,0	186,0	155,0	175,0	231,0	198,0	*178,4*
212,5	225,0	194,9	104,9	194,9	130,0	118,0	218,0	195,0	177,0	188,0	240,0	208,0	*240,0*
190,1	175,0	177,4	80,0	139,9	118,0	98,0	193,0	170,0	135,0	153,0	220,0	188,0	*80,0*
58,2	54,6	58,5	27,7	51,3	23,0	27,0	64,0	49,0	36,0	66,0	90,0	52,0	*57,2*
61,0	59,0	67,0	29,0	60,0	28,0	32,0	67,0	52,0	39,0	72,0	98,0	54,0	*90,0*
54,0	52,0	46,0	25,0	41,0	19,0	22,0	61,0	45,0	33,0	58,0	84,0	50,0	*19,0*
3,9	2,7	2,8	3,7	8,7	3,7	5,8	6,9	2,7	7,3	5,9	2,3	2,6	*4,0*
3,8	3,5	6,2	6,1	8,8	8,8	9,9	3,5	3,1	4,4	5,6	4,3	2,3	*5,1*
71,6	70,1	68,6	71,7	70,7	81,3	75,3	69,3	73,7	76,8	62,3	61,1	73,8	*68,0*
19,1	20,7	21,9	15,6	21,7	20,0	15,0	17,9	19,7	16,4	20,0	21,5	24,8	*19,7*
12,5	13,5	14,3	10,2	14,2	13,1	9,8	11,7	12,9	10,7	13,1	17,3	16,2	*13,0*
13,0	14,8	13,8	9,8	11,9	19,9	19,5	21,0	15,2	9,3	13,0	9,3	9,3	*13,8*
17,9	14,7	13,4	8,6	10,3	16,9	21,0	24,1	21,2	12,9	13,1	10,7	8,0	*15,0*
+ 37,7	− 0,7	− 2,9	− 8,2	− 13,4	− 15,1	+ 7,7	+ 14,8	+ 39,5	+ 38,7	+ 0,8	+ 15,1	− 14,0	*+ 8,7*

angenommen.

mit 25%igem Alkohol etwa 13% | mit 25%igem Azeton etwa 30%
„ 50 „ „ „ 34„ | „ 50 „ „ „ 77„
„ 75 „ „ „ 37„ |

Die vorstehenden Zahlenangaben verdanke ich einer freundlichen Mitteilung des Herrn Prof. Dr. Knoevenagel-Heidelberg. Ähnlich liegen die Verhältnisse für Azeton und Alkohol, Eisessig und Wasser usw. Mit diesen Quellungen sind Verringerungen der Festigkeit verbunden. Da nun die aus Azetylzellulose hergestellten feineren und gröberen Fäden keine merkliche Quellung in reinem Wasser erleiden, sollte man auch keine Festigkeitsverminderung erwarten. Dies ist aber, wie noch später gezeigt werden soll, nicht der Fall.

Zahlentafel 24.
Viskoseseide (1922).

	6 IIa Schuß 75 den 75,0[1]	7 IIa Kette 72,76	8 IIa Schuß 120 121,62	9 IIa Kette 180 195,65	11 ungebl. 90 92,78	12 ungebl. 90,0	13 ungebl. 125,0	14 ungebl. 124,14
Probe Nr.								
Breite in μ — Mittel ..	32,0	40,2	44,7	49,3	35,5	34,6	34,3	32,5
Maximum	41,1	45,0	51,0	58,3	50,0	48,0	42,1	50,2
Minimum	25,0	34,0	21,0	33,0	26,0	28,2	19,0	24,0
Ungleichmäßigk. in %	9,8	8,0	13,8	17,4	11,2	12,8	15,3	11,6
Dicke in μ — Mittel ..	13,0	13,2	16,1	15,2	25,2	24,2	23,2	23,0
Maximum	16,1	15,8	20,4	20,3	36,3	31,5	31,6	32,5
Minimum	10,3	10,7	13,5	10,6	17,6	17,7	16,4	19,2
Ungleichmäßigk. in %	12,2	8,8	12,2	16,5	10,4	10,7	11,7	11,8
Mittl. Faserdurchmesser in μ. . . .	22,5	26,7	30,4	32,3	30,4	29,4	28,8	27,8
Breite : Dicke	2,46	3,05	2,78	3,24	1,41	1,43	1,48	1,41
Mittlere Querschnittfläche in qμ . . .	366	409	593	600	519	467	504	501
Ungleichmäßigk. in %	22,8	8,0	8,4	17,2	21,4	20,4	22,2	27,5
Völligkeit des Querschnitts in % . .	46	32	38	31	53	50	55	60
Feinheit in Deniers .	5,00	5,60	8,11	8,15	7,14	6,43	6,94	6,90
Anzahl der Einzelfas. i. Faden (Mittel). .	15	13	15	24	13	14	18	18
Spez. Gewicht in g .	1,52	—	—	1,51	—	1,53	—	—
Wassergehalt in %[2])	9,8	—	—	9,6	—	9,5	—	—
Lichtbrechung ⊥ zur Faserlängsachse	1,548				1,548			
// „ „	1,524				1,523			
Mittl. Lichtbrechung .	1,536				1,536			
Spezif. „	+24				+25			

Interferenzfarben zwisch. gekreuzten Nicols (zumeist). .	Gelb I; höhere Farben nur an Drehstellen; abgesetzte Farbenstreifen selten	Gelb I; Polarisationsfarben stark wechselnd, z. T. parallel zur Faserlängsachse abgesetzt
Ultramikroskopie . .	längsgestreckte Netzmaschen von geringer Lichtstärke	längsgestreckte Netzmaschen von geringer Lichtstärke

[1]) Experimentell bestimmter Fadentiter in Deniers.
[2]) Zur Zeit der Bestimmung des spezifischen Gewichts.

Zahlentafel 25.
„Vistrawolle“ (Viskoseseide).

	Typ			
	I 50/3	II 30/2	III 24/2	IV 13/2 3fach geschl.
	rohweiß			
Breite in μ { Mittel. . .	17,9	34,2	32,8	34,1
Maximum .	22,0	47,0	63,0	45,0
Minimum .	13,0	28,0	19,0	23,0
Ungleichmäßigkeit in %	12,9	10,2	21,7	11,4
Dicke in μ { Mittel. . .	15,3	27,0	25,8	26,7
Maximum .	18,0	35,0	43,0	42,0
Minimum .	10,0	23,0	17,0	17,0
Ungleichmäßigkeit in %	13,7	7,8	21,3	14,2
Breite : Dicke	1,170	1,267	1,271	1,277
Mittl. Durchmesser in μ	16,6	30,6	29,3	30,4
Querschnittfläche in qμ:				
Mittel	204	687	681	657
Maximum . . .	298	1120	1920	1281
Minimum. . . .	111	453	292	341
Ungleichmäßigkeit in %	23,1	18,2	28,3	23,1
Völligkeit des Quer- schnitts in % . . .	81	76	81	72
Feinheit i. Deniers (leg. T.)				
Mittel	2,6	8,7	8,7	8,4
Maximum . . .	3,8	14,3	24,4	16,4
Minimum. . . .	1,4	5,8	3,7	4,3

Vorstehende Zahlenangaben beziehen sich auf die lufttrockene Einzelfaser.

Zahlentafel 26.
„Lanofil“[1]) (Viskoseseide).

	Dicke in μ	Breite in μ	Querschn.- Fläche in qμ	Feinheit in Deniers
Mittel	12,8	16,5	144,7	1,84
Maximum	17,0	19,0	226,4	2,88
Minimum.	11,0	14,0	115,4	1,47
Ungleichmäßigkeit in %	8,6	6,7	12,5	—

Völligkeit der Querschnittsfläche in % 67,7
Form des Querschnitts: unregelmäßig sternförmig.
Spezifisches Gewicht der Faser in g 1,53
Polarisation:
 Vorherrschende Interferenzfarbe: Blaugrau I bis Weiß I.
 Auslöschung: gerade.
 Mit Gips Rot I unter $+45^0$: Additionsfarben.
 „ „ Rot I „ -45^0: Subtraktionsfarben.

---

[1]) Dieser von den Lanofil-Spinnstoffwerken m. b. H., Magdeburg, nach Patenten von Dr. E. Schülke hergestellte Faserstoff ist weich und mattglänzend, dabei sehr fein und gekräuselt.

Zahlentafel 27.
Kupferseide (1903—1921).

	1	2	3	4	5	6	7	8[1]	Mittel- bzw. extreme Werte (aus 1—7)
Breite der Einzelfaser in μ — trocken — Mittel	29,7	33,4	28,6	36,4	30,2	29,1	32,4	9,6	31,4
Maximum	36,4	38,2	35,2	40,1	36,8	38,1	38,5	12,8	40,1
Minimum	23,4	26,5	24,6	31,9	24,3	24,5	27,2	6,0	23,4
feucht — Mittel	40,6	44,0	45,7	51,6	44,8	39,9	44,8	15,0	44,5
Maximum	51,5	53,2	49,2	56,3	49,9	49,3	52,3	20,3	56,3
Minimum	33,6	37,4	34,1	45,9	34,7	35,7	34,5	10,4	33,6
Ungleichm. i. d. Breite, %, trocken	9,7	7,1	8,5	4,9	9,7	8,2	7,5	15,6	7,9
” ” ” ” ” feucht	7,9	5,4	7,7	5,8	9,2	7,1	8,2	18,4	7,3
Quellung (lineare) in %	36,7	31,7	59,8	41,8	48,3	37,1	38,3	56,3	41,7
Zahl der Einzelfasern im Faden	16	15	12	10	15	15	15	44	14,0
Querschnittfläche der Einzelfaser in qμ	627	859	597	989	680	619	760	74	733
Völligkeit d. Querschnittfl. der Einzelfaser in %	91	98	93	95	89	93	92	99	93
Metrische Nummer des Fadens	64,2	88,6	87,1	62,5	61,3	67,3	54,8	200,0	69,4
Feinheit des Fadens in Deniers	141	102	115	144	163	149	182	45	130
” der Einzelfaser in Deniers[2]	8,6	11,8	8,2	13,5	9,3	8,5	10,4	1,1	10,1
” ” ” ” ” [3]	8,8	6,8	9,6	14,4	10,9	9,9	12,1	1,0	9,3
Faden-festigkeit in g — trocken — Mittel	148,0	159,1	175,7	127,4	142,0	189,2	220,9	82,0	166,0
Maximum	160,0	183,2	196,3	138,3	153,1	207,3	235,8	100,0	235,8
Minimum	138,0	143,1	135,4	118,3	138,3	165,4	209,8	63,0	118,3
feucht — Mittel	31,0	29,0	30,8	22,8	33,4	52,6	59,8	40,0	37,1
Maximum	36,0	36,0	35,3	28,1	36,2	57,3	64,2	47,0	64,2
Minimum	25,0	25,1	21,2	19,2	31,5	48,2	56,3	34,0	19,2
Ungleichm. i. d. Festigkeit, % trocken	13,1	12,1	8,3	5,4	3,9	9,7	3,4	17,4	8,0
” ” ” ” ” feucht	7,7	8,9	5,1	5,3	3,0	8,3	2,8	12,5	5,9
Festigkeitsverlust durch Befeuchten, %	79,0	81,8	82,4	82,2	76,6	72,2	73,0	51,2	77,6
Mittlere Festigkeit in kg pro qmm (trocken)	15,2	22,6	24,5	17,8	13,9	19,8	19,4	26,2	19,0
” Reißlänge in km (trocken)	9,5	14,1	15,3	11,1	8,7	12,4	12,1	16,4	11,9
Bruchdehnung in %, trocken	15,6	16,5	13,7	14,8	14,9	10,5	10,7	15,6	13,8
” ” ” feucht	13,1	18,2	17,4	14,6	15,4	9,1	11,5	22,5	14,2
Änderung i. d.Bruchdehng.durch Befeuchten, %	— 16,0	+ 10,3	+ 27,0	— 1,4	+ 3,4	— 13,3	+ 7,5	+ 44,2	+ 2,9

[1] Nach dem Streckspinnverfahren hergestellte Seide.
[2] Aus der mittleren Querschnittfläche berechnet; spezifisches Gewicht in allen Fällen zu 1,52 angenommen.
[3] Berechnet aus dem Fadentiter und der Zahl der Einzelfasern.

Zahlentafel 28.
Bembergsche „Adlerseide" (Kupferseide, 1922).

	Probe Nr.			
	1 80 den, 100 D.[1] *80,36*[2]	2 80 den, 400 D. *82,56*	3 120 den, 100 D. *116,28*	4 120 den, 300 D. *109,75*
Breite in μ — Mittel . . .	12,3	13,3	12,0	12,1
Breite in μ — Maximum .	17,1	17,8	14,7	16,2
Breite in μ — Minimum .	9,8	9,0	6,0	9,1
Ungleichmäßigk. in %	13,0	12,4	17,8	10,0
Dicke in μ — Mittel . . .	9,8	10,6	10,0	8,8
Dicke in μ — Maximum .	12,1	12,0	12,2	11,8
Dicke in μ — Minimum .	7,2	7,3	4,9	7,5
Ungleichmäßigk. in %	9,4	15,5	10,9	9,8
Mittl. Faserdurchm. in μ	11,1	12,0	11,0	10,5
Breite : Dicke	1,25	1,25	1,20	1,38
Mittl. Querschnittfl. i. $q\mu$	99	111	96	89
Ungleichmäßigk. in %	16,9	19,3	19,4	15,8
Völligkeit des Querschnitts in % . . .	84	80	85	78
Feinheit in Deniers . .	1,36	1,40	1,29	1,22
Zahl der Einzelfasern im Faden (Mittel) . .	59	59	90	90
Spezif. Gewicht in g . .	1,53	1,55	1,50	1,53
Wassergehalt in %[3] .	9,8	10,3	9,4	9,7

Lichtbrechung	
$\perp$ zur Faserlängsachse .	1,548
// „ „ .	1,526
Mittlere Lichtbrechg.	1,537
Spezifische „	$+22$
Interferenzfarben zwischen gekreuzten Nicols (zumeist) . . .	Weiß I bis Gelb I
Ultramikroskopie . . .	quergestreckte Netzmaschen von zarter Beschaffenheit und mittlerer Lichtstärke

Optisches Verhalten. Die Azetatseide besitzt eine nur schwache spezifische Doppelbrechung. Sie steht in dieser Hinsicht zwischen der noch schwächer brechenden Gelatineseide[4] und der stärker brechenden Kupferseide. Zwischen gekreuzten Nicols erscheinen Polarisationsfarben, welche sich von Dunkel- bis Hellgraublau 1. Ordnung bewegen. In der zugehörigen Parallelstellung treten sehr wenig ausgeprägte, zumeist gelbbräunliche Farbentöne auf. In der Orthogonalstellung tritt, ebenso wie bei den übrigen Kunstseiden, keine Aufhellung des Gesichtsfeldes ein (gerade Auslöschung). Schaltet man zwischen die gekreuzten Nicols noch ein verzögerndes Gipsplättchen, etwa das Rot I ein, so ergibt sich folgendes: Unter $+45^0$ orientiert, treten Subtraktionsfarben (Orange I), unter -45^0 Additionsfarben (Indigo II) auf. Dies

---

[1] D = Fadendrehung.
[2] Experimentell bestimmter Fadentiter in Deniers.
[3] Zur Zeit der Bestimmung des spezifischen Gewichts.
[4] Herzog, A.: Über das optische Verhalten der Gelatineseide. Öst. Chem.-Ztg., **12**, 1906.

gilt sowohl für den Rand wie für die Fläche der Faser. Ein gleichsinniges Verhalten zeigen auch verzögernde Glimmerplättchen, von denen besonders das $1/_8$ und $3/_8$ λ-Plättchen des Mohlschen Satzes auffallende Gegensätze ergeben. Ersteres ist besonders für gekreuzte, letzteres für parallelgestellte Nicols zu empfehlen.

Glimmer-Plättchen	Stellung der Nicols	Farbe des Gesichtsfeldes	Farbe der Azetatseidenfaser nach Einschaltung eines Gipsplättchens Rot I	
			$+45^0$	-45^0
$1/_8$ λ	$+$	Grau I	Schwarzgrau bis Bräunlichgrau I	Hellgrau bis Hellbläulich I
	‖	Gebllichweiß I	Weiß I	Gelblichweiß bis Gelbbräunlich I
$3/_8$ λ	$+$	Weißlich I	Hellgrau I	Weiß bis Gelb I
	‖	Gelbbraun I	Gelblichweiß I	Dunkelgelbbraun I

Demgemäß steht die längere Achse der wirksamen Elastizitätsellipse (Rand- und Flächenteile der Faser) senkrecht zur Längsrichtung der Faser. Bei zwei von den Spondon Works hergestellten Azetatseiden wurde jedoch das entgegengesetzte Verhalten festgestellt.

Durch Zufall konnte der Verfasser eine interessante Änderung des optischen Verhaltens der Azetatseide beobachten. Unmittelbar nach Herstellung eines Kanadabalsampräparates machte er eine mikrophotographische Polarisationsaufnahme unter Verwendung eines Gipsplättchens Rot I auf einer Lumièreschen Autochromplatte. Ungefähr 6 Monate darauf wurde die Originalfarbenplatte während einer Projektionsvorführung beschädigt, so daß er sich gezwungen sah, die Aufnahme nach dem ursprünglichen Präparat zu wiederholen. Hierbei zeigte sich nun, daß einige der Fasern, welche ursprünglich im ganzen das oben beschriebene optische Verhalten gezeigt hatten, stellenweise, und zwar in den Flächenteilen, eine Änderung der Achsenverhältnisse erfahren hatten. Unter $+45^0$ traten nunmehr, genau so wie bei den anderen Seiden, Additionsfarben (hauptsächlich Blau II) unter -45^0 Subtraktionsfarben (hauptsächlich Gelb I) auf. Dahingegen hatte der Rand der Fasern seine ursprüngliche Beschaffenheit beibehalten. Ohne Gipsplättchen zwischen gekreuzten Nicols betrachtet, fielen die optisch veränderten Stellen einerseits durch eine höhere Polarisationsfarbe (Hellbläulich I), anderseits durch zwei, den Faserrändern parallellaufende neutrale Streifen (Schwarz) auf. Äußerlich, d. h. bei gewöhnlicher mikroskopischer Betrachtung, war an den optisch veränderten Fasern nichts Auffallendes zu beobachten. Dieses Verhalten ist ein Beweis dafür, daß nachträglich eine 90^0 betragende Verschiebung in der Lage der wirksamen Elastizitätsellipse stattgefunden hat (bezogen auf die Flächenteile der Fasern). Da ich die beschriebene Erscheinung niemals bei frischhergestellten. Präparaten beobachten konnte, muß ich annehmen, daß die Ursache dem Einflusse des Kanadabalsams zuzuschreiben ist; ein Fingerzeig, wie vorsichtig optische Beobachtungen an älteren Balsampräparaten einzuschätzen sind! Die von Prof. Dr. Massot überlassene ältere Azetatseide zeigte, wie schon oben erwähnt, dieselben Erscheinungen im Polarisationsmikroskop wie die neueren Fabrikate. Die Leistenbildungen der älteren Azetatseide sind ohne nennenswerten Einfluß auf die Höhe der Polarisationsfarben, so daß der Gesamteindruck des Polarisationsbildes des lebhaften Farbenwechsels der ähnlich gebauten, aber wesentlich stärker brechenden Lehnerschen und Chardonnetschen Seide entbehrt. Die Ursache dieses abweichenden Verhaltens liegt in der sehr geringen spezifischen Doppelbrechung der Azetatseide. Um ausgesprochen lebhafte Farben zu liefern, müßte die Faser eine wesentlich größere optische Dicke zeigen als ihr gewöhnlich zukommt ($42\,\mu$). Um z. B. das Rot I hervorzurufen, müßte die Faser, wie sich aus der Differenz der Hauptlichtbrechungsexponenten berechnen läßt, eine optische Dicke von etwa $110\,\mu$ (!) aufweisen. In Chlorzinkjod gelegt, nimmt die Faser eine schwachgelbe Farbe an und büßt einen großen Teil ihrer Doppelbrechung ein, so daß zu deren Nachweis ein verzögerndes Gips- oder Glimmerplättchen unbedingt erforderlich wird. Der ursprüngliche optische Charakter, d. h. die allgemeine Orientierung der wirksamen Elastizitätsellipse, wird aber durch das Chlorzinkjod nicht verwischt.

Wie begreiflich, weist die mit Kongorot oder anderen für derartige Untersuchungen vorgeschlagenen Farbstoffen gefärbte Azetatseide keinen Dichroismus auf. Sie unterscheidet sich sonach auch in dieser Hinsicht von den übrigen, deutlich dichroitisch werdenden Kunstseiden (abgesehen von der technisch belanglosen Gelatineseide, welche gleichfalls keinen Dichroismus zeigt). Es sei noch bemerkt, daß die ältere Azetatseide in ihrem Inneren ziemlich viel splitterartige Verunreinigungen beherbergt, welche infolge ihrer starken spezifischen Doppelbrechung sehr leicht zwischen gekreuzten Nicols aufgefunden werden können. Bei den neueren Fabrikaten ist das, wie auch der ultramikroskopische Befund bestätigt, nicht der Fall.

Lichtbrechungsvermögen. Die Lichtbrechungsexponenten der neuen und alten Azetatseide sind auffallend niedrig. Schon Massot hebt in der eingangs zitierten Arbeit besonders hervor, daß die Azetatseide in Glyzerin glasig wird und sich demzufolge nur sehr wenig vom Untergrunde des mikroskopischen Gesichtsfeldes abhebt. Eingehende zahlenmäßige Bestimmungen lehrten, daß die beiden in der Längsansicht der Azetatseide zur Wirkung kommenden Hauptlichtbrechungsexponenten nur unerheblich voneinander abweichen (1,474 bis 1,479, bezogen auf die Na-Linie). Diese Beobachtung steht in völligem Einklange mit der weiter oben erwähnten geringen spezifischen Doppelbrechung, die sich bei den relativ groben Fasern durch niedere Polarisationsfarben kundgibt. In der mittleren Lichtbrechung stimmt die Azetatseide ungefähr mit Zitronenöl überein ($n_D = 1{,}4786$, $t = 17^{\,0}$). Demzufolge verschwinden in Zitronenöl eingebettete Fasern nahezu völlig (mikroskopisch zu kontrollieren). Da die Sichtbarkeit einer ungefärbten Faser unter dem Mikroskope fast ausschließlich von der Differenz ihres mittleren Lichtbrechungsvermögens und des der Einbettungsflüssigkeit abhängt, ist die oben erwähnte Beobachtung Massots leicht verständlich. Das Glyzerin kommt in der Lichtbrechung der Azetatseide sehr nahe, während die übrigen Kunstseiden wesentlich stärker lichtbrechend sind, sich also in Glyzerin viel deutlicher vom Untergrunde abheben.

Mikrochemisches Verhalten. Untersucht man die Azetatseide mit den in der technischen Mikroskopie der Seiden üblichen Reagenzien, so kommt man zu folgenden Ergebnissen: Jod- und Schwefelsäure (v. Höhnelsches Papierreagens) färben gelb, Chlorzinkjod färbt ebenso, kalte konzentrierte Schwefelsäure löst langsam, kalter Eisessig löst rasch, halbgesättigte Chromsäure bewirkt mäßige Aufquellung ohne Lösung, 40 % heiße Kalilauge wirkt ebenso, Kupferoxydammoniak bewirkt schwache Aufquellung ohne Lösung, Nickeloxydammoniak wirkt ebenso, alkalisches Kupferglyzerin ist ohne Einwirkung. Eine einfache Probe, welche zur Identifizierung der Azetatseide mitherangezogen werden kann, ist auch die folgende: Zündet man ein Faserbüschel der Azetatseide an, so zeigen sich ähnliche Erscheinungen wie bei tierischen Fasern: Die Azetatseide verbrennt sehr rasch und hinterläßt einen kohlig-blasigen Rückstand (Abb. 67). Die Verbrennungsgase riechen unangenehm, besitzen aber nicht den für tierische Fasern charakteristischen Geruch nach verbrannten Federn, auch reagieren sie sauer.

Ultramikroskopisches Verhalten. Ultramikroskopisch geprüft, ist die Azetatseide von der Nitroseide nicht zu unterscheiden. In allen Fällen erscheinen lichtschwache, durch mehr oder weniger häufige Verunreinigungen gestörte Netzstrukturen. Die Maschen des Netzwerkes sind längsgestreckt. In der älteren Azetatseide finden sich ziemlich viel splitterige Verunreinigungen, welche, wie noch später ausgeführt werden soll, durch ihre starke Doppelbrechung auch bei der gewöhnlichen mikroskopischen Untersuchung zwischen gekreuzten Nicols nachgewiesen werden können.

Dichte. Mittels des Pyknometers wurde die Dichte der Faser zu 1,25—1,27 ermittelt. Als Immersionsflüssigkeit diente Petroleum. Nach C. Hassack[1]) besitzt echte Seide eine Dichte von 1,36, künstliche Seide (aus zellulosehaltigem Material) eine solche von 1,50—1,53. Danach kommt der Azetatseide unter allen Seidenfasern die geringste Dichte zu.

Festigkeit und Elastizität. Unter Verwendung eines Schopperschen Präzisionsfestigkeitsprüfers mit hydraulischem Antrieb wurde die Rißfestigkeit eines aus 18 Einzelfasern bestehenden lufttrockenen Fadens im Mittel aus 50 Versuchen zu 226,25 g bestimmt. Dahingegen zeigte der genäßte Faden bloß eine Festigkeit von 128,25 g. Die Azetatseide weist sonach, wie dies für alle übrigen Kunstseiden längst nachgewiesen ist, eine erhebliche Festigkeitsverminderung im feuchten Zustande auf (43,3 %). Dieses Ergebnis ist um so bemerkenswerter, als nach dem früher Gesagten die Azetatseide keine merkliche Veränderung in Wasser (Quellung) erleidet. Unter Benutzung der vorstehenden Zahlen und der absoluten Querschnittfläche der Einzelfaser

---

[1]) Hassack, C.: Beiträge zur Kenntnis der künstlichen Seiden. Öst. Chem.-Ztg., **10—12**, 1900.

berechnet sich die absolute Rißfestigkeit (pro 1 qmm Querschnittfläche) wie folgt: Trocken 10,22 kg, feucht 5,80 kg.

Zahlentafel 29.
Azetatseide.

		A (deutsch) (1911)	B (englisch) (1922)
Breite der Einzelfaser in μ	Mittel	48,6	43,1
	Maximum	56,2	64,0
	Minimum	44,1	32,0
Ungleichmäßigkeit der Breite in %		4,3	12,5
Querschnittfläche in qμ	Mittel	1440,0	446,8
	Maximum	2093,0	542,1
	Minimum	1100,0	389,4
Völligkeit des Querschnitts in %		77,8	29,4
Ungleichmäßigkeit des Querschnitts in %		12,5	7,9
Form des Querschnitts		rund	auffallend unregelmäßig, gelappt[1])
Feinheit der Einzelfaser in Deniers (Mittel)		16,5	5,0
Zahl der Fasern im Faden		16	26
Festigkeit des Fadens (Gespinst) in g			
trocken	Mittel	230	—
	Maximum	241	—
	Minimum	220	—
feucht	Mittel	120	—
	Maximum	131	—
	Minimum	100	—
Ungleichmäßigkeit in der Festigkeit des trockenen Fadens in %		5,0	—
Ungleichmäßigkeit in der Festigkeit des feuchten Fadens in %		8,3	—
Festigkeitsverlust durch Befeuchten in %		47,9	—
Bruchdehnung des trockenen Fadens in %		12,8	—
„ des feuchten Fadens in %		14,0	—
Absolute Festigkeit des trockenen Fadens in kg auf den qmm		10,3	—
Absolute Festigkeit des feuchten Fadens in kg auf den qmm		5,2	—
Mittlere Reißlänge des trockenen Fadens in km		7,9	—
Mittlere Reißlänge des feuchten Fadens in km		4,1	—

Spez. Gewicht = 1,27.

Zum Vergleiche mit anderen Kunstseiden mögen die folgenden, der früher erwähnten Arbeit Hassacks entnommenen Angaben dienen:

	Festigkeit in kg für 1 qmm Querschnitt	
	trocken	feucht
Echte Seide	37,0	37,0
Chardonnet-Seide	12,0	2,2
Seide von Fismes	7,8	1,6
Seide von Walston	22,3	1,0
Lehner-Seide	16,9	1,5
Zellulose-Seide	19,1	3,2
Gelatine-Seide	6,6	1,0

---

[1]) Vgl. Abb. 26.

Wie der direkte Vergleich lehrt, weist die Azetatseide unter den angegebenen Kunstseiden die größte Festigkeit im feuchten Zustande auf. Die Elastizität (Bruchdehnung) der Azetatseide betrug sowohl im trockenen wie im feuchten Zustande 10—20 %. Über die bezüglichen Verhältnisse bei der neuen englischen Azetatseide vgl. Zahlentafeln 30 und 31.

Zahlentafel 30.

Englische Azetatseide.

(Spondon Works, Oktober 1922.)

1.	Breite der Einzelfaser in μ	
	Mittel	33,2
	Maximum	48,0
	Minimum	22,0
2.	Ungleichmäßigkeit der Breite in %	20,8
3.	Dicke der Einzelfaser in μ	
	Mittel	8,9
	Maximum	12,0
	Minimum	7,0
4.	Ungleichmäßigkeit der Dicke in μ	12,4
5.	Mittlerer Durchmesser der Einzelfaser in μ	21,1
6.	Verhältnis der Breite zur Dicke	3,730
7.	Querschnittfläche der Einzelfaser in $q\mu$	
	Mittel	244,9
	Maximum	368,9
	Minimum	155,5
8.	Ungleichmäßigkeit der Querschnittfläche in %	12,3
9.	Völligkeit des Querschnitts in %	28,3
10.	Feinheit der Einzelfaser in Deniers	
	Mittel	2,9
	Maximum	4,3
	Minimum	1,8
11.	Zahl der Einzelfasern im Faden	15
12.	Spezifisches Gewicht in g	1,3
13.	Solltiter des Fadens in Deniers	45
14.	Wirklicher Titer des Fadens in Deniers	47,5
15.	Metrische Nummer des Fadens	189,5

Die Einzelfaser ist ausgesprochen bandartig flach und sehr weich im Griffe. Die Lichtbrechung ist verhältnismäßig schwach. Der Glanz des Gespinstes hält die Mitte zwischen natürlicher und künstlicher Seide.

Vom Standpunkt des Analytikers seien aus den vorstehend gemachten Angaben über das Verhalten der Azetatseide folgende besonders hervorgehoben:

1. Wasser bewirkt keine Aufquellung der Fasern. 2. Die Dichte ist auffallend niedrig (1,25—1,27). 3. Die zusammengesetzten Jodpräparate (Chlorzinkjod, Jod und Schwefelsäure) rufen eine deutliche Gelbfärbung hervor. 4. Eisessig löst in der Kälte. 5. Kupferoxydammoniak bewirkt keine Lösung. 6. Die Verbrennungsprobe verläuft wie bei tierischen Fasern (blasig-kohliger Rückstand). 7. Zwischen gekreuzten Nicols treten nur die niedersten Farben (Grau) der ersten Ordnung auf. 8. Die längere Achse der in der Längsansicht der Faser wirksamen optischen Elastizitätsellipse (Rand und Flächenteile der Faser) steht senkrecht zur Faserlängsrichtung. 9. Mit Kongorot gefärbte Fasern

zeigen keinen Dichroismus. 10. Die beiden Hauptlichtbrechungsexponenten weichen nur sehr wenig voneinander ab. Im allgemeinen stimmt die Faser in ihrer mittleren Lichtbrechung mit Zitronenöl überein, in welchem sie demzufolge nahezu unsichtbar wird.

Zahlentafel 31.

Englische Azetatseide (Spondon Works, Oktober 1922).

	Trocken			Naß	
Nr. des Vers.	Reißfestigkeit g	Dehnung %	Nr. des Vers.	Reißfestigkeit g	Dehnung %
1	4,0	6,5	1	4,1	15,0
2	5,5	30,2	2	3,8	12,5
3	6,6	35,0	3	3,4	10,0
4	7,0	32,0	4	4,5	40,0
5	5,0	8,0	5	5,0	32,0
6	5,0	7,5	6	4,0	30,0
7	6,0	7,0	7	3,6	14,0
8	5,0	7,5	8	4,4	17,5
9	5,0	25,0	9	4,5	40,0
10	5,0	20,0	10	4,0	14,0
11	4,6	22,5	11	4,0	25,0
12	4,8	20,0	12	11,5	35,0
			13	6,0	14,5
			14	6,0	12,5
			15	4,2	32,5
			16	4,0	30,6
	63,5	221,2		77,0	375,1
i. Mittel	**5,3 g**	**18,4 %**	i. Mittel	**4,8 g**	**23,4 %**

Abnahme der Reißfestigkeit gegenüber Trocken . 9,4 %
Zunahme der Dehnung gegenüber Trocken . . . 27,1 %

12. Gelatineseide.

Die vom Verfasser geprüften Muster dieser für den Handel völlig belanglosen Seide bestanden aus walzenförmigen Einzelfäden von etwa 42 μ Breite. Im allgemeinen ist die Faser in ihrem Längsverlauf sehr gleichmäßig (Ungleichmäßigkeit nur etwa 4 %), vollkommen durchsichtig und nicht selten mit zahlreichen querverlaufenden Sprüngen versehen, die besonders beim Einlegen in Wasser gut sichtbar werden. Im Innern sind fast bei jeder Faser zahlreiche grobe, dunkelbraun bis schwarz aussehende brockige Verunreinigungen und Luftblasen nachzuweisen. Der Querschnitt ist fast genau kreisrund (Abb. 25 und 46). Unter allen Fasern zeigt die Gelatineseide die stärkste Quellung in Wasser, sie reagiert diesbezüglich sogar gegen den Atem oder die transpirierende Haut (Abb. 32 und 33). Dementsprechend ist auch die Festigkeit im feuchten Zustand fast Null. Zwischen gekreuzten Nicols zeigt die Faser nur bei sehr genauer Beobachtung eine schwache Aufhellung des Gesichtsfeldes (Dunkelgrau I[1]). Nach Einschaltung eines Gipsplättchens Rot I kann man jedoch die Doppelbrechung deutlich wahrnehmen und feststellen, daß unter $+ 45^0$ Additionsfarben, unter $- 45^0$ Subtraktionsfarben auftreten. In der Additionsstellung ist Violett II, in der Subtraktionsstellung Orange I nachzuweisen. Die Doppelbrechung der aus einer an sich isotropen Substanz bestehenden Gelatineseide hat nichts Überraschendes an sich, da bekanntlich Gelatine durch Zug oder Druck doppelbrechend gemacht werden kann. Von Interesse sind auch jene Erscheinungen, welche die mechanisch deformierte Faser im Polarisationsmikroskop zeigt: In der Hand oder auf dem Objektträger stark geriebene oder gequetschte Fasern weisen eine viel stärkere Doppelbrechung auf als ursprünglich. Sie kann in diesem Fall schon ohne Verwendung eines Gipsplättchens zwischen gekreuzten Nicols deutlich wahrgenommen werden. Die hierbei auftretenden Farben bewegen sich von Dunkelgrau I durch Lavendelgrau bis Weiß I.

Ultramikroskopisch geprüft, zeigt die Gelatineseide unter allen Seiden die lichtschwächste Struktur. In den meisten Fällen ist sie sogar optisch leer (Abb. 60). Nur selten ist eine außerordentlich feine und lichtschwache Netzstruktur nachzuweisen. Bei der Beurteilung des ultramikroskopischen Bildes hüte man sich davor, die in großer Menge vorhandenen Verunreinigungen von mikroskopischer und ultramikroskopischer Größe mit der eigentlichen Faserstruktur in Verbindung zu bringen. Gröbere Verunreinigungen sind zwar schon bei schwacher Vergrößerung nachzuweisen, feinere kommen aber erst bei der verfeinerten Dunkelfeldbeleuchtung zu Gesicht. In ihrem chemischen Verhalten steht die Gelatineseide der Naturseide sehr nahe. Charakteristisch, und von der echten Seide verschieden, wirkt Kupferoxydammoniak auf die Gelatineseide ein: Der Faden quillt beträchtlich an, färbt sich ausgesprochen blauviolett, wird aber nicht gelöst.

13. Stapelfaser (Wollseide, Neuschappe).

Im Jahre 1918 gingen durch die deutsche Tages- und Fachpresse Aufsehen erregende Mitteilungen über eine angeblich neu hergestellte Kunstfaser, die geeignet sein sollte, die damals außerordentlich fühlbare Knappheit an Faserstoffen mit einem Schlage zu beheben. Die Enttäuschung war sehr groß, als sich bald darauf herausstellte, daß dieser mit dem wenig glücklichen Namen „Stapelfaser" belegte Stoff nichts anderes darstellt als Kunstseide, die ohne Vereinigung der bei der Herstellung austretenden Einzelfasern als Langstapel in strähniger Form geliefert wird. Diese Strähne werden zu Spinnzwecken entsprechend hergerichtet, etwa durch Zerschneiden, so daß z. B. für Kammwollspinnmaschinen Stücke von 100—150 mm Länge, für Baumwollspinnmaschinen solche von 40—80 mm Länge entstehen. Zur Herstellung kommen anscheinend nur Viskose und Kupferzellulose praktisch

---

[1] Herzog, A.: Über das optische Verhalten der Gelatineseide. Öst. Chem.-Ztg., 12, 1906.

in Frage[1]). In den letzten Jahren ist es der Industrie gelungen, die Eigenschaften der Stapelfaser wesentlich zu verbessern, d. h. die der Kunstseide von Haus aus zukommende schlechte Spinnstruktur durch entsprechende mechanische und chemische Nachbehandlung der Fasern günstig zu beeinflussen (Kräuselung, Rauhigkeit der Oberfläche usw.). So zeigte eine vom Verfasser im Jahre 1921 geprüfte, nach dem Verfahren von Voss hergestellte Viskosestapelfaser eine auffallende Kräuselung und einen matten, wollähnlichen Glanz. Auch in der Feinheit (2,6 den) war sie den übrigen Stapelfasern weit überlegen (vgl. Zahlentafel 32, Probe Nr. 8). Als Ursache des glanzlosen Aussehens konnte Verfasser feststellen:

1. Das Vorhandensein einer optischen Trübung der Fadenmasse, bedingt durch Einlagerung zahlreicher, mehr oder weniger strichförmiger Teilchen organischer Zusammensetzung, die sich infolge ihres höheren Lichtbrechungsvermögens von der eigentlichen Fadenmasse deutlich abhoben. Diese, in ihrem chemischen Verhalten der Zellulose nahestehenden Teilchen waren besonders gut in Chloralhydrat oder in Kupferoxydammoniak wahrzunehmen. Sie traten hierbei als kurzstrichförmige, unter sich und zur Fadenlängsrichtung parallel gestellte Teilchen hervor. Offenbar waren sie in der Ausgangsflüssigkeit (Viskose) unregelmäßig verteilt und wurden erst bei der Fadenbildung in die Flußrichtung eingestellt. Sie ähnelten diesbezüglich, abgesehen von ihrer stofflichen Natur, den in manchen mexikanischen Obsidianen vorhandenen Trychiten, die infolge ihrer parallelen Anordnung die Fluidalstruktur dieses Gesteines ausgezeichnet hervortreten lassen. In Kupferoxydammoniak waren diese dem Faden eingelagerten Teilchen nur schwer löslich, so daß sie auch nach völliger Lösung der die Grundmasse des Fadens bildenden Zellulose noch deutlich sichtbar waren.

2. An der Trübung des Fadens waren auch zahlreiche, in Dunkelfeldbeleuchtung stark leuchtende Schwefelkörnchen beteiligt.

3. An der Oberfläche der Faser fanden sich an zahlreichen Stellen feinkörnige bis flockige Auflagerungen vor, die dem Faden ein bestaubtes Aussehen verliehen und demgemäß glanzvermindernd wirkten.

4. Auch die größere Feinheit der Einzelfaser (Breite 19,1 μ, Denierangabe 2,6) und die gleichzeitig vorhandene Kräuselung waren an dem eigentümlichen Mattglanz beteiligt.

Entsprechend der geringen Dicke der Faser, traten bei der Betrachtung zwischen gekreuzten Nicols nur die mittleren Farben der ersten Ordnung in die Erscheinung (Weiß bis Orange I, meist Gelb I). Infolge der durch die Einlagerung der Schwefelteilchen bedingten Störung im Feingefüge der Faser war diese in den beiden Orthogonalstellungen nicht ganz dunkel, sondern zart graugescheckt.

Die allgemeinen Untersuchungsverfahren für Stapelfasern sind naturgemäß die gleichen wie für Kunstseide, so daß besondere Angaben hierüber entbehrlich sind. Die nachfolgende Zahlentafel 32,

---

[1]) Rasser, E. O.: Wollseide — Neuschappe — Stapelfaser. Zeitschr. f. d. ges. Textilind., **51** u. **52**, 1918.

die auf Grund eigener Prüfungen des Verfassers entworfen ist, gibt eine Vorstellung über die vorkommenden Abmessungen und Feinheitsgrade einiger Stapelfasern von verschiedener Herkunft. Hinsichtlich der technologischen Eigenschaften der Stapelfaser und der aus ihr hergestellten Gespinste und Gewebe wird auf die grundlegenden Untersuchungen von Johannsen[1]) verwiesen.

Zahlentafel 32.

Prüfung der Einzelfaser auf	Laufende Nummer der Stapelfaserprobe							
	1	2	3	4	5	6	7	8
Breite in μ	52,1	37,3	37,1	42,5	66,5	47,9	57,1	19,1
Dicke in μ	31,6	12,6	12,7	26,8	26,7	35,1	29,8	14,6
Verhältnis: $\frac{\text{Breite}}{\text{Dicke}}$ . .	1,7	3,0	2,9	1,6	2,5	1,4	1,9	1,3
Querschnittfläche in qμ	1178	498	442	816	1785	1163	1267	204
Völligk. d. Querschn. in $^0/_0$	55,2	45,6	41,0	61,8	51,4	64,5	49,5	71,3
Feinheit in Deniers .	16,1	6,8	6,0	11,2	24,4	15,9	17,3	2,6

Gröbere Kunstfäden (zumeist als Roßhaarersatz verwendet).

Das natürliche Roßhaar zählt dank seinen vorzüglichen technischen Eigenschaften (Festigkeit¦, Elastizität, Straffheit, Widerstandsfähigkeit gegen verschiedene äußere Einflüsse usw.) zu den geschätztesten Faserstoffen des Handels. Als Ersatz für die besseren, zur Herstellung von Kleiderfutterstoffen u. dgl. geeigneten Marken kommen nur die auf künstlichem Wege hergestellten Fäden in Frage. Massot[2]), dem wir eine Studie über die Eigenschaften einiger Kunstfäden verdanken, teilt dieselben in folgende vier Gruppen ein:

1. Kunstfäden so hergestellt, daß zwei oder mehrere Kunstseidefäden unmittelbar nach ihrer Erzeugung zusammenlaufen, so daß sie sich noch feucht zu einem vollständig geschlossenen Einzelfaden vereinigen.

2. Garnfäden aus Baumwolle, Ramie, Kunstseide usw. werden durch ein Lösungsmittel (Kupferoxydammoniak, Chlorzink, Schwefelsäure) hindurchgeführt, so daß die Einzelfasern durch die eintretende starke Quellung untereinander verschmelzen.

3. Kupferoxydammoniakzellulose wird aus entsprechenden Öffnungen in starke, mit etwas 2—6$^0/_0$igem Ammoniak versetzte Ätzkalilösung unter Druck eintreten gelassen und die so gebildeten Fäden vor dem darauffolgenden Säuern und Trocknen in kalte, konzentrierte Ätzkalilösung getaucht.

4. Garnfäden aus geeignetem Material (z. B. Baumwolle) und

---

[1]) Johannsen, O.: Neuere Verarbeitungsversuche mit Stapelfasern. Mitt. d. Forsch.-Inst. f. Textilind. Reutlingen, 9/10. Ausg., 1920.
[2]) Massot: Zur Herstellung einiger Erzeugnisse der Kunstseidenindustrie. Chem.-Ztg., **65**, 1907.

bestimmter Dicke werden durch eine Viskoselösung gezogen und nach der üblichen Zersetzung der Viskose gewaschen und getrocknet.

Die vom Verfasser[1]) ausgeführten Untersuchungen verschiedener Kunstfäden hatten vorzugsweise das Studium des optischen Verhaltens im Polarisationsmikroskop und der Festigkeitseigentümlichkeiten zum Gegenstand. Soweit als nötig, wurden auch die Formverhältnisse berücksichtigt. Im besonderen wurden geprüft: Azetatroßhar, Viszellingarn, „Helios“, „Pan“, „Sirius“, „Meteor“, Kunsthanf.

Die nachfolgenden Angaben über die im Polarisationsmikroskop auftretenden Interferenzfarben beziehen sich, wo nicht anders bemerkt, durchweg auf Kanadabalsampräparate. Kanadalsam ist nach den Erfahrungen des Verfassers das beste und einfachste Einschlußmittel, weil er die Fasersubstanz weder durch Quellung, noch sonstwie ungünstig verändert; außerdem hat er den Vorteil, das Präparat in einer für die optische Untersuchung günstigen Weise aufzuhellen. Verhielten sich sämtliche Kunstfäden und -seiden den gewöhnlichen Einschlußmitteln gegenüber in der gleichen Weise, wie dies etwa bei den natürlichen Faserstoffen der Fall ist, so läge keine besondere Veranlassung vor, bei Untersuchungen im Polarisationsmikroskop auf das Einschlußmittel Rücksicht zu nehmen. Dem ist aber, wie zahlreiche Untersuchungen gelehrt haben, durchaus nicht so. Selbst Wasser allein ruft erhebliche physikalische Veränderungen der Kunstfäden hervor. Während z. B. der Azetatfaden keine merkliche Quellung erleidet, beträgt diese beim Kunststoff „Meteor“ 54 %. Verfasser hält es geboten, auf diesen scheinbar geringfügigen Umstand besonders hinzuweisen, weil nach seinen Beobachtungen die Lichtbrechung der Kunstfäden durch die angewandten Präparationsflüssigkeiten ganz erheblich beeinflußt wird. So beobachtete er unter anderem eine auffallende Änderung in der Lichtbrechung einer Kupferseide: Die sehr gleichmäßig stielrund gebauten Fäden ließen hierbei auffallende Unterschiede in der Höhe der zwischen gekreuzten Nicols auftretenden Interferenzfarben erkennen, je nachdem die Beobachtung in Wasser oder in Kanadabalsam erfolgte. Im ersten Falle bildete Indigo II die vorherschende Interferenzfarbe, im zweiten Falle erschien die Fasermitte zumeist in gelben und grünen Farbentönen der zweiten Ordnung. Die Quellung in Wasser, die nach den vorgenommenen Messungen 57,1 % betrug, hatte also einen deutlichen Rückgang in der spezifischen Doppelbrechung bewirkt. Um jeden Zweifel auszuschließen, wurden zu den in Wasser liegenden Fäden wasserentziehende Mittel, z. B. Glyzerin, hinzutreten gelassen, wobei nunmehr in kürzester Zeit der ursprüngliche optische Zustand wiederhergestellt war.

14. Azetatroßhaar.

In vollständiger Übereinstimmung mit der aus Azetylzellulose hergestellten Kunstseide, zeigen auch alle untersuchten gröberen Faden-

---

[1]) Herzog, A.: Zur Kenntnis der Eigenschaften einiger künstl. Roßhaarersatzstoffe. Kunststoffe, **10** u. **11**, 1911.

gebilde eine nur schwache spezifische Doppelbrechung. Die Prüfung von Längs- und Queransichten ergibt ferner, daß sich ein großer Teil der gröberen Fäden optisch aus zwei wesentlich voneinander verschiedenen Substanzen zusammensetzt, und zwar 1. aus einem nur sehr schwach doppelbrechenden Kern und 2. einer wesentlich stärker doppelbrechenden Hülle (Abb. 93). Kern und Hülle sind in der Längsansicht optisch gleich orientiert, d. h. unter $+ 45^0$ in Subtraktion, unter $— 45^0$ in Addition. Die Hülle zeigt in der Regel Graublau I bis Hellblau I, der Kern in Verbindung mit der oberhalb und unterhalb befindlichen Hüllmasse Gelb I. Sehr deutlich ist die schwach doppelbrechende Natur des Kernes auch nach Einwirkung von Eisessig zu beobachten. Unter dem Einfluß dieser Säure tritt zuerst starke Quellung und schließlich gänzliche Lösung des Fadens ein. Dieser Vorgang ist vom Rande nach der Mitte des Fadens hin deutlich zu verfolgen: Vorerst tritt ein starkes Sinken der Interferenzfarben des Randes ein (in der Regel nach Dunkelgrau I), nach einiger Zeit bleibt nur der dunkelgraublau erscheinende Kern zurück, der aber nach und nach auch verschwindet. Die optische Orientierung der wirksamen Elastizitätsellipse erfährt hierbei aber keine Änderung. Sehr lehrreiche Beobachtungen können auch auf Fadenquerschnitten gemacht werden: Zwischen gekreuzten Nicols erscheinen die Hüllpartien, ebenso wie in der Längsansicht, stärker doppelbrechend wie die Kernteile. In manchen Fällen kann auch zwischen beiden eine neutrale schwarze Zone wahrgenommen werden. Häufig läßt der Kern, selbst bei sehr dicken Schnitten, keine Aufhellung des Gesichtsfeldes erkennen, er verhält sich also in dieser Lage wie ein isotroper Körper.

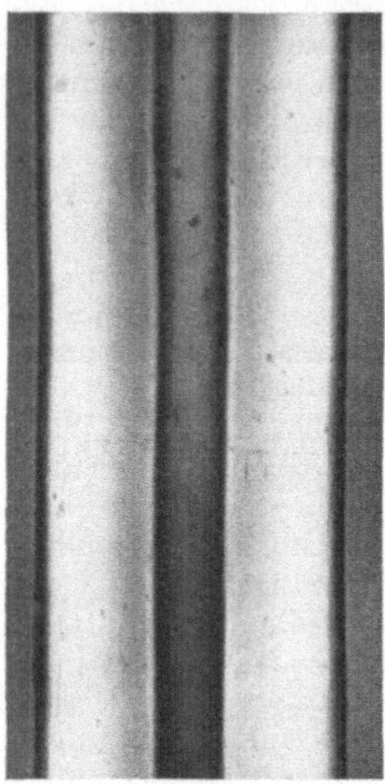

Abb. 93. Azetatroßhaar zwischen gekreuzten Nicols. Im Innern ist ein schwach doppelbrechender Kern sichtbar. Vergr. 200.

Jene Teile des Querschnitts, die mit den Schwingungsrichtungen der Nicolschen Prismen zusammenfallen, liefern aus optisch leicht erklärlichen Gründen ein schwarzes Kreuz. Bei genauerem Zusehen ist auch bei den schwach doppelbrechenden Kernteilen ein schwarzes Kreuz wahrzunehmen. Nach Einschaltung eines verzögernden Gipsplättchens Rot I zeigen die durch das neutrale Kreuz gebildeten Quadranten des Querschnitts folgendes Verhalten:

	$+ 45^0$	$— 45^0$
Kern (sofern überhaupt doppelbrechend)	Addition	Subtraktion
Hülle	Subtraktion	Addition

Die Kernbalken der Hülle und des Kernes und die ringförmige Schicht geben hierbei den roten Gipsgrund unverändert wieder.

Das beschriebene Verhalten spricht dafür, daß die auf dem Fadenquerschnitt wirksame Elastizitätsellipse in den Hüll- und Kernteilen eine verschiedene Orientierung aufweist. Bei den ersteren steht die längere Achse radial, bei den letzteren tangential.

Die geringe Lichtbrechung der Kernteile läßt sich auf Querschnitten auch ohne Polarisationsapparat deutlich nachweisen. Bei hoher Einstellung bzw. beim Heben des Tubus ist der Kern von einem hellen Saume, bei tiefer Einstellung von einem dunklen Saume begrenzt, ein Beweis für die schwächere Lichtbrechung des Kernes gegenüber der umgebenden Hüllsubstanz des Fadens.

Die vom Verfasser geprüften Azetatfäden besaßen in allen Fällen einen rundlichen Querschnitt, der nur hie und da schwach gekerbt erschien (Abb. 19). Die Gleichmäßigkeit im Durchmesser war durchaus befriedigend. Zahlenmäßige Belege hierfür sind in der Zahlentafel 37 enthalten. Das oben beschriebene optische Verhalten zeigten entweder alle oder die meisten Einzelfäden der in den Zahlentafeln 37 und 38 mit den laufenden Nummern 1, 2, 3, 4, 7, 8 und 9 bezeichneten Proben. Im besonderen wäre noch zu bemerken:

Die Proben 1, 2, 3 und 4 verhielten sich durchweg so wie oben angegeben. Bei 1 und 3 war aber der Unterschied in der spezifischen Doppelbrechung der Hüll- und Kernteile bei weitem nicht so ausgeprägt, wie bei 2 und 4. Die Faserhülle erschien bei 1 und 3 in der Regel:

Ohne Gips	Mit Gips Rot I	
	$+45^0$	-45^0
Weiß I bis Gelb I	Hellbläulich I (Subtraktion)	Gelb II (Addition)

Bei 4 zeigte der Kern fast ausschließlich das folgende Verhalten:

Ohne Gips	Mit Gips Rot I	
	$+45^0$	-45^0
Graublau I	Gelborange I (Subtraktion)	Indigoblau II (Addition)

Die Fäden von Nr. 5 zeigten keinen Mittelstreifen von ausgesprochen abweichender Doppelbrechung. Zwischen gekreuzten Nicols leuchteten sie ziemlich gleichmäßig auf (Gelb I). Ein Teil der Fäden von Nr. 6 ließ die gleichen Erscheinungen wie Nr. 5 wahrnehmen, ein anderer dagegen zeigte folgendes Verhalten:

	Ohne Gips	Mit Gips Rot I	
		$+45^0$	-45^0
Rand Mitte	Schwarz Grau bis Weiß I	Rot I Gelb bis Weiß I (Subtraktion)	Rot I Blau II bis Gelb II (Addition)

Der Rand verhielt sich also einfach-, die Mitte doppelbrechend. Die Grenze zwischen den optisch sich verschieden verhaltenden Teilen verlief nicht genau parallel zur Längsrichtung der Fasern. Infolge der ungleichmäßig balligen Verteilung der grauweißen Farbentöne erinnerte das Polarisationsbild entfernt an das Bild von Haufenwolken. Ein kleiner Teil der Fasern von Nr. 6 zeigte auch in seinen Randteilen Doppelbrechung, die, wie sich aus dem Auftreten einer höheren Polarisationsfarbe (Gelb I) ergab, sogar stärker war, als die der mittleren Teile. Bei Nr. 7 wurden besonders breite Kernteile beobachtet, im übrigen verhielten sich die Fäden dieser Probe genau so wie jene der Nummern 2 und 4.

Bei den Proben 8 und 9 fielen viele Fäden durch auffallend schwache Doppelbrechung auf:

Ohne Gips	Mit Gips Rot I	
	+ 45°	— 45°
Grau bis Hellbläulich I	Gelb I (Subtraktion)	Blau II (Addition)

Der Rest der Fäden verhielt sich so wie 2 und 4. Entsprechend den geringen Fadendicken der Nummern 10 und 11 (Dicke 0,140 bzw. 0,136 mm) konnten nur die niedersten Polarisationsfarben beobachtet werden. Unter + 45° waren die Fäden in Subtraktion, unter — 45° in Addition.

Auf Grund des vorbeschriebenen Verhaltens läßt sich folgende optische Charakteristik der Azetatfäden aufstellen:

1. Die Doppelbrechung ist selbst bei erheblicher Fadendicke nur sehr gering. Die auftretenden Interferenzfarben bewegen sich lediglich innerhalb der ersten Farbenordnung. Als obere Grenze kann ein lichtschwaches Gelbbraun angesehen werden.

2. Die Orientierung der wirksamen Elastizitätsellipse in der Längsansicht der Faser ist stets derart, daß die längere Achse senkrecht, die kürzere parallel zur Faserlängsrichtung verläuft. Dies gilt in gleicher Weise für die Rand- und Kernteile des Fadens. Das Azetatroßhaar stimmt also vollkommen mit der Azetatseide überein, dagegen steht es, wie noch ausgeführt werden soll, in optischem Gegensatz zu allen anderen Kunststoffen.

3. Abweichungen in der Stärke der Doppelbrechung sind nicht selten bei ein und derselben Faser festzustellen. In der Regel ist der Kern des Fadens der schwächer brechende Teil.

Das Verhalten im polarisierten Licht ist so charakteristisch, daß es unter allen Umständen ausreicht, diesen Kunststoff von allen anderen mit Sicherheit zu unterscheiden.

Änderungen im optischen Verhalten und in der mikroskopischen Struktur. Im Verlaufe der Zeit erfährt der Faden insofern Änderungen seiner optischen Eigenschaften, als die ursprünglich quergestellte Elastizitätsellipse in eine zur Fadenlängsrichtung parallele Lage übergeht. In diesem veränderten Zustande stimmt sonach die Azetatfaser bezüglich des Charakters der auftretenden Interferenzfarben mit den übrigen, zurzeit bekannten Kunstfasern überein. Wie aus der folgenden Tabelle ersichtlich, werden nicht alle Teile der Faser gleichmäßig verändert; zumeist sind es die Kernteile, die von den Änderungen am meisten betroffen werden.

Probe	Ursprünglich			nach 2 jähriger Aufbewahrung in Kan.-Balsam		
	R	M	K	R	M	K
	(Orientierung des Fadens: $+45^0$)					
1	S	S	S	+A	A	A
2	S	S	—S	A	A	A
4	S	S	—S	+neutr.	A	A
5	S	S	S	S	±neutr.	A (sehr stark zersetzt; viel Längsrisse und Flecken!)
6	S	S	—S	S	S	S, stellenweise A (Flecken!)
7	S	S	—S	—S	+A	+A
8	S	S	—S	A	A	A
10	—S	—S	—S	—S	—S	—S (nahezu neutral)
11	S	S	S	—S	—S	—S „ „

Es bedeuten:

A = Addition R = Randteil des Fadens
S = Subtraktion K = Kernteil (Fläche) des Fadens
— = sehr schwach M = Zwischen Rand und Fläche gelegener Teil des
+ = sehr stark Fadens

Nach. entsprechend langer Aufbewahrung in Kanabalsam, ja selbst in Luft, können auch auffallende Veränderungen des Lichtbrechungsvermögens und der inneren Struktur der Fäden mikroskopisch festgestellt werden: Im Innern der Fäden fallen kugelig oder eiförmig gestaltete Partien von höherem Lichtbrechungsvermögen auf, die im Verlaufe der Zeit an Größe zunehmen und schließlich untereinander verschmelzen (Abb. 94 und 95). Die ursprünglichen Grenzen sind jedoch mit Hilfe des Polarisationsmikroskopes noch immer deutlich zu erkennen. Letzteres leistet überhaupt bei der Sichtbarmachung der in Zersetzung begriffenen Stellen die wertvollsten Dienste; im gewöhnlichen Lichte sind die Unterschiede im Lichtbrechungsvermögen ungleich schlechter und nur bei sorgfältigster Einstellung und Anwendung tunlichst engbegrenzter Beleuchtungskegel wahrzunehmen. Die optischen Veränderungen, die die Fäden nach und nach erfahren, sind so groß, daß in vielen Fällen nur die Randteile ihre ursprüngliche Beschaffenheit beibehalten. Schließlich werden aber auch diese vollständig umgewandelt. Der Übergang zwischen den veränderten und nichtveränderten Stellen ist, wie die Prüfung im Polarisationsmikroskop lehrt, ein sehr schroffer. Sehr häufig ragen die veränderten Teile mit zahlreichen Ausbuchtungen in den äußeren Fasermantel hinein. Bei der Untersuchung im vollen Abbeschen Beleuchtungskegel läßt sich auch feststellen, daß mit der Änderung des Lichtbrechungsvermögens eine gelbliche bis bräunliche Verfärbung des Fadens Hand in Hand geht.

Ausnahmsweise lassen einzelne Fäden nicht nur in entsprechenden Zwischenstellungen, sondern auch in den beiden Orthogonalstellungen Interferenzfarben erkennen. So beobachtete der Verfasser in einem Falle nach Einschaltung eines unter + 45° orientierten Gipsplättchens Rot I folgende Farben:

$$0° \; . \; . \; . \; . \; . \; \text{Indigo II (Addition)}$$
$$90° \; . \; . \; . \; . \; . \; \text{Orange I (Subtraktion).}$$

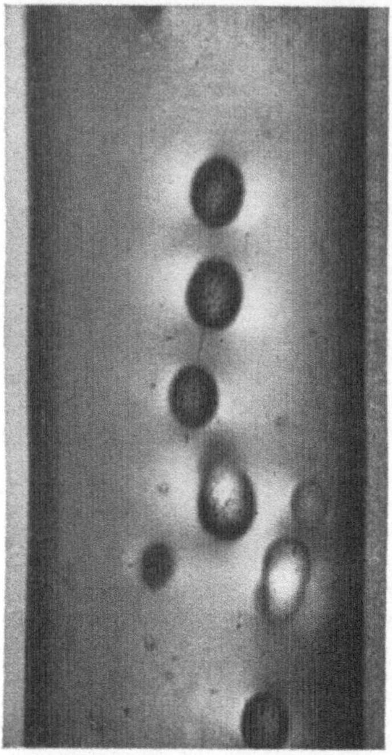

Das angegebene Verhalten beschränkte sich jedoch, wie besonders auf Längsschnitten festgestellt werden konnte, auf eine zwischen Rand und Kern gelegene mittlere Fadenzone. Rand und Kern blieben in den Orthogonalstellungen neutral, d. h. sie gaben unter Verwendung eines verzögernden Gipsplättchens den roten Gipsgrund unverändert wieder. Dieses Verhalten spricht für einen tangential schiefen Verlauf der wirksamen Elastizitätsellipse in den zwischen Kern und Mantel gelegenen Fadenteilen.

Die angegebenen optischen Unterschiede, welche verschiedene Stellen des Azetatroßhaares in der Längsansicht aufweisen, machen sich in einzelnen Fäden auch auf Querschnitten bemerkbar. So waren, um einen speziellen Fall anzuführen, bei Nr. 3 der Zahlentafel 37 eine zentrale und zwei ringförmige, durch je eine neutrale Schicht getrennte Zonen wahrzunehmen, die nach Einschaltung eines Gipsplättchens Rot I folgendes Verhalten zeigten:

Abb. 94. Azetatroßhaar zwischen gekreuzten Nicols und eingeschalteter Gipsplatte Rot I. Die beginnende chemische Zersetzung des Fadens macht sich optisch in Form von mehreren, oval begrenzten, dunklen Flecken bemerkbar (Änderung in der Lichtbrechung). Vergr. 200.

Teil des Querschnittes	In den Quadranten	
	I und III (+ 45°)	II und IV (− 45°)
Zentrum.	Orange I (Subtr.)	Indigo II (Addit.)
1. Ringzone	Rot I (Neutral)	Rot I (Neutral)
2. ,, ...	Indigo II (Addit.)	Orange I (Subtr.)
3. ,, ...	Rot I (Neutral)	Rot I (Neutral)
4. ,, (äußere Begrenzung).	Orange I (Subtr.)	Indigo II (Addit.)

Die den Schwingungen des Nicols entsprechenden Kreuzbalken des Fadenquerschnittes gaben, ebenso wie die neutralen Ringzonen, den roten Gipsgrund unverändert wieder. Aus den gemachten Angaben geht hervor, daß die wirksame Elastizitätsellipse in den angeführten Zonen eine verschiedene Orientierung aufweist. Im zentralen Teil ist ihre Längsachse tangential, im mittleren Ring radial und im Mantel wieder tangential gelagert.

In vielen Fällen konnte beobachtet werden, daß die oben erwähnten kugeligen Gebilde im Innern der Fäden durch einen Riß in zwei annähernd gleich große Teile zerfallen; nicht selten zerklüften sie auch in zahlreiche Teile. Die Zerklüftung geht, wie sich besonders gut an Kanadabalsampräparaten feststellen ließ, in einer zur Fadenachse parallelen Richtung vor sich. Manchmal wird die Faser durch einen einzigen Riß der Länge nach in 2 Teile gespalten.

Für die Veränderungen dürften folgende Ursachen maßgebend sein:

1. Die Art des Veresterungsvorganges bei der Herstellung der Azetylzellulose;
2. der Spinnprozeß und insbesondere die Natur und Einwirkungsdauer des angewandten Fällungsbades;
3. der Haspel- und Trockenvorgang;
4. die Einwirkung verschiedener, aus dem Fällungsbade stammenden, also unvollständig entfernten Substanzen auf den fertig gebildeten Faden;
5. die Natur des Einschlußmediums (Kanadabalsam, Wasser, Luft usw.);
6. spontane chemische Zersetzungen des Azetylzelluloseesters.

Da die Veränderungen, die der Azetatfaden im Verlaufe der Zeit erleidet, stets auch von namhaften Schwächungen der Festigkeit begleitet sind, liegt es sicherlich im wohlverstandenen Interesse aller Erzeuger von Azetatfäden und -films, den angegebenen Ursachen nachzugehen. Bei den großen Vorzügen der Azetylzellulose gegenüber anderen Rohstoffen der Kunstfadenindustrie wäre dies nur mit Freuden zu begrüßen!

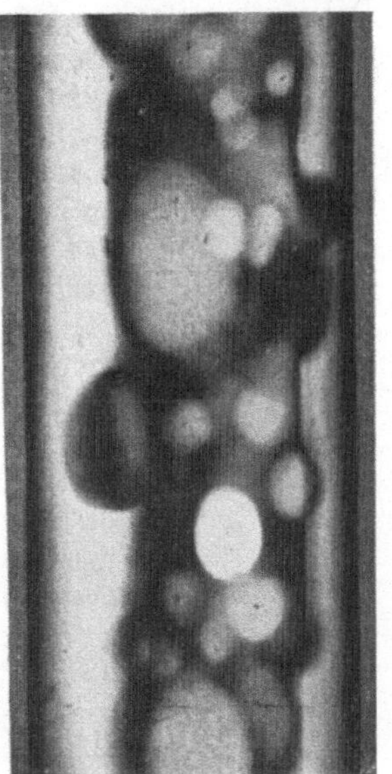

Abb. 95. Wie bei Abb. 94, jedoch ein vorgerückteres Stadium der Zersetzung. Vergr. 200.

Verhalten bei der Dehnung. Ein interessantes Verhalten zeigen Fäden aus Azetylzellulose bei der Dehnung. Werden sie etwa mit Hilfe der von Ambronn[1]) angegebenen Vorrichtung gedehnt, so läßt sich feststellen, daß sie anfangs außerordentlich rasch auf Zug reagieren, und zwar in gleichem Sinne wie Fäden aus Glas, Gelatine usw. Derartige Beobachtungen[2]) sind bei Benutzung verzögernder Gipsplättchen (am

---

[1]) Ambronn, H.: Anleitung zur Benutzung des Polarisationsapparates. Leipzig. 1892.

[2]) Mäßigeren, aber für den vorliegenden Zweck vollkommen ausreichenden Ansprüchen genügt auch die folgende Vorrichtung: Ein dünnes Brettchen von Objektträgergröße wird in der Mitte rund ausgeschnitten und an den Schmalseiten je ein Nagel befestigt. Der auf Dehnung zu prüfende Faden wird sodann an dem linken Nagel festgeknüpft und am andern Ende freihändig gezogen, wobei der

besten Rot I) sehr leicht an der Änderung der Höhe und des Charakters der Interferenzfarben anzustellen. Schon ein leichter Zug auf den vorher im Mikroskop eingestellten Faden reicht hin, um eine deutliche Erhöhung der Interferenzfarbe zu bewirken. Der zuerst in Subtraktionsfarben leuchtende Faden geht sehr rasch durch neutrales Rot I (Gipsgrund) in Additionsfarben der 2. Ordnung über. Das gleiche gilt auch von Beanspruchungen durch Biegung: Die konvexen, also auf Zug beanspruchten Teile erfahren eine starke Erhöhung, die konkaven, d. h. gedrückten Teile, eine auffallende Erniedrigung der ursprünglichen Polarisationsfarbe. Es sind allerdings nicht alle Kunstfäden aus Azetylzellulose zur Vornahme derartiger Versuche geeignet. Ältere Fäden befinden sich zumeist unter $+ 45^0$ schon in Addition, lassen also bei der Dehnung nur eine Erhöhung der Polarisationsfarbe, nicht aber eine Änderung in der Lage der wirksamen Elastizitätsellipse erkennen.

Auffallenderweise sind alle Fäden aus Azetylzellulose gerade in der Zone ihrer stärksten Dehnbarkeit, d. i. in jenem Stadium, in dem nahezu die gesamte Reißarbeit zur Dehnung verbraucht wird, optisch fast unempfindlich. Zum Beweise dessen sei hier die Zahlentafel 33 eingeschaltet, welche die ziffermäßigen Belege hierfür enthält. Der in ihr dargestellte Fall ist einer größeren Versuchsserie entnommen. Die Beobachtung der Interferenzfarbenänderung erfolgte bei allen Versuchen unter dem horizontal gestellten Polarisationsmikroskop, während der in einem Schopperschen Präzisionsfestigkeitsprüfer mit hydraulischem Antrieb vertikal eingespannte Faden auf Festigkeit und Dehnung beansprucht wurde. Die Einspannlänge betrug in allen Fällen 10 cm. Bei der Untersuchung wurden nur die mittleren Fadenteile berücksichtigt und von diesen wiederum nur die Flächenteile, da die gleichzeitige scharfe Beobachtung verschiedener Fadenstellen aus experimentell-technischen Gründen nicht möglich war. Bei den Versuchen wurde auf folgendes Rücksicht genommen: Nach je $1\,{}^0/_0$ Dehnungszunahme, die am Festigkeitsprüfer abgelesen wurde, erfolgt die Feststellung der hierfür erforderlichen Zeit in Sekunden, sodann die Ablesung der gerade stattfindenden Belastung des Fadens und schließlich wurde die Höhe, bzw. der Charakter der auftretenden Interferenzfarbe für die Flächenteile der Faser bestimmt. Selbstverständlich war die Orientierung des benutzten Gipsplättchens Rot I eine solche, daß dessen längere Achse mit der Fadenrichtung, also der Vertikalen zusammenfiel. Die Schwingungsrichtung der Nicols ging unter $+$ und $- 45^0$ zur Fadenrichtung.

Es sei noch bemerkt, daß der Faden ursprünglich eine Dicke von 0,267 mm aufwies, und daß die Reißgeschwindigkeit 0,26 mm pro Sekunde betrug.

Wie nun aus der Zahlentafel 33 deutlich hervorgeht, reagierte der Faden bei einer Dehnung von $0{-}1\,{}^0/_0$ ausgezeichnet auf Zug, d. h. es

---

rechte Nagel als Führung dient. Bevor stärkere Dehnungen angewandt werden, ist es allerdings nötig, das Brettchen zu zentrieren und den Faden scharf einzustellen. Zur Vermeidung von Verschiebungen wird das Brettchen von den Objektklammern des Mikroskoptisches festgehalten.

trat sofort eine nennenswerte Erhöhung der Polarisationsfarbe bis Gelb I ein (das unter $+45^0$ orientierte Gipsplättchen erhöhte diese Farbe auf Gelb II), bei 2—17 % Dehnung blieb der Zug optisch vollständig wirkungslos, und erst zwischen 18 und 26 % war wieder eine schwache Erhöhung der Interferenzfarbe zu beobachten. Die optische Unempfindlichkeit fällt in ein Stadium, in dem die gesamte Reißarbeit zur Dehnung verbraucht wird. Bei der starken Dehnbarkeit des Azetylzellulosefadens (26 %) lag die Vermutung nahe, daß die optische Unempfindlichkeit bei kräftigen Zugspannungen eine Folge der Querkontraktion, d. h. des verringerten Fadendurchmessers und der dadurch bedingten geringeren optischen Dicke sei. Der Zunahme der Doppelbrechung durch Dehnung stände nach dieser Vorstellung eine ebenso große, durch Querkontraktion bedingte Abnahme entgegen. Eine einfache Überlegung ergab jedoch die vollständige Haltlosigkeit dieser Annahme: Nach Schwendener[1]) hat ein Gipsplättchen, das zwischen gekreuzten Nicols die Polarisationsfarbe Grau I gibt, eine Dicke von 7—8 μ. Wie man sich leicht überzeugen kann, geben 4 solcher Plättchen, in gleichem Sinne übereinandergelegt, die Polarisationsfarbe Gelb I, d. i. die Farbe unseres Azetatfadens bei einer Dehnung von 2—17 %. Weiter ist zu bemerken, daß der Faden bei einer Dehnung um je 1 % seiner ursprünglichen Länge eine Querkontraktion seines Durchmessers um 0,19—0,21—0,23 % erfährt (40 Versuche). Danach entspricht:

der Dehnung von   0 % ein Fadendurchmesser von 267,0 μ,
  „   „   „   2 „   „   „   „ 265,9 „
  „   „   „ 17 „   „   „   „ 257,5 „ .

Der Fadendurchmesser ist sonach bei 17 % Dehnung um 8,4 μ kleiner wie bei einer Dehnung von 2 %. Nach dem oben Gesagten entsprechen aber 8,4 μ in Azetylzellulose 1,01 μ in Gips. Durch die starke Dehnung von 2 auf 17 % hat demnach die optische Dicke des Fadens nur um etwa 1 μ (auf Gips bezogen) abgenommen. Es braucht nun sicherlich keiner besonderen Worte, um einzusehen, daß eine derart geringfügige Abnahme der optischen Dicke für unser Auge gänzlich wirkungslos ist. Weichen doch die einzelnen Gips- und Glimmerplättchen um weit mehr als 1 μ in der Dicke voneinander ab! Man vergleiche darüber die Ausführungen in Dippels bekanntem Handbuche: „Das Mikroskop". Von einer Kompensation der durch die Spannung bewirkten höheren Doppelbrechung durch die geringere Dicke des gedehnten Fadens kann sonach keine Rede sein.

Die Erklärung des angegebenen anomalen Verhaltens ergab sich in einfacher Weise aus folgenden Versuchen: Werden Fäden aus Azetylzellulose mit Hilfe des Ambronnschen Apparates auf etwa 10 % gedehnt und im gedehnten Zustande festgehalten, so läßt sich feststellen, daß im Verlaufe weniger Sekunden die anfangs beobachtete Polarisationsfarbe einen deutlichen Rückgang erfährt, der nur in der großen Plastizität des Materials begründet sein kann. Bei sehr rascher Dehnung findet, wie man sich leicht überzeugen kann, stets eine deutliche Steige-

---

[1]) Sitzungsber. d. preuß. Akad. d. Wiss., 18, 1889.

rung der Interferenzfarbe statt. Ambronn[1]) machte schon im Jahre 1888 an Fäden aus mäßig gequollenem Kirschgummi die Beobachtung, daß die durch Dehnung bewirkte Doppelbrechung nach und nach einen Rückgang erfährt, der sich durch Sinken der Polarisationsfarbe bemerkbar macht (z. B. von Blau II auf Gelb I). Nach seiner und Schwendeners Ansicht streben hierbei die anisotropen Teilchen einem bestimmten Gleichgewichtszustande zu, indem sie noch im gespannten Zustande eine Drehung erfahren. Offenbar findet auch bei langsam gedehnten Fäden aus Azetylzellulose ein analoger Ausgleich in der Doppelbrechung statt: Was an höherer Doppelbrechung durch Dehnung gewonnen wird, geht eben durch Drehung der anisotropen Teilchen im entgegengesetzten Sinne verloren. Bei starken Dehnungen kann natürlich die erhöhte Doppelbrechung nicht sofort durch die Rückdrehung der Teilchen ausgeglichen werden.

Zahlentafel 33.

Interferenzfarbe des Haares mit Gips Rot I +45°	Charakter der Interferenzfarbe	Dehnung		Zeitdifferenz in Sekunden	Beanspr. mit 6 g	Anmerkungen
		in mm, zugl. %₀	erreicht in Sekunden			
Orange I	Subtraktion	0,0	0	0	0	
Rot I	Neutral				50	Dehnung und
Indigo II	Addition				100	Zeit nicht
Blau II	,,	0—1			150	genau
Blaugrün II	,,				200	ermittelbar
Grün II	,,				270	
Gelbgrün II	,,	1	60	60	350	
Grüngelb II	,,				400	
Gelb II	,,	2	90	30	490	
,, ,,	,,	3	105	15	530	
,, ,,	,,	4	110	10	530	
,, ,,	,,	5	115	5	540	
,, ,,	,,	6	120	5	540	
,, ,,	,,	7	125	5	540	
,, ,,	,,	8	130	5	540	
,, ,,	,,	9	135	5	540	
,, ,,	,,	10	140	5	540	
,, ,,	,,	11	145	5	540	
,, ,,	,,	12	150	5	540	
,, ,,	,,	13	155	5	540	
,, ,,	,,	14	165	10	550	
,, ,,	,,	15	175	10	550	
,, ,,	,,	16	180	5	560	
,, ,,	,,	17	190	10	570	
Dunkelgelb II	,,	18	195	5	580	
,, ,,	,,	19	202	7	590	
,,	,,	20	210	8	600	
,, ,,	,,	21	220	10	610	
,, ,,	,,	22	230	10	620	
Orange II	,,	26	270	40	680	Das Haar reißt

[1]) Ber. d. Dtsch. Bot. Ges., 7, 1889.

Interessant ist auch das Verhalten der gespannten Fäden bei gewöhnlicher mikroskopischer Betrachtung. Dehnt man den unter dem Mikroskop eingestellten Faden ziemlich stark aus (etwa um 10 %/0 seiner ursprünglichen Länge), so nimmt man wahr, daß die mittleren Teile des noch festgespannten Fadens eine deutliche Zusammenziehung in der Längsrichtung erfahren. Bei weiteren Dehnungen treten häufig sehr zarte Querrisse auf, die immer deutlicher werden, bis schließlich der Faden reißt. Die Querrisse sind noch nachträglich bei der mikroskopischen Prüfung der in Kanadabalsam eingebetteten Fadenrißenden wegen ihres Luftgehaltes deutlich sichtbar. Die Kontraktion läßt sich übrigens auch nach Anbringen kleiner Tuschemarken auf dem Faden sehr gut verfolgen.

Einfluß von Wasser und anderen Flüssigkeiten auf die mechanischen und optischen Eigenschaften der Azetatfäden. Wie bereits früher nachgewiesen, werden Fäden aus Azetylzellulose schon durch Wasser von gewöhnlicher Temperatur in der Festigkeit ungünstig beeinflußt[1]). Dies gilt sowohl für Azetatseide als auch für grobe, roßhaarähnliche Fäden. Im allgemeinen haben die Versuche gelehrt, daß die Festigkeitsverminderung bei feinen Fäden wesentlich größer ist als bei groben. Zahlreiche Prüfungen führten zu folgendem Durchschnittsergebnis:

<table>
<tr><td></td><td>Festigkeitsverlust
durch Befeuchten in %/0</td></tr>
<tr><td>Kunstseide aus Azetylzellulose . . . .</td><td>45</td></tr>
<tr><td>Roßhaarersatzstoff aus   ,, ...</td><td>23</td></tr>
</table>

Dieses Verhalten, welches in noch viel höherem Maße bei den übrigen Kunstseidematerialien beobachtet werden kann, ist deshalb von Interesse, weil die Azetylzellulose keine wesentliche Quellung in Wasser von gewöhnlicher Temperatur erleidet. Da die Fadenfestigkeit nach dem Austrocknen der befeuchteten Fäden die gleiche ist wie ursprünglich, kann es sich hierbei sicherlich nicht um bleibende chemische Zersetzungen des Azetylzelluloseesters handeln. Quellungen können erst bei höheren Temperaturen mit Sicherheit nachgewiesen werden. So konnte bei 130° eine Quellung von 17,3 %/0, bei 150° eine solche von 48,6 %/0 festgestellt werden.

Eigenartig ist auch das optische Verhalten der Fäden beim Erhitzen mit Wasser. Im Polarisationsmikroskop läßt sich hierbei folgendes beobachten: Ursprünglich ist die Faser nach dem oben Gesagten unter + 45° in Subtraktion; beim Erhitzen in Wasser geht sie aber sehr rasch in Addition über, um beim Erkalten alsbald in die Subtraktionsstellung zurückzukehren. Die von Haus aus quergestellte Elastizitätsellipse geht also beim Erwärmen in eine längsgestellte über, um beim Erkalten rasch in die Querlage zurückzugehen. Da die Quellung bei 100° nicht bedeutend ist und außerdem Änderungen in der Fadendicke und inneren Struktur beim Erkalten nicht zu beobachten sind, ist anzunehmen, daß es sich hierbei um vorübergehende chemische Spal-

---

[1]) Herzog, A.: Die Unterscheidung der natürlichen und künstlichen Seiden. 1900. Ferner: Chem.-Ztg., **40**, 1910 und Kunststoffe, Jg. 1.

tungen handelt, die beim Erkalten größtenteils wieder rückgängig gemacht werden. Hierfür spricht auch der Einfluß des Erwärmens auf die Festigkeit des Fadens, die innerhalb Temperaturen bis 100° eine Steigerung erfährt.

Um über die Festigkeitseigentümlichkeiten trocken- und feuchterhitzter Azetatfäden Aufschluß zu erhalten, wurden je 50 15 cm lange Fadenstücke teils trockener, teils feuchter Hitze ausgesetzt. Im ersten Falle wurde die Erhitzung der Fäden in einem mit einem Thermoregulator versehenen gewöhnlichen Heißluftschrank bei verschiedenen Temperaturen und zweistündiger Einwirkungszeit vorgenommen. Im zweiten Falle wurden die von Wasser vollständig bedeckten Fäden teils im offenen Becherglase (Temperaturen bis 100°), teils in einem Autoklaven auf die gewünschte Temperatur gebracht. Als Versuchstemperaturen wurden gewählt: 50, 100, 110, 130, 150 und 170° C. Nach erfolgter Erwärmung wurden die Fasern mehrere Tage an der Luft liegen gelassen und nach stattgefundener Trocknung der feuchterhitzten Fäden zu Festigkeitsbestimmungen verwendet. Von jeder Partie wurde die Hälfte der Fäden durch 30 Minuten in destilliertes Wasser von Zimmertemperatur gelegt und noch feucht zerrissen. Es sollte dadurch Aufschluß über die Festigkeitsverminderung gegenüber der trockenen Faser erhalten werden. Gleichzeitig wurde ein Teil der ursprünglichen, also nicht erwärmten Fäden, teils im trockenen, teils im feuchten Zustande zerrissen. Die erhaltenen Festigkeits- und Dehnungswerte sind in den nachfolgenden Zahlentafeln 34 und 35 übersichtlich zusammengestellt. Die angegebenen prozentualen Änderungen in der Festigkeit und Dehnung der erwärmten Fasern beziehen sich durchweg auf die bezüglichen Werte des ursprünglichen trockenen Fadens. Der Vollständigkeit wegen sei noch bemerkt, daß der zu den Versuchen verwendete Faden eine Feinheit von 636 Deniers besaß.

Zahlentafel 34.

Festigkeitsverhältnisse nach Einwirkung von trockener Hitze:

Temperatur in °C	Festigkeit		Ungleichmäßigkeit in %	Festigkeitsänderung in %[1]	Dehnung in %	Dehnungsänderung in %
	d. Fadens in g	Reißlänge in km				
20 t	446	6,29	3,6	—	10,4	—
f	169	2,38	5,5	— 62,1	10,9	+ 4,8
50 t	444	6,26	1,8	— 0,5	9,9	— 4,8
f	153	2,16	18,3	— 65,7	7,5	— 27,9
100 t	347	4,89	15,5	— 22,2	2,9	— 72,1
f	103	1,45	16,7	— 76,9	2,9	— 72,1
110 t	306	4,31	14,0	— 31,4	2,3	— 77,9
f	101	1,42	14,8	— 77,4	3,3	— 68,3
130 t	0	0,0	—	— 100,0	—	—
f	0	0,0	—	— 100,0	—	—

[1]) Verglichen mit dem trockenen Faden von 20° C.

Kleine Stücke der zu den Reißversuchen nicht benötigten Fäden wurden auch mikroskopisch geprüft, um eventuell stattgefundene Veränderungen der Struktur und Form festzustellen. Die hierbei gemachten Wahrnehmungen sind am Schlusse der Zahlentafel 35 angegeben.

Zahlentafel 35.

Festigkeitsverhältnisse nach Einwirkung feuchter Hitze:

Tem-peratur in °C	Festigkeit		Ungleich-mäßigkeit in %	Festigkeits-änderung in %[1]	Dehnung in %	Dehnungs-änderung in %
	d. Fadens in g	Reißlänge in km				
50 t	457	6,30	5,5	+ 2,5	10,0	— 3,8
f	170	2,40	11,2	— 61,9	7,7	— 26,0
100 t	494	6,96	6,5	+ 10,8	9,5	— 8,7
f	136	1,92	16,7	— 69,5	5,6	— 46,1
110 t	429	6,05	3,3	— 3,8	7,9	— 24,0
f	122	1,72	11,6	— 72,6	3,9	— 62,5
130 t	386	5,44	19,4	— 13,5	4,5	— 56,7
f	106	1,49	13,0	— 76,2	3,1	— 70,2
150 t	0	0,0	—	— 100,0	—	—
f	0	0,0	—	— 100,0	—	—

Aussehen der Fäden unmittelbar nach zweistündiger Erhitzung:

I. Trockene Hitze:

50°: Farblos wie bei Zimmertemperatur, keine Veränderungen sichtbar.

100°: Schwach gelblich gefärbt, sonst keine Veränderungen.

110°: Auffallend bräunliche Färbung.

130°: Ungleichmäßig braun, stellenweise vollständig schwarz. Die schwarzen Teile sind vollständig zersetzt, daher keine Festigkeit.

150: Fast gänzlich schwarz, nur ab und zu sind noch einzelne gelbbraune Stellen sichtbar. Glasartig spröde und ohne Zugfestigkeit.

170°: Vollständige Schwärzung. Zwischen den Fingern gerieben, vollkommener Zerfall.

II. Feuchte Hitze:

50—100°: Farblos, auch sonst unverändert.

110°: Ungleichmäßig bräunlich, an vielen Stellen ist die äußere Hülle des Fadens blasig abgehoben, so daß letzterer das Aussehen einer Perlschnur erhält.

130°: Schwach gelblich gefärbte Fäden von opakem Aussehen. Verdickung wie bei 110°, jedoch nicht so auffallend. Der Faden ist deutlich gequollen (17,3 %).

---

[1] Verglichen mit dem trockenen Faden von 20° C.

150^0: Stellenweise braune Färbung, sonst wie bei 130^0. Faden sehr spröde.
170^0: Wie bei 150^0, jedoch dunkler gefärbt und glasartig spröde.

Aus den vorstehenden Zusammenstellungen geht ohne weiteres hervor:

1. Die Erwärmung übt sowohl im trockenen, als auch im feuchten Zustand einen ungünstigen Einfluß auf die Zugfestigkeit und Dehnung der Azetatfäden aus. Eine Ausnahme hiervon macht die Erwärmung mit Wasser bis 100^0, die eine Festigkeitserhöhung bewirkt.

2. Trockene Hitze wirkt in allen Fällen ungünstiger als feuchte. So ist z. B. aus den Zahlentafeln ersichtlich, daß der trockenerhitzte Faden bei 130^0 seine Festigkeit vollständig einbüßt, während der bei gleicher Temperatur feuchterhitzte Faden noch $86,5\%$ seiner ursprünglichen Festigkeit besitzt.

3. Die Festigkeit nimmt mit steigender Temperatur rasch ab. Die Festigkeitsverluste betragen bei der trocken erhitzten Faser zwischen 110 und 130^0: $31,4$ bis 100%, bei der feuchterhitzten zwischen 130 und 150^0: $13,5$ bis 100%.

4. Die Bruchdehnung wird durch Erwärmen durchweg ungünstig beeinflußt. Trockene Hitze wirkt auch hier schädlicher als feuchte. Besonders auffallend ist der Dehnungsverlust bei den vor dem Zerreißen befeuchteten Fäden wahrzunehmen.

5. Die äußere Form des Fadens wird durch trockene Hitze nicht nachweislich verändert, dahingegen sind bei feuchter Hitze schon bei 110^0 deutliche Deformationen zu beobachten, die sich besonders in einem ungleichförmig blasenartigen Abheben der äußeren Fadenteile zu erkennen geben. Außerdem quillt der Faden an und erhält ein opakes, milchiges Aussehen. Die Quellung ist, wie mehrere Messungen ergeben haben, recht beträchtlich. Sie beträgt

bei 110^0	$10,5\%$
„ 130^0	$17,3\%$
„ 150^0	$28,6\%$

Das opake Aussehen wird durch die stattgefundene Bildung zahlloser nadelförmiger Kristalle bedingt, deren Längsachse zur Faserrichtung parallel steht. Über die chemische Natur dieser Kristalle fehlen nähere Angaben. Die Kristalle sind um so größer, je höher die angewandte Temperatur war. Bei 130^0 vorbehandelte Fasern enthielten Kristalle von durchschnittlich $2\,\mu$ Breite und $20\,\mu$ Länge. Die größten von mir beobachteten Formen maßen $6\,\mu$ in der Breite und $78\,\mu$ in der Länge. Die Nadeln sind an den Enden deutlich abgeschrägt (der spitze Winkel betrug bei den größeren Formen ca. 40^0), in Eisessig löslich und zeigen im Polarisationsmikroskop gerade Auslöschung.

6. Trockene Hitze bewirkt schon bei 100^0 deutliche Gelbfärbung, die bei noch höheren Temperaturen in Braun und Schwarz übergeht. Feuchte Hitze verändert die Farbe nicht wesentlich; erst bei Temperaturen von 150^0 ist eine deutliche Braunfärbung wahrzunehmen.

Ungleich verwickelter als bei Wasser, ist das Verhalten der Azetatfäden nach Einwirkung verschiedener organischer und anorganischer Stoffe. Da es sich hierbei stets um deutliche Quellungen, z. T. mit bleibender Strukturänderung handelt, sind die Versuchsergebnisse leicht verständlich. Im folgenden ist lediglich das Ergebnis des optischen Verhaltens wiedergegeben:

| Substanz | Charakter der Interferenzfarben (A = Addition, S = Subtraktion) | | | | | | | | |
| | in der Kälte | | | nach dem Erhitzen | | | nach dem Erkalten | | |
	R	M	K[1])	R	M	K	R	M	K
Glyzerin	A	S	S	A	A	A	A	A	S
Formalin, 40 %	S	S	S	S	A	S	S	S	S
Chloralhydrat, konz.	A[2])	S	S	S	S	S	S	S	S
Chlorzinkjod	A	S	S	S	A	S	A[2])	S	S
Kalilauge-Ammoniak	A	A	S	A	A	A	A	S	S
Eisessig	A	A	S	S	A	A	S	S	S
Ammoniak	S	S	S	A	A	A	S	S	S
Schwefelsäure, verd.	A	S	S	A	A	A	A	S	S
Wasser	S	S	S	A	A	A	S[3])	S[3])	S[3])
Luft	S	S	S	A	A	A	A	A	S

Wie aus der Zusammenstellung ersichtlich, ist häufig schon in der Kälte eine deutliche Beeinflussung des Charakters der auftretenden Interferenzfarben zu beobachten. Es sei noch bemerkt, daß Kupferoxydammoniak die optischen Verhältnisse der Fäden gar nicht ändert, ferner, daß verdünnter und konzentrierter Alkohol so wechselnd einwirkt, daß von bestimmten Angaben abgesehen werden muß. Interessant ist, daß die Faser auch beim Erhitzen in Luft optische Änderungen erleidet, die beim Erkalten größtenteils erhalten bleiben.

15. Viszellingarn.

Eine hellbraun gefärbte Probe zeigte in morphologischer Hinsicht einen aus Baumwolle bestehenden Kern und eine glasig durchsichtige Zellulosehülle (aus Viskose regenerierte Zellulose), Abb. 102. Der Fadendurchmesser betrug 0,197 mm. Zwei andere, schwarz gefärbte Proben zeigten einen Durchmesser von 0,213 bzw. 0,212 mm. Infolge des Luftgehaltes der im Innern des Fadens befindlichen, zumeist etwas exzentrisch gelegenen Baumwollseele erscheint der mittlere Teil des Fadens bei der mikroskopischen Untersuchung fast immer dunkel. Durch Anwendung von Chloralhydratlösung gelingt es aber stets, eine auch für Polarisationszwecke ausreichende Aufhellung, namentlich in der Nähe der Rißenden, zu erzielen. Nach den ausgeführten Messungen nahm der Kern (Baumwolle) einen namhaften Teil der Gesamtquerschnittfläche des Fadens ein, und zwar:

---

[1]) Es bedeuten: R = Randteil, K = Kernteil, M = zwischen Rand und Kern gelegener mittlerer Teil des Fadens.

[2]) Scharf abgesetzt.

[3]) Rasch.

	Von der Gesamtquerschnittfläche %	
	Kern	Hülle
1 Viszellin, roh.	47	53
2 ,, rohschwarz	44	56
3 ,, tiefschwarz	37	63

Die den Baumwollfaden umgebende Hülle ließ zwischen gekreuzten
Nicols dieselben Erscheinungen erkennen wie der nachfolgend beschriebene Heliosfaden, nur waren die auftretenden Farbenbänder hier
wesentlich ungleichmäßiger als dort. Die Mitte des Fadens zeigte, je
nach der optischen Dicke, wenig ausgeprägte blasse Farben der höheren
Ordnungen. Sehr häufig war auch „Weiß höherer Ordnungen" festzustellen. Nach Einschaltung verzögernder Gipsplättchen waren alle
Teile des Fadens mit Rücksicht auf den Charakter der auftretenden
Interferenzfarben unter $+ 45^0$ in Addition, unter $- 45^0$ in Subtraktion. Auffallende Gegensätze zwischen Kern und Hülle konnten in
den beiden Orthogonalstellungen beobachtet werden: Während nämlich die Hülle unter 0 und 90^0 vollständig dunkel erschien (gerade
Auslöschung), ließ der aus Baumwolle bestehende Kern in beiden Lagen
eine sehr deutliche Aufhellung erkennen. Diese Eigentümlichkeit hängt
mit dem tangentialschiefen Verlauf der Achsen der wirksamen Elastizitätsellipse der Baumwolle (Längsansicht) zusammen. Nicht selten
konnten an den pinselartig hervortretenden Fasern der künstlich erzeugten Rißenden die von A. Herzog beschriebenen anomalen Polari-
sationserscheinungen mit größter Deutlichkeit beobachtet werden
(sprunghafter Wechsel in der Lage der Elastizitätsellipse).

16. „Helios."

1. Helios, rohweiß. Die Fasern sind sehr gleichmäßig walzenförmig gebaut und von mehr oder weniger elliptischem Querschnitt.
Das Verhältnis der kleineren zur größeren Achse beträgt durchschnittlich 1:1,5.

Entsprechend der starken spezifischen Doppelbrechung der aus
Viskose regenerierten Zellulose, erscheinen zwischen gekreuzten Nicols
rasch ansteigende Interferenzfarben, die bis in die 5. Farbenordnung
reichen (Abb. 4). Die Fadenbreite beträgt im Mittel 0,255 mm. Gemäß
der vom Rande nach der Mitte hin unausgesetzt wachsenden optischen
Dicke, zeigt der Faden ein allmähliches Ansteigen der Interferenzfarben,
ungefähr so, wie dies bei einem Quarz- oder Glimmerkeil der Fall ist.
Die einzelnen Farbenordnungen lassen sich in fast genau parallelen
Streifen verfolgen, die aber von wechselnder, ·d. h. zunehmender Breite
sind, entsprechend dem nach der Mitte hin relativ langsam erfolgenden
Anwachsen der optischen Dicke.

Zum Beweise dessen hat der Verfasser bei 2 Fasern den Abstand
vom Rande und die Breite des Streifens des den verschiedenen Ordnungen angehörenden Rot gemessen und hierbei folgende Werte erhalten:

Zahlentafel 36.

	Streifenabstand vom Rande des Fadens in μ		Streifen-breite in μ
	linke	rechte	
	Begrenzung		
1. Faser. Breite in Kanadabalsam 249 μ			
Rot I	4,7	6,6	1,9
„ II	10,3	14,7	4,4
„ III.	20,3	27,3	7,0
„ IV	38,6	52,3	13,7
„ V	69,5	155,0	85,5
2. Faser. Breite in Kanadabalsam 239 μ			
Rot I	5,6	7,1	1,5
„ II	14,1	19,4	5,3
„ III	31,0	38,5	7,5
„ IV	61,9	114,8	52,9

Das bei der ersten Faser beobachtete Rot V entsprach einer optischen Dicke der Faser von rund 0,18 mm. Aus den gemessenen Faserbreiten (0,249 bzw. 0,239 mm) und den für Rot verschiedener Ordnungen ermittelten Streifenabständen läßt sich ohne weiteres auf eine elliptische Fadenquerschnittform schließen. Die direkte Beobachtung von Querschnitten bestätigt dies auch; ein deutlicher Beweis dafür, daß die Verteilung der Interferenzfarben bei der Beurteilung der Formverhältnisse von Kunstfäden einen brauchbaren Anhaltspunkt liefert, worauf übrigens schon im Abschnitt „Messungen" hingewiesen wurde.

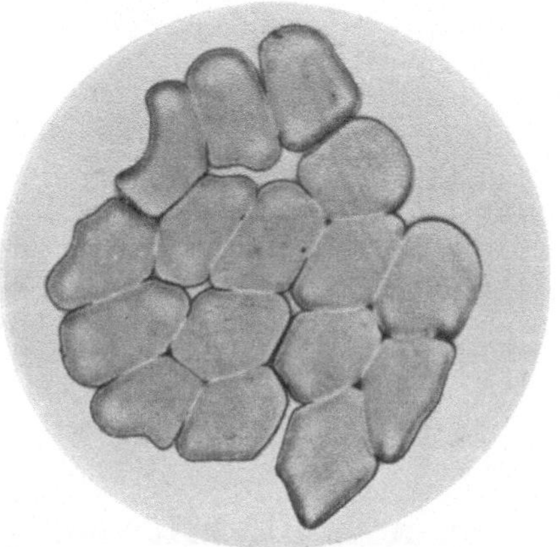

Abb. 96. Fehlerhafte Viskoseseide (Querschnitte). Fehler durch gegenseitiges Verkleben der Einzelfasern entstanden. Vergr. 250.

2. Helios, roh. Ein analoges Verhalten zeigte im allgemeinen eine mit „Helios, roh" bezeichnete Fadenprobe von hellbrauner Farbe. Im besonderen waren die Fäden in der Queransicht etwas gedrungener als oben beschrieben. Es geht dies auch aus dem Achsenverhältnis (1:1,2) deutlich hervor. In der Breite maßen die Fasern durchschnittlich 0,213 mm. Hier, wie in den folgenden Fällen, erwies sich die Benutzung von Gipsplättchen höherer Ordnungen (II—IV) zur Erzielung lebhafterer Farben in der Subtraktionsstellung als sehr nützlich. Beide Proben erschienen unter 0 und 90° dunkel, nach Einschaltung verzögernder Plättchen waren sie unter + 45° in Addition, unter — 45° in Subtraktion. Sie zeigten demnach das gleiche Verhalten wie Viskoseseide.

17. „Pan.“

Eine glänzend hellbraun gefärbte Fadenprobe bestand aus zahlreichen, unter sich mehr oder weniger fest verkitteten Viskoseeinzelfasern, die von einer gemeinschaftlichen Zellulosehülle umgeben waren.

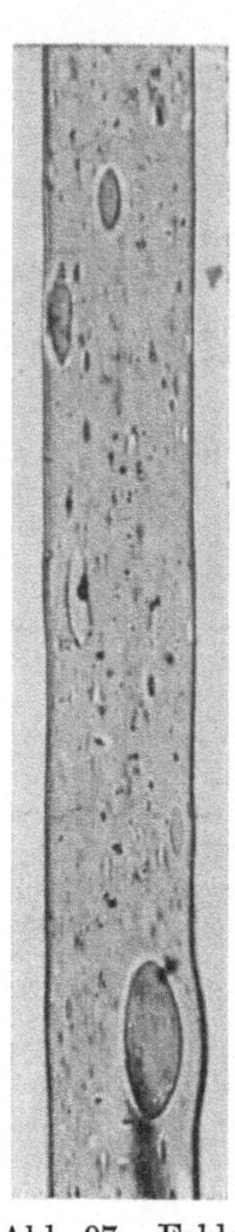

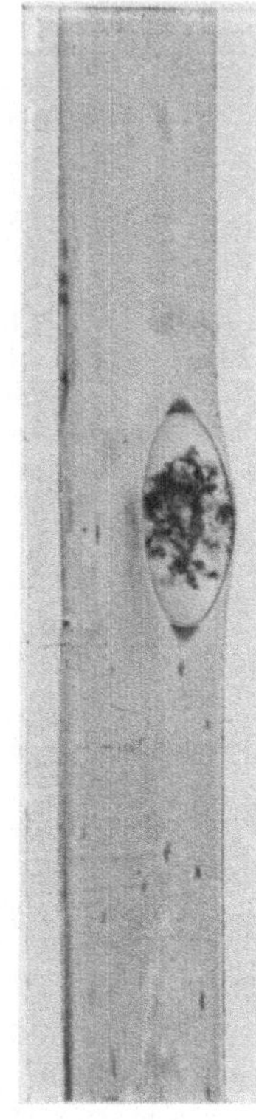

Besonders auffallend traten die Formverhältnisse auf Querschnitten hervor. Die äußere Begrenzung war unregelmäßig rundlich. Der Fadendurchmesser betrug durchschnittlich 0,255 mm. Die im Polarisationsmikroskop beobachteten Interferenzfarben gehörten höheren Ordnungen an; im allgemeinen war das Farbenbild wegen des vielfach auftretenden „Weiß höherer Ordnungen“ sehr blaß und daher wenig ausdrucksvoll. Unter 0 und 90 ⁰ konnte wegen der nicht genau parallelen Lage der neben-, über- und untereinander liegenden Einzelfasern keine vollständige Verdunklung des Fadens erzielt werden. An den Rißenden konnte die starke spezifische Doppelbrechung der pinselartig hervortretenden Einzelfasern sehr gut wahrgenommen werden. Mit einem verzögernden Gipsplättchen war der Faden unter + 45 ⁰ in Addition, unter — 45 ⁰ in Subtraktion.

Abb. 97. Fehlerhafte Kupferseide mit feineren und gröberen Verunreinigungen fester Art; letztere auffallend in die Länge gezogen. Vergr. 400.

Abb. 98. Fehlerhafte Kupferseide mit fester Einlagerung, die ihrerseits auch Einlagerungen (dunkel, flockig) enthält. Vergr. 400.

18. „Sirius.“

Zwei zu verschiedenen Zeiten erhaltene Proben zeigten vollständige Übereinstimmung in ihrem optischen Verhalten. Die mittlere Breite der in ihrer äußeren Begrenzung recht unregelmäßigen, sonst einheitlichen Fäden maß 0,26 bzw. 0,27 mm. Zwischen gekreuzten Nicols lieferten nur die Randteile lebhafte Polarisationsfarben (1. bis 3. Ordnung), die Mitte wies wenig charakteristische blaßgrüne und blaßrote Farbentöne der höheren Ordnungen auf. Entsprechend der stark welligen Begrenzung des Faserquerschnitts, war auch die Verteilung der Farben in der Längsansicht eine mehr oder weniger streifige, ohne daß aber der Parallelismus auf längeren Strecken vorgehalten hätte. Wie bei den bisher besprochenen groben Fadenprodukten (abgesehen von Azetatfäden), war auch hier die Anordnung der wirksamen Elastizitätsellipse eine solche, daß die längere Achse parallel, die kürzere senkrecht zur Fadenlängsrichtung verlief.

19. „Meteor.“

Keines der vom Verfasser geprüften Kunstfadenerzeugnisse besaß derart unregelmäßige Querschnittformen wie das mit „Meteor“ bezeichnete. Die mikroskopischen Querschnittbilder entsprachen, abgesehen von den Größenverhältnissen, vollständig jenen der Lehnerschen Nitroseide. Der mittlere Fadendurchmesser maß 0,249 mm.

Im allgemeinen war die Form des Fadens einem breiten Bande vergleichbar, mit wulstigen, stark aufgehobenen, z. T. nach Innen eingerollten Rändern. An verschiedenen, zumeist den mittleren Fadenteilen entsprechenden Stellen betrug die optische Dicke nur 33—38 μ. Dementsprechend war das Bild des Fadens im Polarisationsmikroskop auch sehr farbenprächtig. In der Regel wurden Farben der niederen Ordnungen (I bis III) beobachtet. Wie bei der Lehnerschen Nitroseide, waren auch hier die unmittelbar nebeneinander liegenden, verschiedenen optischen Dicken entsprechenden Polarisationsfarben in deutlich abgesetzten, mehr oder weniger parallel verlaufenden Streifen angeordnet. In der Lage + 45° über einem Gipsplättchen Rot I orientiert, waren Additionsfarben, unter — 45° Subtraktionsfarben nachweislich.

20. „Kunsthanf.“

Das vom Verfasser geprüfte gelblich gefärbte Erzeugnis bestand aus zahlreichen, lose miteinander verkitteten Einzelfasern von Nitroseide. Infolge der sehr starken spezifischen Doppelbrechung der letzteren und der erheblichen optischen Dicke des Fadens war fast stets nur eine starke Aufhellung des Gesichtsfeldes zwischen gekreuzten Nicols wahrzunehmen. Nur an solchen Stellen, an denen der Zusammenhang des Fadens ein sehr loser war, und die Einzelfasern mehr oder weniger gesondert lagen, trat die starke Doppelbrechung der Nitroseide auffallend lebhaft in die Erscheinung (Farben der 1. und 2. Ordnung). Unter + 45° waren alle Fasern in Addition, unter — 45° in Subtraktion. In den beiden Orthogonalstellungen konnte keine Aufhellung des Gesichtsfeldes beobachtet werden.

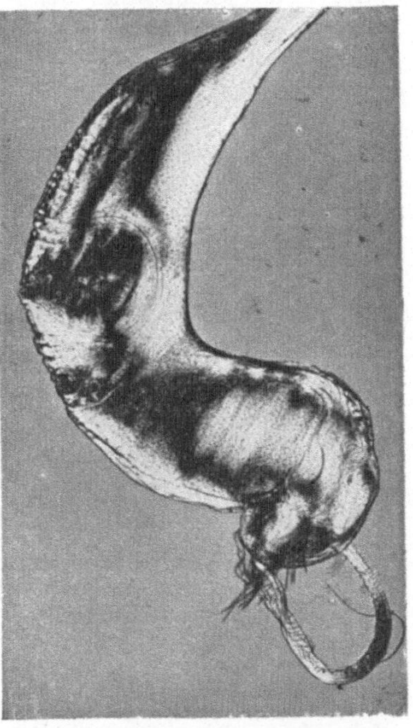

Abb. 99. Fehlerhafte Viskoseseide mit auffallend stark verbreitertem Ende. Polarisiertes Licht: Nicols gekreuzt, Gipsplatte Rot I. Das Ende trägt einen schwanzartigen Anhang. Fasermasse griesig. Vergr. 80.

Mechanische Prüfungen gröberer Kunstfäden.

Um die Festigkeit einiger Handelsmarken von gröberen Kunstfäden unmittelbar miteinander vergleichen zu können, wurden die beim Zerreißen mit einem Schopperschen Präzisionsfestigkeitsprüfer gefundenen Werte auf 1 qmm Querschnittfläche bezogen. Neben der Festigkeit wurde auch die Bruchdehnung bestimmt und in Prozenten der ursprünglichen Fadenlänge ausgedrückt. Weitere Untersuchungen betrafen die Ermittlung der Querschnittfläche, der Breite, der Form

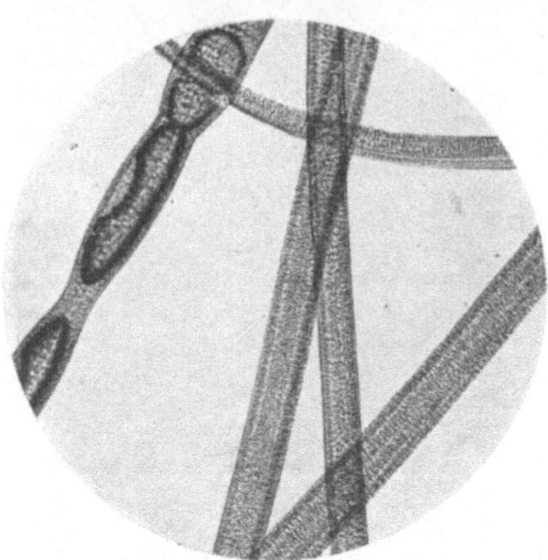

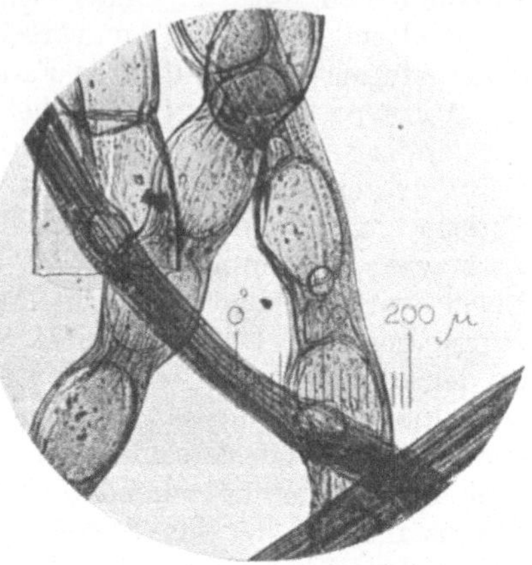

<table>
<tr><td>Abb. 100.   Viskoseseide mit zahlreichen feinen Gaseinschlüssen.   Links eine Faser, die auch grobe Blasen enthält. Äußerlich zeigt diese Seide ein milchiges und glanzloses Aussehen. Vergr. 100.</td><td>Abb. 101.   Viskoseperückenhaar mit groben Hohlräumen, die der Faser ein gekammertes bzw. zelliges Aussehen verleihen.   Abgesehen von der nur geringen Festigkeit, ist auch der Glanz dieser Faser stark wechselnd. Vergr. 85.</td></tr>
</table>

und der Quellung der Fäden. Wie nun aus den Angaben der Zahlentafeln 37 und 38 hervorgeht, stellen die geprüften Fäden ziemlich dicke Gebilde dar, deren Durchmesser zwischen 0,136 und 0,332 schwankt. Demgemäß ist auch die absolute Querschnittfläche recht verschieden (0,0140—0,0844 qmm). In Wasser gelegt, quellen die Fäden mit Ausnahme des Azetatroßhaars sehr stark an. Die Dickenzunahme beträgt 30—54 %. Die künstlichen Rißenden bieten unter Umständen brauchbare Anhaltspunkte für die analytische Bestimmung der verschiedenen Handelsmarken. Besonders charakteristisch verhalten sich in dieser Hinsicht „Viszellin" und „Pan". Die Rißfestigkeit schwankt innerhalb weiter Grenzen. Sie ist unter sonst gleichen Umständen nicht allein von der absoluten Größe des tragenden Querschnittes, sondern auch von der stofflichen Beschaffenheit der Fäden abhängig. Ordnet man diese nach ihrer absoluten Festigkeit pro 1 qmm (Festigkeitsmodulus), so ergibt sich folgende Reihe:

1. Azetatroßhaar . . . 10,6—16,8 kg		4. „Helios" . . . . . 20,9—23,9 kg	
2. „Pan" . . . . . . 20,0 kg		5. „Viszellin" . . . . 23,0—24,7 „	
3. „Meteor" . . . . . 21,7 „			

Azetatroßhaar und Viszellin bilden demnach die beiden Extreme. Der Festigkeitsmodulus der dicken Fäden ist im allgemeinen niedriger als jener der feinen. Letztere sind also relativ fester. So entspricht z. B. der Probe 1 mit einer Festigkeit von 10,6 kg auf den Quadratmillimeter ein Fadendurchmesser von 0,332 mm, dagegen zeigt Nr. 11 eine Festigkeit von 16,8 kg bei einem Durchmesser von nur 0,136 mm. Von besonderer praktischer Wichtigkeit erscheint die Tatsache, daß die Festigkeit sämtlicher Kunstfäden nach dem Befeuchten mit Wasser wesentlich zurückgeht. Die geringsten Unterschiede zeigt das Azetatroßhaar, wiewohl die Festigkeitsverminderung gegen alle sonstige Erwartung gar nicht unbedeutend ist (14,2—29,5 %). Auch reinstes destilliertes Wasser ruft solche Festigkeitsänderungen hervor. Einen deutlichen Einfluß des Wassers auf den Azetatfaden kann man übrigens schon bei den Festigkeitsprüfungen feststellen, insofern, als viele Fäden trotz der höheren Bruchdehnung sehr spröde sind und häufig in unmittelbarer Nähe der Einspannklemmen reißen. Bedeutend

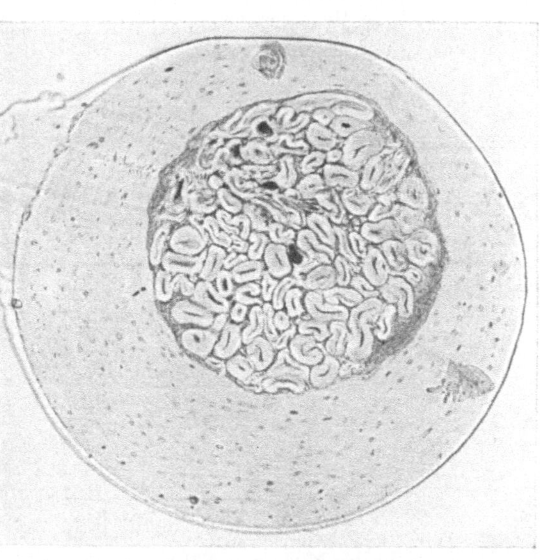

Abb. 102. Viszellingarn, Querschnitt. Im Innern der aus zahlreichen Einzelhaaren bestehende zweidrähtige Baumwollzwirn sichtbar (etwas exzentrisch gelegen), außen die glasig durchsichtige Zellulosehülle (aus Viskose entstanden) mit gasförmigen und festen Verunreinigungen. Vergr. 115.

größer sind die Festigkeitsverluste bei den übrigen Kunstfäden. Aufsteigend geordnet, ergibt sich folgende Reihe:

1. „Viszellin“ . . . . 38,6—50,1 %
2. „Sirius“ . . . . 61,0—63,0 „
3. „Pan“. 69,0   „
4. „Helios“. . . . . 74,3—74,7 „
5. Kunsthanf 75,0   „
6. „Meteor“ 80,3   „

Besonders auffallend treten die Festigkeitsunterschiede hervor, sobald die unter Berücksichtigung der Quellung berechneten Festigkeitsmoduli miteinander verglichen werden. Bezeichnet f die in Gramm ausgedrückte Reißfestigkeit eines feuchten Fadens von der Querschnittfläche Q im trockenen Zustand und q die Quellung in Prozenten, so berechnet sich der Festigkeitsmodulus im feuchten Zustand (M) in Kilogramm wie folgt:

$$M = \frac{f}{Q\left(1 + \dfrac{q}{100}\right)^2 \cdot 1000}.$$

Hieraus ergibt sich folgende Reihe:

1. „Meteor" 1,8   kg
2. „Helios" . . . . 2,5— 3,1 „
3. „Sirius" . . . . 3,3— 4,0 „
4. „Pan" 4,0   „
5. „Viszellin" . . . . 6,7— 9,0 „
6. Azetatroßhaar . . . . 8,0—13,1 „

Zahlentafel 37.

		Querschnitt	Fadenquerschnitt in qmm		Faden-breite in mm	Quel-lung in % (Dicken-zu-nahme)	Form der Rißenden
1	Azetatroßhaar	annähernd kreisr.	0,0844		0,332		
2	„	„	0,0799		0,319		
3	„	„	0,0799		0,325		
4	„	„	0,0736		0,309		
5	„	„	0,0625		0,287	sehr gering	fast immer glatt
6	„	„	0,0598		0,277		
7	„	„	0,0578		0,267		
8	„	„	0,0528		0,261		
9	„	„	0,0504		0,241		
10	„	„	0,0151		0,140		
11	„	„	0,0140		0,136		
12	„Viszellin", roh	unregelm. rund, in der Mitte eine Seele von Baumwollzwirn	0,0281 u. z.[1] $H = 0,0149 = 53\%$ $K = 0,0132 = 47$ „		0,197	30	Hülle glatt, Baumwollkern pinselartig hervorstehend
13	„ rohschwarz	Kern schwarz, Hülle gelblich, sonst wie Nr. 12	0,0327 u. z. $H = 0,0183 = 56\%$ $K = 0,0144 = 44$ „		0,213	32	
14	„ tiefschwarz	Kern und Rand der Hülle schwarz, sonst wie Nr. 12	0,0324 u. z. $H = 0,0203 = 63\%$ $K = 0,0121 = 37$ „		0,223	34	
15	„Helios", roh	elliptisch	0,0320		0,255	42	glatt
16	„ rohweiß	„	0,0257		0,213	47	„
17	„Pan"	rundlich, aus zahlreichen Einzelfasern bestehend, Hülle vorhanden,	0,0337		0,225	24	Einzelfasern pinselartig auseinander gehend
18	„Sirius", a	unregelmäßig, mit groben Einkerbungen	0,0262		0,265	46	glatt
19	„ b	wie bei Nr. 18	0,0279		0,270	40	glatt bis splitterig
20	„Meteor"	sehr unregelmäßig	0,0177		0,249	54	dgl.
21	Kunsthanf	aus zahlreichen, lose verkitteten Einzelfasern bestehend	—		—	—	faserig

[1]) Es bedeuten H = Hülle, K = Kern.

Zahlentafel 38.

| Laufende Nr. | Kunststoff | Festigkeit | | | | Verlust durch Befeuchten in % | Bruchbelastung pro 1 qmm Querschnitt in kg | | Bruchdehnung | | Zunahme durch Befeuchten in % |
| | | des trockenen Fadens | | des feuchten Fadens | | | | | in % der ursprünglichen Länge | | |
		in g	Ungleichmäßigkeitsgrad in %	in g	Ungleichmäßigkeitsgrad in %		trocken	feucht[1]	trocken	feucht	
1	Azetatroßhaar	894	7,7	744	3,5	16,8	10,6	8,8	33	42	27,3
2	,, ...	868	4,2	640	4,7	26,3	10,9	8,0	28	36	28,6
3	,, ...	905	3,5	637	3,9	29,6	11,3	8,0	31	40	29,0
4	,, ...	929	3,1	797	1,6	14,2	12,6	10,8	30	37	23,3
5	,, ...	879	8,4	713	2,7	23,3	14,1	11,4	27	34	25,9
6	,, ...	834	2,4	655	5,8	21,4	13,9	11,0	25	32	28,0
7	,, ...	805	3,4	630	3,5	21,9	13,9	10,9	29	41	41,5
8	,, ...	637	4,2	525	4,0	17,6	12,1	9,9	36	40	11,1
9	,, ...	713	4,6	553	6,3	22,4	14,2	11,0	28	34	21,4
10	,, ...	239	9,2	194	3,1	18,8	15,8	12,9	27	35	29,6
11	,, ...	235	5,1	184	6,0	21,7	16,8	13,1	29	39	34,5
12	,,Viszellin‘‘, roh . . .	694	7,2	426	8,5	38,6	24,7	9,0	5,4	6,8	25,9
13	,, roh-schwarz .	751	3,5	415	5,1	44,7	23,0	7,3	6,0	7,7	28,4
14	,, schwarz-schw.	778	3,8	388	8,7	50,1	24,0	6,7	6,5	7,6	16,9
15	,,Helios‘‘, roh . . .	615	1,3	158	9,5	74,3	23,9	2,5	26	29	11,5
16	,, roh-weiß . .	668	2,9	169	5,3	74,7	20,9	3,1	21	24	14,3
17	,,Pan‘‘	674	3,6	208	7,2	69,1	20,0	4,0	8,3	11,7	41,0
18	,,Sirius‘‘ a	594	6,9	220	4,6	63,0	22,7	4,0	30	44	46,7
19	,, b	528	3,8	206	4,1	61,0	18,9	3,3	29	41	41,3
20	,,Meteor‘‘	385	3,1	76	11,2	80,3	21,7	1,8	14	16	14,3
21	Kunsthanf	172	17,4	43	11,6	75,0	—	—	2	2	0,0

Das Azetatroßhaar weist demnach im feuchten Zustand die größte, der Kunstfaden ,,Meteor‘‘ die geringste Festigkeit auf.

Die Bruchdehnung ist, sobald man vom Viszellin und Kunsthanf absieht, trocken und feucht sehr bedeutend. Die Dehnungszunahme nach dem Befeuchten beträgt bis 46,7 % der im trockenen Zustand vorhandenen. Das Azetatroßhaar zeigt die stärkste Dehnung unmittelbar vor dem Bruche, worauf bereits oben hingewiesen wurde. Die geringe Bruchdehnung des Viszellinfadens ist zweifelsohne auf das im Innern vorhandene, wenig dehnbare Baumwollgarn zurückzuführen.

21. Kunstbändchen [2].

Die Technik der mikroskopischen Untersuchung von Kunstbändchen ist im wesentlichen die gleiche wie bei der Kunstseide. In der Regel hat sich die Prüfung auf folgende Punkte zu erstrecken:

---

[1] Unter Berücksichtigung der Quellung berechnet.
[2] Vgl. Herzog, A.: Zur Technik der mikroskop. Untersuchung von Kunstbändchen. Kunststoffe, **9**, 1916.

1. Die allgemeine Form des Bandes, insbesondere die Art der etwa vorhandenen Faltung.

2. Die Breite und Dicke.

3. Die Oberflächenbeschaffenheit mit besonderer Berücksichtigung etwa vorhandener Leisten bzw. Rillen.

4. Etwaige Fehler, die auf das Vorhandensein von Einschlüssen oder auf anomale Strukturen der Bändchenmasse zurückzuführen sind.

Bei der mikroskopischen Prüfung der Längsansicht wird das Präparat in üblicher Weise in Wasser liegend betrachtet; man versäume indessen nicht, auch trockene Bändchenstücke unmittelbar unter dem Mikroskop im auffallenden Lichte zu untersuchen, da auf diesem Wege in der Regel eine gute Vorstellung über die Ursachen der Glanzwirkung des Bändchens bei verschiedenem Lichteinfall erhalten wird. Die Benutzung eines Vertikalilluminators erübrigt sich, da fast ausschließlich nur schwache Vergrößerungen in Frage kommen und zudem die seitliche Beleuchtung infolge der kräftigen Gegensätze von Licht und Schatten im Präparat viel bessere Ergebnisse liefert, als die rein zentrale. Wo vorhanden, leistet ein binokulares Präpariermikroskop mit einem schwachen Doppelobjektiv (etwa $f = 55$ mm, von Zeiß) treffliche Dienste, da es den Gegenstand plastisch wiedergibt. Besonders wichtig erweist sich die Prüfung von Querschnitten, da sie am raschesten über die Formverhältnisse des Bandes Aufschluß gibt. Insbesondere ist das Querschnittbild unerläßlich zur sicheren Feststellung etwa vorhandener Faltungen. Einen sehr raschen und für praktische Zwecke völlig ausreichenden Einblick in die einschlägigen Verhältnisse gewährt die seitliche Betrachtung des querdurchschnittenen Bandes nach dem vom Verfasser angegebenen Verfahren, über welches im Abschnitt 3 dieser Schrift nähere Angaben gemacht sind. Für feinere Untersuchungen sind aber mikroskopische Dünnschnitte nicht zu umgehen. Bei der Einbettung im Paraffin nehme man darauf Rücksicht, nicht mehr als höchstens 5 Bändchenstücke einzuschließen, um die Schneidefähigkeit des Paraffinstäbchens nicht zu ungünstig zu gestalten. Die Schnitte gelangen ohne besondere Vorbehandlung in Kanadabalsam zur mikroskopischen Betrachtung. Natürlich sind hierbei nur schwache oder mittlere Vergrößerungen anzuwenden, um den gesamten Querschnitt des Bandes im Gesichtsfeld übersehen zu können. Sehr zu empfehlen ist auch die Benutzung eines Zeichenapparates, wobei es aber ausreicht, die etwa vorhandene Faltung des Bandes durch eine einfache Linie zeichnerisch darzustellen. Da größere oder geringere Abweichungen in der Faltung häufig vorkommen, müssen natürlich mehrere Bändchen in der angegebenen Weise geprüft werden; insbesondere ist hierauf bei von Haus aus stark geknitterten Bändchen wohl zu achten. Einzelheiten werden in üblicher Weise bei stärkerer Vergrößerung geprüft. Ab und zu, sind in Wasser eingebettete Querschnitte auch ultramikroskopisch zu prüfen, da auf diesem Wege die feinsten, sonst nicht nachweisbaren Struktureigentümlichkeiten ausgezeichnet zur Wahrnehmung gebracht werden können. Verfasser hat z. B. bei der Untersuchung verschiedener Kunstbändchen, die eine auffallend geringe Festigkeit bei sonst sehr befriedigenden Eigenschaften zeigten, auffallende Strukturunterschiede der äußeren und inneren Querschnittanteile feststellen können, so daß die Ursache mit großer Wahrscheinlichkeit auf die unrichtige Zusammensetzung bzw. Anwendung des Fällungsbades zurückgeführt werden konnte. Die spätere praktische Nachprüfung im Betriebe lieferte eine Bestätigung der Richtigkeit dieser Vermutung.

In der nachfolgenden Zahlentafel 39 ist das Ergebnis der mikroskopischen Prüfung von sechs Kunstbändchen niedergelegt, um dem Anfänger eine Vorstellung über die einschlägigen Verhältnisse zu geben. Auch die in einem früheren Abschnitt („Glanz") enthaltene Zahlentafel 15 möge hier eingesehen werden, ebenso die Abb. 55, 56 und 57. Zu den Angaben der Zahlentafel 39 sei noch besonders bemerkt:

Zahlentafel 39.

Prüfung des Bandes auf:	Viskosekunstband; Probe Nr.					
	1	2	3	4	5	6
	russ.	deutscher				
		Herkunft				
Breite in μ^1)	530	720	807	703	583	540
Gesamtbreite in μ^1) (nach völligem Ausbreiten bzw. Flachlegen des Bandes)	1630	1889	880	1731	595	624
Dicke in μ^1) (in der Mitte des Bandes gemessen) .	13,1	11,3	17,0	14,1	19,0	62,3
Metrische Nummer^2) . .	—	25,0	45,2	27,0	92,4	22,4
Feinheit in Deniers . . .	—	360	199	333	97	402
Festigkeit in g^3)	—	501	216	450	220	497
Reißlänge in km	—	12,53	9,77	12,15	20,32	11,14
Ungleichmäßigkeit in der Festigkeit in % . . .	—	6,9	12,0	15,0	12,1	13,1
Bruchdehnung in % . .	—	13,4	7,0	14,4	11,5	13,6

Probe Nr. 1. Das Band ist auffallend längsgestreift; die Streifen verlaufen annähernd parallel zur Längsrichtung des Bandes. Ein sehr charakteristisches Bild liefert die Queransicht des Bandes: dieses ist verhältnismäßig dünn und parallel zu seinen Längsseiten eingeschlagen. Die umgeschlagenen Teile des Bandes sind in der Regel bis zur gegenseitigen Berührung genähert. Einen rohen Anhaltspunkt für diese Faltungsform bieten manche Schälrinden, die nach dem Trocknen gleichfalls nach innen eingerollt sind. Das Band mißt nur 11—13—17 μ in der Dicke (der in der Mitte stehende Wert entspricht dem Durchschnitt), die seitlichen Ränder sind allerdings erheblich stärker verdickt (35—43—57 μ). An vielen Stellen ist der Schnitt grob gekerbt. Die Einkerbungen, die als Folge der Einwirkung des Fällungsbades auf

---

^{1}) Mittel aus 20 Querschnittmessungen; Präparate im Kanadabalsam.
^{2}) Zahl der Kilometer, die 1 kg wiegen.
^{3}) Mittel aus 20 Versuchen.

die noch weiche Viskosemasse bei der Herstellung des Bandes anzusehen sind, erklären ohne weiteres das früher erwähnte streifige Aussehen in der Längsansicht. Denkt man sich die seitlichen Lappen des Bandes so umgeschlagen, daß dieses vollständig eben liegt, dann ergibt sich die Gesamtbreite zu 1630 mm. Der hohe Glanz und die gute Deckfähigkeit sind auf die geschilderte Oberflächenbeschaffenheit des Bandes zurückzuführen. An manchen Stellen ist das Band deutlich porös, bedingt durch das Vorhandensein zahlreicher, sehr kleiner Gasporen. Verunreinigungen fester Natur sind nur in ganz untergeordneter Menge vorhanden. In Wasser gelegt, benetzt sich das Bändchen sehr rasch und quillt hierbei beträchtlich an. Nach Schätzungen beträgt die Quellung 25—30 %. In der Lichtbrechung stimmt das Bändchen mit Viskosekunstseide überein (n_D = 1,52—1,55). Zwischen gekreuzten Nicols betrachtet, treten in den mittleren Teilen des Bandes, wo die einfache Bandschicht zur optischen Wirkung gelangt, die niedersten Farben der 1. Ordnung auf (vorwiegend Grau I). An den Seiten hingegen, werden auch höhere Farben der 1. und z. T. auch der 2. Ordnung beobachtet. Infolge der eigentümlichen Formverhältnisse des Bandes erscheinen die Farben auch häufig in zur Längsrichtung des Bandes parallelen Streifen abgesetzt. Mit dem Ultramikroskop nach Siedentopf geprüft, zeigt die Bandmasse eine wenig charakteristische Netzstruktur; die Maschen sind klein und längsgestreckt.

Probe Nr. 2. In allen Fällen ist das Band der Länge nach gefaltet, so daß es aus zwei annähernd gleich breiten Hälften zusammengesetzt ist. Der Querschnitt ist auffallend stark gekerbt. Die mittlere Banddicke beträgt bloß 11,3 μ, ist also geringer als der Durchmesser des Einzelfadens der echten Seide (15 μ). Wie aus der Zahlentafel 39 hervorgeht, ist diese Probe die dünnste, zugleich aber auch die breiteste unter den geprüften Bändchen. An den Seiten sind deutliche Verdickungen zu beobachten.

Probe Nr. 3. Im allgemeinen liegen ziemlich flache Bänder von durchsichtiger Beschaffenheit vor. Hier und da vorkommende gewölbte Formen sind in der Regel etwas dicker als die vollkommen flach liegenden. Die vorhandene gelbliche Färbung ist zum größten Teil auf zahlreiche Einlagerungen von bräunlich bis braunschwarz aussehenden, flockigen Verunreinigungen zurückzuführen. Auch grobe Luftblasen sind in beträchtlicher Menge vertreten; sie fallen besonders nach dem Einlegen des Bandes in Wasser auf. Offenbar ist die geringe Zugfestigkeit (Reißlänge nur 9,77 km) auf das Vorhandensein dieser Blasen und sonstigen Verunreinigungen zurückzuführen. Der eigentümlich filmartige Charakter dieses Bandes ist hauptsächlich durch den Mangel an Faltungen und Kerbungen bedingt. Unter den geprüften Bändchen ist Nr. 3 in jeder Hinsicht das schlechteste.

Probe Nr. 4. In der äußeren Form ähnelt das Band der unter 2 beschriebenen Probe; indessen sind die Einkerbungen des Querschnitts bei weitem nicht so zahlreich und auch die Faltungen nicht so gleichmäßig. Die Ränder sind nicht nur stark verdickt, sondern auch mehrfach eingeschlagen. Im allgemeinen handelt es sich um ein befriedigend gleichmäßig gestaltetes Bändchen.

Probe Nr. 5. Die Bänder sind nahezu flach und ohne nennenswerte Einkerbungen; diese treten fast nur an den etwas verdickten Rändern auf. Bei geringer Dicke (19 μ) zeigt dieses Band unter den geprüften Proben die kleinste Breite. In der Längsansicht erscheint es nur wenig gestreift; besonders auffallend ist hierbei die große Gleichmäßigkeit im Längsverlauf und die hohe Reinheit der Bändchenmasse. Offenbar hängt damit auch die überraschend große Rißfestigkeit zusammen (Reißlänge 20,32 km!), die jene aller übrigen Proben weit übertrifft.

Probe Nr. 6. Das Band ist auffallend dick (62,3 μ), ziemlich flach-gestreckt und von sehr unregelmäßiger Querschnittform. Verunreinigungen und grobe Poren sind in beträchtlicher Menge vorhanden. Häufig zeigt das Bändchen im Inneren einen klaffenden Spalt. Das filmartige Aussehen ist auf die gleichen Ursachen zurückzuführen wie bei der Probe Nr. 3.

Anhang.

1. Bestimmungsschlüssel.

Analytischer Bestimmungsschlüssel I.

(Berücksichtigt die wichtigsten natürlichen und künstlichen Seiden.)

1 a)	Beim Verbrennen Geruch nach verbrannten Federn. Verbrennungsgase reagieren alkalisch. Mit α-Naphtol und Schwefelsäure keine Zellulosereaktion (lediglich gelb bis rötlichbraun gefärbt) . . . . . . siehe 2
b)	Beim Verbrennen kein auffallend unangenehmer Geruch. Verbrennungsgase reagieren sauer. Mit α-Naphtol und Schwefelsäure Zellulosereaktion (dunkelviolett gefärbt) . . . . siehe 3
2 a)	Alkalisches Kupferglyzerin löst in der Hitze . . . . siehe 4
b)	Nicht so. Ungleichmäßig grobe, von Natur aus gelb bis gelbbraun gefärbte Faser mit zarter Längsstreifung. Doppelbrechung schwach. **Muschelseide** (Pinna nobilis)
3 a)	Bei der Verbrennung kohligblasiger Rückstand. Wesentlich schwächer lichtbrechend als Kanadabalsam, daher in diesem deutlich sichtbar (bei hoher Einstellung dunkel, bei tiefer Einstellung hell erscheinend). Doppelbrechung schwach (zumeist Grau I). Nach Färbung mit Kongorot kein Pleochroismus nachweisbar. In Wasser keine sichtbare Quellung. Chlorzinkjod färbt gelb. In Eisessig löslich, in Kupferoxydammoniak unlöslich . . . . **Azetatseide**
b)	Nicht so . . . . siehe 5
4 a)	Fasern sehr fein (unter 20 μ), glatt und strukturlos. Querschnitte rundlich siehe 6
b)	Fasern grob (über 20 μ breit), bandartig und stark längsgestreift. Querschnitte keilartig zusammengedrückt . . . . **Wilde Seide** (Tussah-, Yamamay-, Ailanthus-S.)
5 a)	Mit Diphenylamin und Schwefelsäure starke Blaufärbung. Polarisationsbild farbenprächtig (Interferenzfarben in zur Längsrichtung der Faser parallelen Streifen abgesetzt). Querschnittformen sehr unregelmäßig **Nitroseide**
b)	Mit Diphenylamin und Schwefelsäure keine Blaufärbung . . . . siehe 7
6 a)	In Wasser starke Quellung (besonders auffallend die Verkürzung in der Längsrichtung). In kalter Schwefelsäure (1:3) sehr deutliche Längsschrumpfung und teilweise Querfaltung. In Eisessig neben starker Längsschrumpfung auch Kräuselung, besonders in der Wärme. Polarisationsfarben bis Gelb I reichend . . . . **Spinnenseide** (Nephila madagascariensis)
b)	In Wasser keine auffallende Quellung. Schwefelsäure ohne sichtbaren Einfluß. Eisessig verändert weder in der Kälte noch in der Wärme. Polarisationsfarben der 1. und 2. Farbenordnung angehörend . **Echte Seide** (Bombyx mori)

7 a)	Ultrastruktur netzförmig mit groben, längsgestellten Maschen. Querschnitte entweder unregelmäßig gelappt und gekerbt oder rundlich, z. T. abgekantet . . . . **Viskoseseide**
b)	Ultrastruktur netzförmig mit feinen, quergestreckten Maschen. Querschnitte immer rundlich, manchmal sehr fein gezähnt . **Kupferseide**

Analytischer Bestimmungsschlüssel II.

(Berücksichtigt außer Seide auch andere glänzende Fasern.)

1 a)	Beim Verbrennen Geruch nach verbrannten Federn. Verbrennungsgase reagieren alkalisch. Mit α-Naphtol und Schwefelsäure keine Zellulosereaktion (nur gelb bis gelbbraun gefärbt). Mit Chlorzinkjod Gelbfärbung. Nach Färbung mit Kongorot nicht pleochroitisch . . . . . siehe 2
b)	Beim Verbrennen kein Geruch nach verbrannten Federn. Verbrennungsgase reagieren sauer. Mit α-Naphtol und Schwefelsäure Dunkelviolettfärbung (Zellulosereaktion). Chlorzinkjod färbt violettrot. Nach Färbung mit Kongorot deutlich pleochroitisch . . . . siehe 3
c)	Stark glänzende, spröde Fasern, die unverbrennlich sind (in der Flamme sofort schmelzend) . . . . **Glasseide (-wolle)**
2 a)	Fasern glatt und strukturlos, selten fein längsgestreift; Querschnitt mehr oder weniger rundlich; Faserbreite etwa 15 μ . . . . . **Echte Seide**
b)	Auffallend breite, bandartige und deutlich längsgestreifte Fasern mit stark zusammengedrückten (keilartig) Querschnittformen . . . **Wilde Seide**
3 a)	Fasern nach Behandlung mit Chlorzinkjod auffallend knotig gegliedert; in der Wandung zahlreiche Quer- und Schrägrisse vorhanden . siehe 4
b)	Nicht so, oder nur in sehr untergeordnetem Maße . . . . siehe 5
4 a)	Feine Fasern (etwa 20 μ), walzenförmig, ohne Längsrisse, dagegen sehr viel Quer- und Schrägrisse und knotige Stellen vorhanden. In der Mitte der Faser ein sehr enger Kanal mit parallelen Begrenzungslinien, hier und da mit körnigen oder brockigen Massen erfüllt. **Nichtmercerisierter Flachs**
b)	Grobe Fasern von bandartiger Gestalt, stellenweise gefaltet, mit groben Längsrissen . . . . **Ramie**
5 a)	In der Regel grobe, in Wasser stark quellende Fasern. Festigkeit im feuchten Zustand gering. Querschnittform sehr verschieden. Kanal im Innern nicht vorhanden. Häufig Verunreinigungen nachzuweisen (feste und gasförmige Einschlüsse) . . . . **Kunstseide (Kupferseide, Nitroseide, Viskoseseide), Stapelfaser** (Siehe Bestimmungsschlüssel I)
b)	Fasern von geringer Dicke, Quellung in Wasser nicht auffallend; Querschnitte rundlich. Kanal stets vorhanden. Auch im feuchten Zustand sehr fest. Chlorzinkjod färbt dunkelviolettrot, fast schwarz. Halbgesättigte Chromsäure löst weder in der Kälte, noch in der Hitze. Doppelbrechung sehr stark . . . . siehe 6
6 a)	Zwischen gekreuzten Nicols in der 0 und 90° Stellung fast vollkommen dunkel (gerade Auslöschung) bis auf einige helle, quer- oder schräggestellte Linien. Kanal im Innern schwierig sichtbar, mit parallelen Begrenzungslinien . . . . **Mercerisierter Flachs**
b)	Zwischen gekreuzten Nicols in der 0 und 90° Stellung treten mehr oder weniger lebhafte Interferenzfarben auf (schiefe Auslöschung). Charakteristische anomale Doppelbrechung, die sich in einem oft plötzlichen Wechsel der wirksamen Elastizitätsellipse kundgibt; die Zwischenstellen gerade auslöschend. Querrisse nicht oder nur sehr selten zu beobachten, Knoten nicht vorhanden. Kanal schwer sichtbar, sonst vielfach nicht parallele Begrenzungslinien; häufig körniger Inhalt. Hier und da auch Fasern von ausgesprochen bandartiger Form . **Mercerisierte Baumwolle**

Analytischer Bestimmungsschlüssel III.

(Künstliche Roßhaarersatzstoffe.)

1 a)	Spezifische Doppelbrechung der Fäden sehr stark (Polarisationsfarben höheren Farbenordnungen angehörend). Nach Einschaltung eines Gipsplättchens Rot I erscheinen zwischen gekreuzten Nicols unter $+45^0$ . . . . . Additionsfarben „ -45^0 . . . . . . Subtraktionsfarben . . . . siehe 2
b)	Spezifische Doppelbrechung der Fäden sehr schwach (Polarisationsfarben fast nur der 1. Farbenordnung angehörend, in der Regel Gelb I). Nach Einschaltung eines Gipsplättchens Rot I erscheinen zwischen gekreuzten Nicols unter $+45^0$ . . . . . Subtraktionsfarben „ -45^0 . . . . . . Additionsfarben . . **Azetatroßhaar**
2 a)	Fäden aus einem einheitlichen Ganzen bestehend . . . . siehe 3
b)	Fäden aus verschiedenen Teilen zusammengesetzt (mehrere Einzelfasern verklebt, eingelagerte Fäden von Baumwolle usw.) . . . . . siehe 5
3 a)	Polarisationsfarben in zur Faserlängsrichtung parallelen Streifen auftretend, vom Rande nach der Mitte gesetzmäßig ansteigend (1.—5. Farbenordnung). Querschnitte elliptisch, nicht gefurcht. . . . . . . **„Helios"**
b)	Nicht so . . . . siehe 4
4 a)	Polarisationsfarben meist nicht über die 3. Ordnung hinausgehend, in mehreren parallelen Längsstreifen angeordnet (aber nicht gesetzmäßig ansteigend!). Querschnitte sehr unregelmäßig und stark gelappt **„Meteor"**
b)	Polarisationsfarben streifig, nur am Rande lebhaft, in der Mitte blaßrot oder blaßgrün. Querschnitte unregelmäßig mit zahlreichen, aber wenig tief reichenden Einkerbungen . . . . **„Sirius"**
5 a)	Im Innern des Fadens eine exzentrisch gelegene „Seele" von Baumwolle (besonders gut an künstlichen Rißenden zu beobachten). Polarisationsfarben des Randes wie bei „Helios", Fadenmitte (Baumwolle) zwischen gekreuzten Nicols in allen Lagen hell . . . . **„Viszellingarn"**
b)	Nicht so . . . . siehe 6
6 a)	Faden aus zahlreichen, Einzelfasern bestehend, die von einer gemeinschaftlichen Hülle bedeckt sind. An künstlichen Rißenden treten die Einzelfasern pinselartig hervor. Polarisationsfarben höheren Farbenordnungen angehörend, sehr blaß und wenig charakteristisch. . . . . . **„Pan"**
b)	Faden aus zahlreichen lose verbundenen Einzelfasern bestehend. Hülle nicht vorhanden. Rißenden faserig. Polarisationsfarben wie bei 6a. Etwa abstehende Einzelfasern lebhaft polarisierend (parallel abgesetzte Streifen) . . . . **Kunsthanf**

2. Verschiedene Formeln, die bei der mechanisch-technologischen Prüfung von Fäden in Betracht kommen.

1.	Metrische Nummer (Nr) $$Nr = \frac{L}{G}; \quad \left(Nr = \frac{9000}{\text{Legaler Titer}}\right)$$ $L =$ Fadenlänge in m; $G =$ Gewicht in g.

2. | Völligkeitswert (V)

$$V = \frac{\text{Diagrammfläche}}{\text{Umschloss. Rechteckfläche}}$$

3. | Reißlänge in m (R)

$$R = Nr \cdot Fgk$$

$Nr = $ Metr.Nummer; $Fgk = $ Rißfestigkeit in g.

4. | Absolute Festigkeit in kg für den qmm (Z)

$$Z = R \cdot s$$

$R = $ Reißlänge in km; $s = $ spezifisches Gewicht in g.

5. | Mittlere Zugkraft in g (P)

$$P = V \cdot Fgk$$

$V = $ Völligkeitswert; $Fgk = $ Rißfestigkeit in g.

6. | Zerreißarbeit in mkg für 1 g (A)

$$A = \frac{R \cdot E}{100} \cdot V$$

$R = $ Reißlänge in km; $E = $ Elastizität in $^0/_0$; $V = $ Völligkeitswert.

7. | Ungleichmäßigkeitsgrad in $^0/_0$ (U)

$$U = \frac{100\,d}{M}$$

$d = $ Differenz zwischen dem arithmetischen und dem Untermittel; $M = $ arithmetisches Mittel.

8. | Scheinbares spezifisches Gewicht (σ) eines Gespinstes in g

$$\sigma = \frac{1,2732}{N \cdot d^2}$$

Log. $1,2732 = 0,104\,896$

$N = $ metrische Nummer des Gespinstes, $d = $ Durchmesser des Gespinstes in mm.

9. | Luftgehalt (L) eines Gespinstes in Vol.-$^0/_0$

$$L = \frac{100 \cdot (s - \sigma)}{s}$$

$\sigma = $ scheinbares spezifisches Gewicht, $s = $ wirkliches spezifisches Gewicht.

3. Maße und Gewichte.

I. Längenmaße:

1 *Mikromillimeter* (μ) =	*0,001 mm.*	
1 Millimeter (mm) =	0,03937 engl. Zoll;	
	Log. $0,03937 = 0,595\,165 - 2$.	
1 „ =	0,4724 engl. Linien;	
	Log. $0,4724 = 0,674\,310 - 1$.	
1 Englischer Zoll =	25,39977 mm;	
	Log. $25,39977 = 1,404\,830$.	
1 Englische Linie =	2,1166 mm;	
	Log. $2,1166 = 0,325\,639$.	
1 Yard =	914,38 mm;	
	Log. $914,38 = 2,961\,127$.	
1 Franz. Elle (Aune) =	1188,45 mm;	
	Log. $1188,45 = 3,074\,981$.	

Herzog, Seide.

II. Flächenmaße:

1 Quadratmikromillimeter $(q\mu) = 0,000\,001\ qmm.$

III. Gewichtsmaße:

1 Mikrogramm (μg)	$=$	$0,000\,001\ g.$
1 Milligramm (mg)	$=$	$0,001\ g.$
1 Englisches Pfund	$=$	$453,59\ g;$
	Log. 453,59	$= 2,656\,663.$
1 Turiner Grain	$=$	$0,05\ g;$
	Log. 0,05	$= 0,698\,970\quad -2.$
1 Lyoner Grain	$=$	$0,053\,115\ g;$
	Log. 0,053\,115	$= 0,725\,217\quad -2.$
1 Piemonteser Grain	$=$	$0,053\,356\ g;$
	Log. 0,053\,356	$= 0,727\,175\quad -2.$
1 Mailänder Grain	$=$	$0,051\ g;$
	Log. 0,051	$= 0,707\,570\quad -2.$
1 Denier	$=$	$24\ Grain;$
	Log. 24	$= 1,380\,211.$

IV. Sonstiges:

$$\pi = 3,141\,593; \quad \text{Log.} \ \ \pi = 0,497\,150.$$

$$\sqrt{\pi} = 1,772\,450; \quad \text{Log.} \ \sqrt{\pi} = 0,248\,575.$$

$$\frac{\pi}{4} = 0,7854; \quad \text{Log.} \ \frac{\pi}{4} = 0,895\,090 \qquad -1.$$

$$\frac{4}{\pi} = 1,2732; \quad \text{Log.} \ \frac{4}{\pi} = 0,104\,896.$$

Namenverzeichnis.

Aktien-Gesellschaft für Anilinfabrikation 92.
Ambronn 28, 62, 70, 169, 172.

Behrens 69, 110.
Behrens-Kley 119.
Beltzer 139, 145.
Berl 99, 137.
Beutel 104.
Bien 28.
Bronnert 31, 141.

Dahl 125.
Dippel 171.

Emich 119.
Erdmann-König 134.

Fischer, E. 125, 127.
Fischer, H. 73, 81.
Formánek 121.
Formha 105.
Fox 69.

Gaidukov 79, 82, 83, 138.
Gebhardt 5, 7, 52, 53.
Green 120.
Grübler u. Co. 85.
Grünberg 111, 112.

Hanausek, E. 134.
Hannecke 93.
Hassack 100, 144, 156, 157.
Heermann 111, 120, 132.

Herzberg 95.
Herzog, A. 2, 7, 9, 14, 15, 19, 21, 24, 26, 28, 29, 31, 37, 44, 49, 51, 54, 58, 61, 63, 64, 69, 74, 79, 82, 87, 90, 99, 101, 112, 125, 133, 134, 140, 153, 160, 163, 173, 185.
Höhnel 44, 46, 100, 110, 122, 123, 124, 132, 133.

Johannsen 162.

Kaiserling 89.
Katz 43.
Knoevenagel 150.
Kränzlin 22.
Krais 21, 134.

Lehne 146.
Leitz 2, 15.
Lunge-Berl 112.

Massot 112, 149, 154, 155, 162.
Meitzen 133.
Mercator 93.
Metz 6, 37.
Müller, E. 101, 125.

Nägeli 62.
Nebeltau 17.
Neuhauss 89.

Perutz 92.

Plagge 5, 7.
Prevost 80.

Rasser 161.
Reichert, O. 2, 15, 28, 34, 58, 146.
Ristenpart 119.

Siedentopf 78, 82, 110, 129, 188.
Silbermann 122, 132.
Schneider, J., und Kunzl, G. 82.
Schorr 18.
Schwalbe 139, 145.
Schwendener 62, 171.
Steiger 111, 112.
Stein 121.
Studnicka 14.

Thomas 80.

Ullrich, C. 12.

Vignon 49.

Waentig 41.
Wandolleck 89.
Wiesner 133.
Winkel 2, 55.
Wolff 23.

Zeising 124.
Zeisswerk 2, 52, 54, 55, 83, 84, 89, 90, 96, 146.

Sachverzeichnis.

Additions- und Subtraktionsfarben 65.
Adlerseide 153.
Anapheseide 124.
Auslöschung des Lichtes 65.
Azetatroßhaar, mikrosk. Charakteristik 263.
Azetatseide, mikrosk. Charakteristik 149.

Beschwerung 111.
Bestimmungsschlüssel für Seide (I) 190.
Bestimmungsschlüssel für Seide und sonstige glänzende Fasern (II) 191.
Bestimmungsschlüssel für Roßhaarersatzstoffe (III) 192.
Bravaisplatte 63.
Breitemessung 4.

Chemisches Verhalten der Seide, Übersicht 106.

Deckglaskitt nach Krönig 85.
Denierzahl 36.
Dickemessung 4.
Doppelbrechung, Index der 60.
Doppelbrechung der Seide 65.
Doppelbrechung, spezifische 60, 66.
Doppeltsehen 87.
Drallapparat 51.
Drehung, mikroskopische Bestimmung 51.
Dünnschnitte, Herstellung 19.

Einzelfasern, Zählung 11.
Elastizitätsellipse, wirksame 69.
Entwickler, photogr. 92.
Erschwerung, Nachweis 111.

Färbung, künstliche, Nachweis der 120.
Feinheit der Einzelfasern 35.
Fixierbad, photogr. 92, 93.
Formeln für mechanisch-technol. Arbeiten 192.

Garndrehung, Zahlentafel 53.
Gaseinschlüsse von Kunstfasern 78.
Gelatineseide, mikrosk. Charakteristik 159.

Gewebebindung 57.
Gewebedicke 54.
Gewebeeinstellung 55.
Gipsplättchen höherer Farbenordnungen 63.
Gipsplättchen Rot I 62.
Glanz der Seide und verschiedener Kunststoffe 71.
Glasseide, mikrosk. Charakteristik 134.
Goniometerokular 52.

Helios, mikroskop. Charakteristik 178.
Helldunkelfeldkondensor 82.

Instrumentarium 2.
Interferenzfarben, Bezeichnung und Höhe 64, 66.

Kunstbändchen, mikrosk. Charakteristik 185.
Kunstfäden, grobe 162.
Kunsthanf, mikrosk. Charakteristik 181.
Kunstseiden, Nummern der Einzelfasern 27.
Kunstseide, Quellungsbestimmung 93.
Kunstseiden, Querschnittsflächen 27.
Kunstseide, Titerbestimmung 31.
Kunstseide, Ultrastruktur 82.
Kupferseide, mikrosk. Charakteristik 140.

Lanofil 151.
Lichtbrechungsexponenten 58.
Lichtbrechungsvermögen 58.
Lichtfilter 91.

Maltwoodfinder 97.
Maße und Gewichte 193.
Meßwerte, Zusammenstellung 10.
Metallwinkel 48.
Meteor, mikroskop. Charakteristik 181.
Mikrometerteilungen 5, 6.
Mikrophotographie 88.
Mikrospektralapparate 121.
Mikrotome 23.
Muschelseide, mikr. Charakteristik 132.

Nesterseide, afrikanische, mikrosk. Charakteristik 124.

Nicolsches Prisma 61.
Nitroseide, mikroskop. Charakteristik 135.
Nummer (metr.) verschiedener Fasern 27.
Nummerumrechnungstabelle 36.

Okularmikrometer 4.

Pan, mikroskop. Charakteristik 180.
Pflanzenseide, mikroskop. Charakteristik 133.
Physikalisches Verhalten der Seide 109.
Planktonkondensor 146.
Pleochroismus 69.
Polarisiertes Licht 61.

Quellungsbestimmung 93.
Querschnittsflächen, Ausmessung 37.
Querschnittsflächen versch. Fasern 27.
Querschnittsprüfung 19.
Querschnitt, Völligkeit 29.

Reagenzien, Verzeichnis 95.
Roßhaarersatz, metr. Nummer der Einzelfasern 27.
Roßhaarersatz, mechanische Prüfungen 182.
Roßhaarersatz, mikroskop. Charakteristik 162.
Roßhaarersatz, Querschnittsfläche 27.

Sammlung mikroskopischer Präparate 93.
Scheinbares spezifisches Gewicht 50.
Seidenshoddy 110.
Seide, metr. Nummer der Einzelfasern 27.
Seide, mikroskopische Charakteristik 105.
Seide, Querschnittsflächen 27.

Seide, Stammbaum 3.
Seide, Ultrastruktur 85.
Sirius, mikroskop. Charakteristik 180.
Spektroskopie, Mikro- 120.
Spezifisches Gewicht 49.
Spinnenseide, mikroskop. Charakteristik 125.
Stammbaum der Seidearten 3.
Stereoskopie, Mikro- 56, 146.

Titerbestimmung der Einzelfasern 12.
Titerbestimmung von Kunstseide (mikroskop.) 31.
Titer, Umrechnungstabelle 36.
Tonbad, photogr. 93.
Tüll, künstlicher 74.

Ultramikroskopie 81.
Unterscheidung von natürlicher und künstlicher Seide 98.

Viskoseseide, mikroskop. Charakteristik 140.
Vistrawolle 151.
Viszellingarn, mikroskop. Charakteristik 177, 183.
Völligkeit des Querschnitts 29.

Wilde Seide, mikroskop. Charakteristik 122.

Zählverfahren für Abfallseidegespinste 15.
Zeichenapparat nach Abbe 87.
Zeichnen mit Deniermeter 87.
Zeichnungen, Freihand- 87.
Zeichnungen, mikroskopische 87.
Zeigerokular 14.
Zeigervorrichtung 14.

Technologie der Textilveredelung. Von Prof. Dr. **Paul Heermann,** Berlin-Dahlem. Mit 178 Textfiguren und einer Farbentafel. (X u. 564 S.) 1921. Gebunden 22 Goldmark / Gebunden 5.25 Dollar

Betriebseinrichtungen der Textilveredelung. Von Prof. Dr. **Paul Heermann,** Berlin-Dahlem, und Ingenieur **Gustav Durst,** Fabrikdirektor in Konstanz a. B. Zweite Auflage von „Anlage, Ausbau und Einrichtungen von Färberei-, Bleicherei- und Appretur-Betrieben" von Dr. **P. Heermann.** Mit 91 Textabbildungen. (VI u. 164 S.) 1922. Gebunden 6 Goldmark / Gebunden 1.45 Dollar

Die künstliche Seide, ihre Herstellung, Eigenschaften und Verwendung. Mit besonderer Berücksichtigung der Patentliteratur bearbeitet. Von Geh. Regierungsrat Dr. **K. Süvern.** Vierte, stark vermehrte Auflage. Mit 365 Textfiguren. (XIV u. 683 S.) 1921. Gebunden 24 Goldmark / Gebunden 5.80 Dollar

Die neuzeitliche Seidenfärberei. Handbuch für Seidenfärbereien, Färbereischulen und Färbereilaboratorien. Von Dr. **Hermann Ley,** Färbereichemiker. Mit 13 Textabbildungen. (VI u. 160 S.) 1921. 6 Goldmark / 1.45 Dollar

Bleichen und Färben der Seide und Halbseide in Strang und Stück. Von **Carl H. Steinbeck.** Mit zahlreichen Textfiguren und 80 Ausfärbungen auf 10 Tafeln. (X u. 268 S.) 1895. Gebunden 16 Goldmark / Gebunden 3.85 Dollar

Die Echtheitsbewegung und der Stand der heutigen Färberei. Von **Fr. Eppendahl,** Chemiker. (27 S.) 1912. 1 Goldmark / 0.25 Dollar

Grundlegende Operationen der Farbenchemie. Von Dr. **Hans Eduard Fierz-David,** Professor an der Eidgenössischen Technischen Hochschule, Zürich. Dritte, verbesserte Auflage. Mit 46 Textabbildungen und einer Tafel. (XIII u. 270 S.) 1924. Gebunden 16 Goldmark / Gebunden 3.85 Dollar

Chemie der organischen Farbstoffe. Von Dr. **Fritz Mayer,** a. o. Hon.-Professor an der Universität Frankfurt a. M. Mit 5 Textfiguren. (VI u. 258 S.) 1921. 10 Goldmark / 2.40 Dollar

Praktikum der Färberei und Druckerei. Für die chemisch-technischen Laboratorien der Technischen Hochschulen und Universitäten, für die chemischen Laboratorien höherer Textil-Fachschulen und zum Gebrauch im Hörsaal bei Ausführung von Vorlesungsversuchen. Von Dr. **Kurt Brass,** a. o. Professor der Technischen Hochschule Stuttgart, a. d. Chem. Abteilung des Technikums und des Forschungs-Instituts für Textil-Industrie, Reutlingen. Mit 4 Textabbildungen. (VI u. 86 S.) 1924. 3.30 Goldmark / 0.80 Dollar

Mechanisch- und physikalisch-technische Textiluntersuchungen.
Von Prof. Dr. **Paul Heermann,** Berlin-Dahlem. Zweite, vollständig umgearbeitete Auflage. Mit 175 Abbildungen im Text. (VIII u. 270 S.) 1923.   Gebunden 12 Goldmark / Gebunden 2.90 Dollar

Färberei- und textilchemische Untersuchungen.
Anleitung zur chemischen Untersuchung und Bewertung der Rohstoffe, Hilfsmittel und Erzeugnisse der Textilveredelungsindustrie. Von Prof. Dr. **Paul Heermann,** Berlin-Dahlem. Vereinigte vierte Auflage der „Färbereichemischen Untersuchungen" und der „Koloristischen und textilchemischen Untersuchungen". Mit 8 Textabbildungen. (X u. 370 S.) 1923.
Gebunden 15 Goldmark / Gebunden 3.60 Dollar

Die Mercerisation der Baumwolle und die Appretur der mercerisierten Gewebe.
Von **Paul Gardner,** technischer Chemiker. Zweite, völlig umgearbeitete Auflage. Mit 28 Textfiguren. (IV u. 196 S.) 1912.   Gebunden 9 Goldmark / Gebunden 2.15 Dollar

Die Apparatfärberei der Baumwolle und Wolle
unter Berücksichtigung der Wasserreinigung und der Apparatbleiche der Baumwolle. Von **E. J. Heuser.** Mit 191 in den Text gedruckten Figuren. (VII u. 301 S.) 1913.   Gebunden 8.40 Goldmark / Gebunden 2 Dollar

Technik und Praxis der Kammgarnspinnerei.
Ein Lehrbuch, Hilfs- und Nachschlagewerk. Von Direktor **Oskar Meyer,** Spinnerei-Ingenieur zu Gera Reuß, und **Josef Zehetner,** Spinnerei Ingenieur, Betriebsleiter in Teichwolframsdorf bei Werdau i. Sa. Mit 235 Abbildungen im Text und auf einer Tafel sowie 64 Tabellen. (XI u. 420 S.) 1923.
Gebunden 20 Goldmark / Gebunden 4.80 Dollar

Neue mechanische Technologie der Textilindustrie.
Von Dr.-Ing. E. h. **G. Rohn,** Schönau bei Chemnitz. In drei Bänden nebst Ergänzungsband.

Erster Band: **Die Spinnerei in technologischer Darstellung.** Mit 143 Textfiguren. (XII u. 186 S.) 1910.   Vergriffen.

Zweiter Band: **Die Garnverarbeitung.** Die Fadenverbindungen, ihre Entwicklung und Herstellung für die Erzeugung der textilen Waren. Ein Hand- und Hilfsbuch für den Unterricht an Textilschulen und technischen Lehranstalten, sowie zur Selbstausbildung in der Faserstoff-Technologie. Mit 221 Textabbildungen. (XVI u. 168 S.) 1917.
Gebunden 5 Goldmark / Gebunden 1.20 Dollar

Dritter Band: **Die Ausrüstung der textilen Waren.** Mit einem Anhange: Die Filz- und Wattenherstellung. Ein Hand- und Hilfsbuch für den Unterricht an Textilschulen und technischen Lehranstalten, sowie zur Selbstausbildung in der Faserstoff-Technologie. Mit 196 Textabbildungen. (XX u. 240 S.) 1918.
Gebunden 7 Goldmark / Gebunden 1.70 Dollar

Ergänzungsband: **Textilfaserkunde** mit Berücksichtigung der Ersatzfasern und des Faserstoffersatzes. Ein Hand- und Hilfsbuch für den Unterricht an Textilschulen und technischen Lehranstalten, sowie für Textiltechniker, Landwirte, Volkswirtschaftler usw. Mit 87 Textabbildungen. (X u. 94 S.) 1920.
Gebunden 3 Goldmark / Gebunden 0.75 Dollar

Technologie der Textilveredelung. Von Prof. Dr. **Paul Heermann,** Berlin-Dahlem. Mit 178 Textfiguren und einer Farbentafel. (X u. 564 S.) 1921. Gebunden 22 Goldmark / Gebunden 5.25 Dollar

Betriebseinrichtungen der Textilveredelung. Von Prof. Dr. **Paul Heermann,** Berlin-Dahlem, und Ingenieur **Gustav Durst,** Fabrikdirektor in Konstanz a. B. Zweite Auflage von „Anlage, Ausbau und Einrichtungen von Färberei-, Bleicherei- und Appretur-Betrieben" von Dr. **P. Heermann.** Mit 91 Textabbildungen. (VI u. 164 S.) 1922. Gebunden 6 Goldmark / Gebunden 1.45 Dollar

Die künstliche Seide, ihre Herstellung, Eigenschaften und Verwendung. Mit besonderer Berücksichtigung der Patentliteratur bearbeitet. Von Geh. Regierungsrat Dr. **K. Süvern.** Vierte, stark vermehrte Auflage. Mit 365 Textfiguren. (XIV u. 683 S.) 1921. Gebunden 24 Goldmark / Gebunden 5.80 Dollar

Die neuzeitliche Seidenfärberei. Handbuch für Seidenfärbereien, Färbereischulen und Färbereilaboratorien. Von Dr. **Hermann Ley,** Färbereichemiker. Mit 13 Textabbildungen. (VI u. 160 S.) 1921. 6 Goldmark / 1.45 Dollar

Bleichen und Färben der Seide und Halbseide in Strang und Stück. Von **Carl H. Steinbeck.** Mit zahlreichen Textfiguren und 80 Ausfärbungen auf 10 Tafeln. (X u. 268 S.) 1895. Gebunden 16 Goldmark / Gebunden 3.85 Dollar

Die Echtheitsbewegung und der Stand der heutigen Färberei. Von **Fr. Eppendahl,** Chemiker. (27 S.) 1912. 1 Goldmark / 0.25 Dollar

Grundlegende Operationen der Farbenchemie. Von Dr. **Hans Eduard Fierz-David,** Professor an der Eidgenössischen Technischen Hochschule, Zürich. Dritte, verbesserte Auflage. Mit 46 Textabbildungen und einer Tafel. (XIII u. 270 S.) 1924. Gebunden 16 Goldmark / Gebunden 3.85 Dollar

Chemie der organischen Farbstoffe. Von Dr. **Fritz Mayer,** a. o. Hon.-Professor an der Universität Frankfurt a. M. Mit 5 Textfiguren. (VI u. 258 S.) 1921. 10 Goldmark / 2.40 Dollar

Praktikum der Färberei und Druckerei. Für die chemisch-technischen Laboratorien der Technischen Hochschulen und Universitäten, für die chemischen Laboratorien höherer Textil-Fachschulen und zum Gebrauch im Hörsaal bei Ausführung von Vorlesungsversuchen. Von Dr. **Kurt Brass,** a. o. Professor der Technischen Hochschule Stuttgart, a. d. Chem. Abteilung des Technikums und des Forschungs-Instituts für Textil-Industrie, Reutlingen. Mit 4 Textabbildungen. (VI u. 86 S.) 1924. 3.30 Goldmark / 0.80 Dollar